普通高等教育新工科人才培养

地理信息科学专业『十四五』规划教材

U0881714

空间数据库原理及其开发技术

李光强 ◉ 编著

Principles and Development Techniques of Spatial Database

中南大學出版社
www.csupress.com.cn
·长沙·

内容简介

本书以空间数据管理为中心，以开发应用为主线，总结了笔者多年从事空间数据管理、开发、研究、教学和实践的经验，参考了国内外研究文献，是一本关于空间数据库原理及其开发技术的实用教程。全书共9章，首先从空间数据库原理切入，详细介绍了空间数据模型及空间数据管理的发展历程、关系数据库理论和空间数据库理论、空间数据管理模式及PostGIS管理空间数据的基本方法、空间数据结构化查询和空间索引相关理论；然后详细讲解了PostGIS的空间数据处理与分析常用函数、空间数据库设计与建设内容、空间数据库共享与互操作方法、PostGIS空间数据库应用开发技术；最后使用3个实例，深入浅出叙述了PostGIS管理空间数据的方法和程序设计与开发流程。

本书编写的目的是使读者通过学习，熟悉空间数据库相关理论，掌握空间数据库的建设与开发技术；阅读和借鉴本书实例程序代码，掌握使用PL/pgSQL程序处理空间数据的技能，具备相关的开发能力。

本书内容翔实、重难点突出，所选实例均是笔者实际主持的空间数据建库与开发项目，具有很强的代表性和借鉴性。本书注重理论性和实践性的结合，适合大中专院校本科生和硕士生、地理信息系统开发人员和空间数据库管理人员学习使用。

前 言

空间数据管理是地理信息领域的重要内容。随着计算机技术和地理信息技术的不断发展，空间数据管理也由早期的文件管理模式发展成为对象关系型空间数据库管理模式，空间数据库相关课程已成为地理信息系统专业的核心必修课程，也是其他相关专业的主干课程。近年来，随着地理信息技术的广泛应用，测绘、遥感、地理信息等领域使用数据库管理空间数据的需求不断增大，相关领域人员对空间数据库理论与开发技术的需求愈加旺盛，这也对空间数据库管理与开发人才的培养提出了更高要求。因此，从适应空间数据管理及其开发技术的人才培养需求出发，编写覆盖空间数据库理论与开发技术的实用性空间数据库教程具有重要意义。

空间数据管理理论是研究客观世界地物和现象、抽象地理事物的空间数据表示模式及其管理方法的理论体系，空间数据库管理是实现地理空间实体分类、组织、存储、查询、处理分析和维护等的方法和技术活动。在计算机技术、地理科学的发展推动下，空间数据管理先后经历了文件管理模式、文件-数据库混合管理模式、全关系数据库管理模式，最后发展为对象关系空间数据库管理模式。本书从空间数据概念及其数据模型出发，以数据库理论和空间数据库理论为基础，通过实际案例的设计，详细介绍空间数据库设计、建设、共享与开发技术，使读者理解并掌握相关原理和知识，掌握空间数据库管理方法及其开发技术，能够根据地理信息系统的实际应用场景分析问题、设计解决方案和研发流程；通过阅读具体案例的空间数据库实际操作过程，强化读者运用空间数据库技术解决复杂地理信息工程问题的能力，完成理论到实践的转换。

20 多年来，笔者一直从事地理信息工程的建设、研发、教学和科研工作，积累了丰富的地理空间数据管理与开发经验，认识到空间数据库在地理信息工程中的作用与地位；从我国日益壮大的地理信息技术发展进程中，深刻领悟到社会对空间数据管理及其开发人才的迫切需求，也察觉到新形势对地理信息工程技术人才的新期望。编写一套地理信息工程相关的教材是笔者多年心愿，也希望本书的发行能够为地理信息工程人才的培养做出微薄贡献。

本书共包括 9 章。第 1~3 章为空间数据管理理论基础内容。第 1 章叙述了地理空间实体、空间数据模型，以及空间数据管理的发展历程和最新进展。第 2 章重点介绍了关系数据库理论和空间数据库的概念，以及常用的空间数据管理系统。第 3 章介绍了空间数据管理模式，包括空间参考系的概念、矢量数据管理模式、栅格数据管理模式、空间元数据管理方法、PostGIS 管理矢量数据的方法。

第 4 章和第 5 章为空间数据库开发基础内容。第 4 章详细讲述了空间数据查询与索引技术，包括结构化查询、空间结构化查询和空间索引技术。第 5 章讲述了 PostGIS 的空间数据处理与分析技术，包括几何度量函数、空间关系函数、空间运算函数、空间聚类方法、网络分析方法、高级拓扑分析方法和栅格数据处理分析方法。

第 6 章和第 7 章为空间数据库管理技术内容。第 6 章介绍了空间数据库设计的理论、方法，并通过实际案例的介绍，详细叙述空间数据库设计和建设过程，以及空间数据质量控制方法。第 7 章介绍了空间数据共享与互操作的技术，重点介绍了 OGC 空间数据服务的相关概念，并通过实例介绍了空间数据库共享的操作流程。

第 8 章和第 9 章为空间数据库高级开发内容。第 8 章详细介绍了 PL/pgSQL 程序开发方法和桌面应用开发技术，以实际案例形式讲解了 PL/pgSQL 代码块程序、自定义函数、触发器和存储过程的开发方法。第 9 章使用 3 个实际工程案例详细介绍了空间数据库建设和开发流程。

本教材配套课件和教学视频请扫描目录页二维码或点击“哔哩哔哩”搜索笔者主页“夕林泉石”。

由于计算机科学和地理信息技术发展迅猛，空间数据管理理论与技术更新较快，又限于笔者知识和水平，书中难免出现不足和疏漏之处，恳请读者批评指正。本书编写过程中，引用和参阅了大量国内外文献和网站资料，主要部分已列入书后参考文献，若有文献未能列注，敬请见谅，在此一并向作者表示诚挚谢意！

编　者

2023 年 8 月

目　录

《空间数据库原理及其开发技术》教学课件

《空间数据库原理及其开发技术》教学视频

第1章 绪 论

空间数据是表达地理要素及其空间关系的载体，空间数据管理是地理信息科学领域的核心技术之一。空间数据库是地理信息技术与计算机数据库技术相结合的产物，是在继承传统数据库理论、方法和技术的基础上，针对空间数据的特殊性而发展起来的数据库管理系统。

1.1 地理空间实体

地理空间是生物赖以生存的地球表层且具有一定厚度的连续空间域，由地球表层空间实体及其关系组成。具体地，地理空间是指地球表面及近地表空间，是大气圈、水圈、生物圈、岩石圈和土壤圈交互作用的区域，也是地理现象、地理事件、地理效应、地理过程发生的区域。在现实世界里，有诸多依附于地理空间而存在的事物或现象，这些事物或现象不仅与地理空间位置有关，而且具有一定的几何形态，被称为地理事物或地理空间物体。地理事物不仅包括客观存在的物体或发生的事件，也包括人类社会管理活动产生的抽象图形概念。因此，地理事物可以是具体存在的物质化目标，也可以是人们概括产生的抽象目标。例如，现实世界里的江河湖泊、人类构筑物、自然灾害、城市行政区划界线，以及土地管理定义的宗地红线、地块界线等，都属于地理事物。

为了表达地理事物，人类发明了语言、文字、图形、地图、音频、视频等记录形式，这些被表达出来的地理事物经过概念化形成了地理空间实体。地理空间实体(geospatial entity)是地理事物经过抽取、概化、映射而形成的地理信息世界独立的抽象模型，简称地理实体或空间实体，有时也称为空间目标(object)或地理要素(feature)(崔铁军，2016；李光强等，2021)。例如，图1-1(a)为现实世界中的地理事物，图1-1(b)为抽象后的地理信息世界中的空间实体。地理空间实体描述自然现象、社会管理及其演化过程等相关的地理信息，包括空间位置、形状、大小、分布特征，以及描述地理事物的状态特征等。因此，地理空间实体具有明显的空间特征、属性特征。地理空间实体的空间特征描述地理事物在特定空间参考系中的空间位置、形状等信息，通常使用特定的数学模型表达。地理空间实体的属性特征描述与地理事物状态相关的、具有典型地理意义的变量信息。这些属性通常与具体业务直接相关，即地理空间实体的属性是管理人员所关注的地理变量。例如，在学校房产管理业务中，管理人员关注的建筑物属性可以是建筑名称、建筑时间、建筑结构、用途、使用的学院等信息；不动产业务管理人员关注的建筑物属性信息则与上述信息项有所不同。

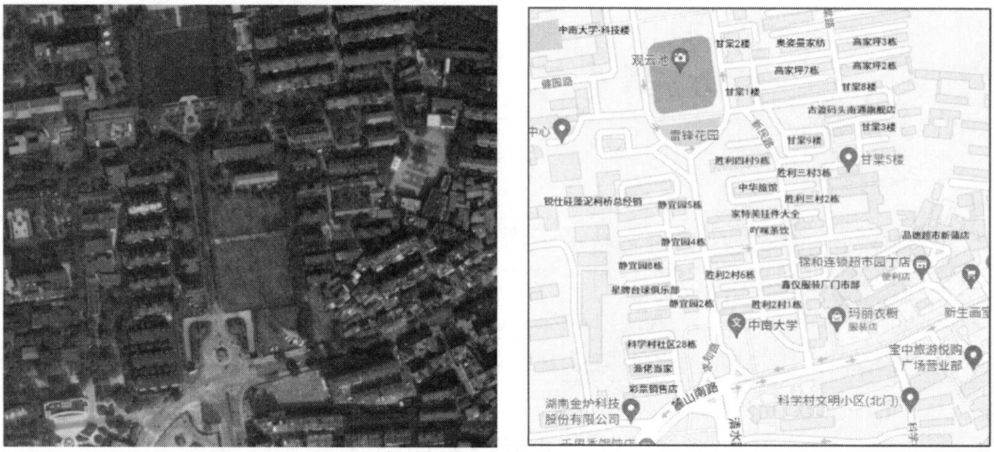

(a) 地理事物　　(b) 地理空间实体

图 1-1　地理事物与地理空间实体

1.2　数据模型

1.2.1　数据模型的分类

模型是对现实世界的事物和现象的模拟和抽象，是对现实世界的简化表达。数据是描述事物的符号。数据模型是现实世界数据特征的抽象，用来描述数据、组织数据和操作数据(王珊等，2014)。为了协调人类认知与物理实现的关系，数据库理论采用由高到低多层级数据模型的表示方法，即在不同的抽象层级使用不同的数据模型，从而产生了概念模型、逻辑模型、物理模型。

(一)概念模型

概念模型(conceptual model)是从数据库用户的角度对信息实体进行数据建模而得到的数据模型，也称信息模型。概念模型表达现实世界抽象产生的实体及其联系，并将其组织成信息世界的业务域。通常，概念模型使用实体-关系(entity-replationship，E-R)图表示实体及其联系。E-R 图概念简单、语义表达能力强、清晰直观、易于理解，是用户与数据库设计人员之间交流的常用语言。E-R 图使用矩形框表示实体，椭圆框表示实体属性，实体之间的连线表示实体之间的联系。实体之间的联系有一对一(1∶1)、一对多(1∶n)、多对多(n∶m)等类型。

例 1-1　在物流揽投业务管理中，市域范围的揽投区经常被划分成投递局、投递部、投递道段等多个级别的投递区域(或称地理围栏)，每个投递道段负责若干个客户的揽投业务。如图 1-2 所示的物流揽投业务 E-R 图中，一个投递局有多个投递部，二者之间的联系为 1∶n；一个投递部有多个投递道段，二者之间的联系为 1∶n；一个投递道段有多个客户，二者之间的联系为 1∶n。

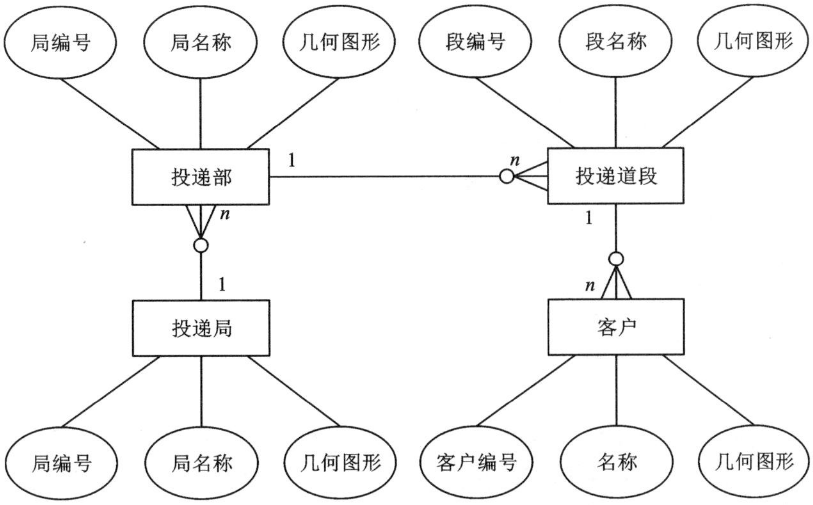

图 1-2 物流揽投业务 E-R 图

(二)逻辑模型

逻辑模型(logical model)从计算机实现的角度进行信息实体的数据建模，是信息世界的实体及其联系在计算机世界的表示方法。通常，逻辑模型具有严格的形式化定义，以便于计算机的实现。因此，逻辑模型的表示方法常与使用的数据库管理系统有关，即逻辑模型中使用的必须是具体数据库管理系统支持的数据类型。

数据库的逻辑模型有层次模型、网状模型、关系模型、面向对象数据模型、对象关系数据模型等。关系数据库理论使用关系表格表示实体的逻辑模型。

例 1-2 例 1-1 中的投递道段实体的 PostGIS 逻辑模型如表 1-1 所示。

表 1-1 投递道段实体(section)的 PostGIS 逻辑模型

序号	字段名称	字段代码	字段类型与长度	字段约束
1	段编号	code	varchar(20)	主码
2	段名称	name	varchar(20)	非空
3	几何图形	geom	geometry	POLYGON 类型，SRID=3587

(三)物理模型

物理模型(physical model)是数据库管理系统在计算机存储硬件中的数据模型，它描述数据在系统内部的表示方式和存取方法，即数据在磁盘中的存储方式和存取方法，是面向计算机系统的(王珊等，2014)。物理模型的实现是数据库管理系统的任务，由数据库管理系统研发组织负责设计。在具体的信息系统项目中，物理模型可以在概念模型和逻辑模型设计完以后，利用数据库设计工具(如 Power Desinger)将逻辑模型转换为物理模型，进而生成创建数据表的 SQL 语句。

例 1-3 例 1-1 中的投递道段实体的 PostGIS SQL 语句如下：

```
CREATE TABLE section
(
    code    varchar(20)  PRIMARY KEY,
    name   varchar(20)   NOT NULL,
    geom   GEOMETRY(POLYGON,3857)
);
```

1.2.2 数据模型的组成要素

数据模型是一组具有严格定义的概念集合，由以下三部分组成。

（一）数据结构

数据结构是实体的静态属性，信息世界的一类实体使用一种数据结构描述和定义，组成数据库的实体集。信息世界的一类实体是经过抽象概括得到的具有相同属性和功能的实体类型，同一类实体使用相同的数据结构。数据结构包括属性名称、数据类型、内容、约束等信息项，实体之间多对多（$m:n$）联系也定义为一种数据结构类型。

例 1-4 在城市地下供水管线业务管理系统中，一条管线由多个管点组成，一个管点又属于多个管线，管线与管点之间为多对多（$m:n$）联系。这个业务系统中，有管线实体类型和管点实体类型，以及它们之间的多对多联系，因此需要创建管线数据结构、管点数据结构和组成关系数据结构，以描述管线、管点和二者之间组成关系的属性。

在关系数据库理论中，一种数据结构使用一个数据关系表（relation）存储，简称数据表或关系表或表，关系表使用一张规范化的二维表存储。例如，例 1-4 中的管线、管点和组成关系三种实体分别映射为管线关系表、管点关系表和组成关系表。

（二）数据操作

数据操作是实体的动态特性，是业务管理领域对实体施加的各种功能性操作及与其有关的操作规则。数据操作一般包括数据检索、数据创建或插入、数据删除、数据修改、数据连接、空间关系计算等。数据库管理系统提供数据模型的操作含义、操作符号、操作规则及实现操作的语言，必要时，数据库管理员可以在数据库管理系统提供的操作语言基础上，自定义数据操作方法或函数。

例 1-5 统计例 1-1 中每个投递道段的客户数量时，需要使用空间包含关系算子计算每个投递道段所包含的客户数量。PostGIS 操作语句如下：

```
SELECT
    a.name ,                                  - - 投递道段名称字段
    ( SELECT                                  - - 统计投递道段中客户数量
            COUNT ( 0 )
        FROM
            customer  b                       - - customer 为客户数据表名称
        WHERE                                 - - st_within 为 PostGIS 空间计算函数
            st_within ( b.geom, a.geom )      - - geom 为两数据表的几何图形字段
    ) AS customer_num                         - - 查询出的客户数量别名
```

```
FROM
    section a                    --section 为投递道段数据表名称
```

(三)数据约束条件

数据约束条件是数据结构的完整性规则的集合，它定义数据结构各属性的取值规则，保证数据结构的完整性、一致性等特征。在关系数据库理论中，数据约束条件用于规定数据库各数据表或属性列的取值及其变化应满足的条件，保证数据的正确性、有效性、相容性等特征。数据约束条件包括完整性约束、参照性约束和自定义完整性约束。完整性约束定义数据模型中数据及其联系所具有的制约和依存规则；参照约束是一个数据项的取值依赖于其他数据模型的数据项值域；自定义完整性约束是指用户定义的数据结构属性的取值域，例如某区域的高程取值范围为10~18 m。

例1-6 表1-1中的"主码""非空""POLYGON类型，SRID=3857"等都属于完整性约束，其表示主码规定的字段不能为空且不能重复，投递道段名称字段不能为空，几何图形字段必须是坐标系为3857的多边形类型。

例1-7 例1-1中，投递道段属于一个投递部，其围栏必须被该投递部围栏包含，即投递道段围栏几何图形的每个界址点坐标值都必须在投递部围栏内。这种约束属于参照性约束。

假设在投递道段实体中增加"投递部编码"属性，用于定义投递道段与投递部之间的隶属关系，则投递道段实体的"投递部编码"取值只能是全体投递部实体编码中的一个，即投递道段的投递部编码取值依赖于投递部实体的编码值域。这种约束也属于参照性约束。

1.2.3 逻辑模型的类型

逻辑模型是数据库系统中关于数据及其联系的逻辑组织的形式表示。数据库领域常用的逻辑模型有层次模型、网状模型、关系模型、面向对象数据模型、对象关系数据模型等。

(一)层次模型

层次模型(hierarchical model)是用树形层次结构表示实体及其联系的逻辑模型，反映了现实世界实体间的层次关系，支持数据重构。层次模型将实体定义为一类记录，每个记录包含若干个属性；一个父记录对应多个子记录类，而一个子记录只对应一个父记录。

例1-8 例1-1物流揽投业务管理系统的实体层次模型如图1-3所示。

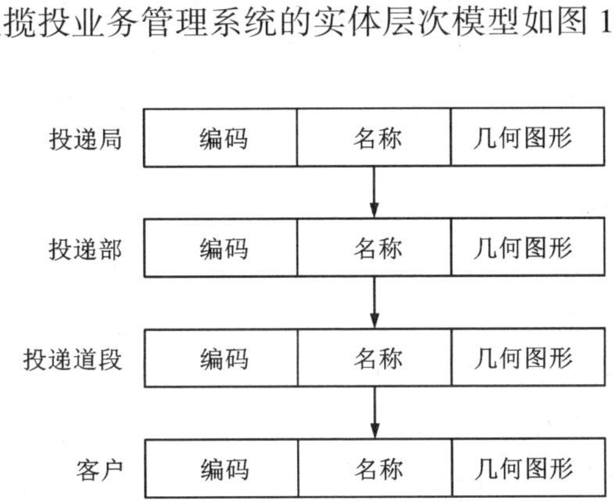

图1-3 物流揽投业务的实体层次模型

层次模型在表达有层次关系的实体时具有明显优势，其能够提供有效的层级检索能力。但是该模型存在一些缺点：由于层次结构的限制，每个节点的检索都必须从根层级开始，层级越深处理效率越低，越不利于反向查询；数据的更新涉及许多指针操作，插入和删除等操作比较复杂；层次模型不能表示多对多的联系。

（二）网状模型

网状模型(network model)是用网状结构表示实体及其联系的数据模型，其有利于表达实体间多对多的联系，支持数据的重构。网状模型的一个子记录类可以有多个父记录类，一个父记录类可以有多个子记录类。

例 1-9 例 1-1 的物流揽投业务管理系统的网状模型如图 1-4 所示。

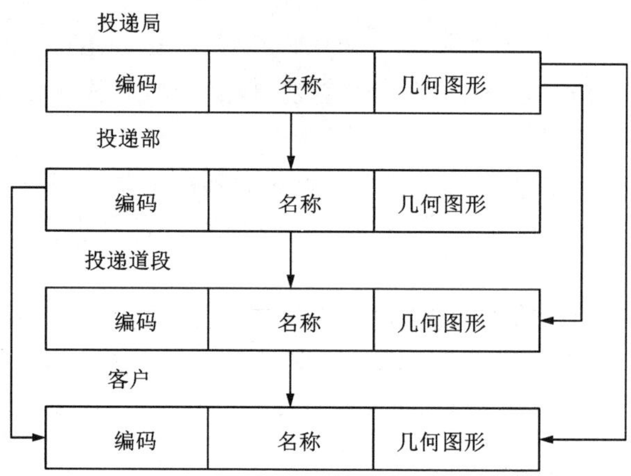

图 1-4 物流揽投业务管理系统的网状模型

网状模型具有数据独立性和共享特性，运行效率较高，但是网状模型较为复杂，增加了数据查询和定位的复杂度；用户在操作数据时，需要熟悉数据的逻辑结构，增加了用户操作数据的难度。

（三）关系模型

关系模型(relation model)用二维表描述实体属性及其联系，二维表由行和列组成。实体的属性映射为二维表的列，实体数据或实体联系映射为二维表的行。二维表的列是不可再分的数据项。关系模型定义了三类完整性约束，分别是实体完整性约束、参考完整性约束和用户自定义完整性约束，关系模型的查询、插入、删除、修改等操作都要满足这些完整性约束条件。

（四）面向对象数据模型

面向对象数据模型(object-oriented data model)的基本思想是以接近人类思维的方式将客观世界事物或现象映射为一系列对象，每种对象都有各自的内部状态和行为。面向对象理论将具有相同状态和行为的对象概括为类，即类是对象的抽象，对象是类的实例。面向对象数据模型是描述类或对象及它们之间相互联系和相互作用的数据模型。

例如，基础地理数据集的数据类包括：①定位基础类；②水系要素类；③居民地及设施要素类；④交通及其设施要素类；⑤管线要素类；⑥境界及政区要素类；⑦地形地貌要素类；⑧植被与土质要素类；等等。

(五)对象关系数据模型

对象关系数据模型(object relation data model)是将面向对象的思想引入关系模型，并与关系理论相结合而产生的一种数据模型。对象关系数据模型使用对象方式组织、存储数据，通过引入面向对象的继承、封装等方法，提高了数据的复用度，减少了数据冗余，克服了传统关系数据库的限制，提升了数据访问和操作的灵活性。对象关系数据模型将实体映射为对象(object)，通过对象之间的关系表示实体之间的联系。

1.3 空间数据模型

1.3.1 地理空间实体的表达

随着地理信息技术的兴起和应用，地理事物的表达也由传统地图形式过渡到了电子地图形式，电子地图不仅能与传统地图符号一样表达地理事物，还增加了传统地图难以表达的信息，如空间拓扑关系等。为此，地理信息技术领域建立了一系列表达地理空间实体的数据模型，从而将地理空间实体转换为数据集，以便地理信息系统(geographic information system, GIS)管理、分析和可视化显示。表达地理空间实体的数据模型称为地理空间数据模型，简称空间数据模型，使用空间数据模型表达空间实体而产生的数据集称为空间数据(spatial data)。空间数据是表达、记录地理空间实体几何信息及其相关属性的数据，包括空间定位、形状、大小、范围、分布特征、空间关系及其相关属性等。空间数据是客观世界事物或现象在信息世界的概括和抽象，是客观世界在信息世界的映像。

为了方便和简化数据管理，地理信息技术领域通常将地理空间实体数据划分为空间几何数据和属性数据，并分开表达和存储。因此，空间实体表达的内容包括空间实体的空间几何数据和属性数据。

(1)空间几何数据。

空间几何数据表达地理空间实体的空间特征，以地球空间参照为数据基础，描述地理空间实体的空间位置、形状、大小、运动状态等特征，简称为几何图形数据或几何数据。在不同的业务领域，空间几何数据的采集、存储方式有所不同，空间几何数据的种类、精度、结构等也有所差异。例如，在表达“长沙市”地理空间实体时，不同比例尺地图的“长沙市”可能表现为不同维度的几何数据(图1-5)。在小比例尺地图中，“长沙市”表示为几何点；在中等比

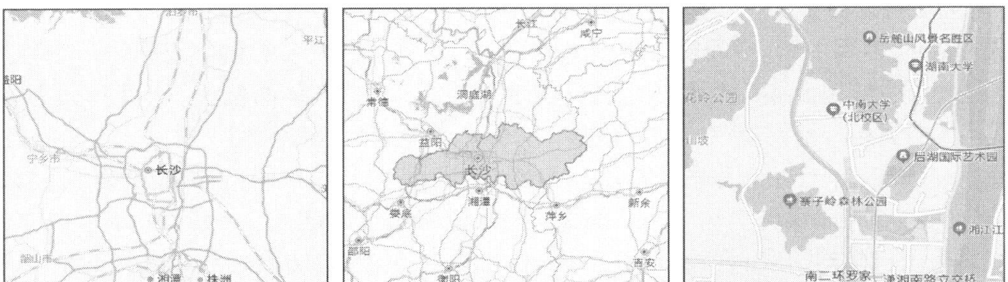

小比例尺　　中等比例尺　　大比例尺

图1-5 长沙市在不同比例尺地图中的实体表达方式

例尺地图中，“长沙市”表示为几何多边形；在大比例尺地图中，“长沙市”表示为一系列地理空间实体的组合。

(2)属性数据。

属性数据表达和记录地理空间实体的专题属性特征，表现为业务领域关注的多维特征数据，通常使用定性或定量方式表达。因此，地理空间实体的属性数据是根据业务领域管理需要，对实体的非空间特性进行抽象、概括、分类、命名、量算、统计等操作得到的数据。然而同一类地理空间实体在不同业务领域的属性内容会有所不同。例如，城市交通管理部门管理的道路属性包括道路编号、名称、等级、敷设类型、路面宽度、设计时速、车道数等，而城市基础地理应用领域仅存储道路编码和名称等基本信息。

客观世界的事物经过抽取和概括转换为概念世界的空间实体，空间实体经过数字化描述转换为信息世界的空间数据。为了方便，地理信息领域常用栅格数据模型和矢量数据模型表达空间实体。

(1)栅格数据模型。

栅格数据模型将地理空间划分为一系列规则单元格，每个单元格称为一个栅格单元(cell)或一个像素(pixel)，单元格的位置由其行号和列号定义，单元格的赋值表示空间实体的地理变量。因此，栅格数据是以矩阵方式组织、按行和列排列的赋有属性值的数据集合。栅格数据模型的点状空间实体表示为一个栅格单元或一个像素；线状空间实体表示为连续相邻单元的集合；面状实体表示为簇状聚集的相邻像素的集合。常见的栅格数据有卫星遥感图像、航空相片、点云数据、规则格网型数字高程模型数据等，如图 1-6 所示。

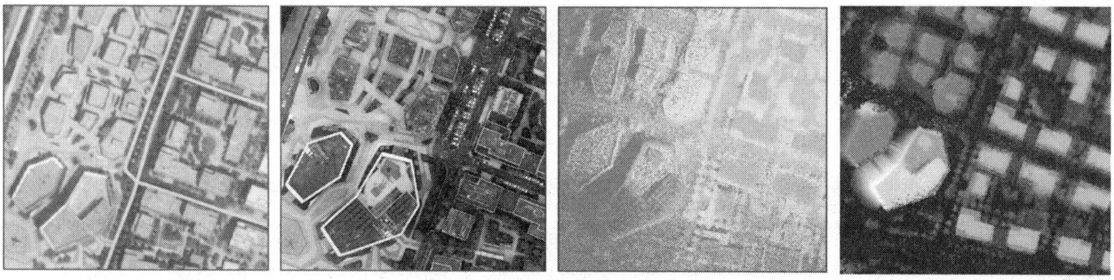

卫星遥感图像　　航空相片　　点云数据　　规则格网型数字高程模型数据

图 1-6　栅格数据示例

(2)矢量数据模型。

矢量数据模型将研究空间视为诸多离散的空间实体及其关系的集合，进而在研究空间创建笛卡儿坐标系，用 x、y 坐标值表示独立的地理实体，包括实体的位置、形状和大小等几何信息，实体的属性特征则使用文件或数据库存储。矢量数据模型使用一对(x, y)坐标值(对)表示点状空间实体，使用有序的坐标值(对)集合表示线状空间实体，使用有序的首尾相同的坐标值(对)集合表示面状空间实体。例如，线状道路由道路起点、一系列拐点和终点表示，每个点用(x, y)坐标值表示，如 LINESTRING(26048.01 261776.23，260408.34 261718.37，260451.43 261658.45)；面状湖泊由环形边界线约束和定义，环形边界线由一系列有序界址点组成，任一界址点既可以是起点也可以是终点，因此可以表示为一系列有序且首尾相同的界址点集合，如 POLYGON((260730.12 2613348.93, 260806.43 2613313.58, 260803.53 2613397.3, 260759.63 2613424.68, 260730.12 2613348.93))，如图 1-7 所示。

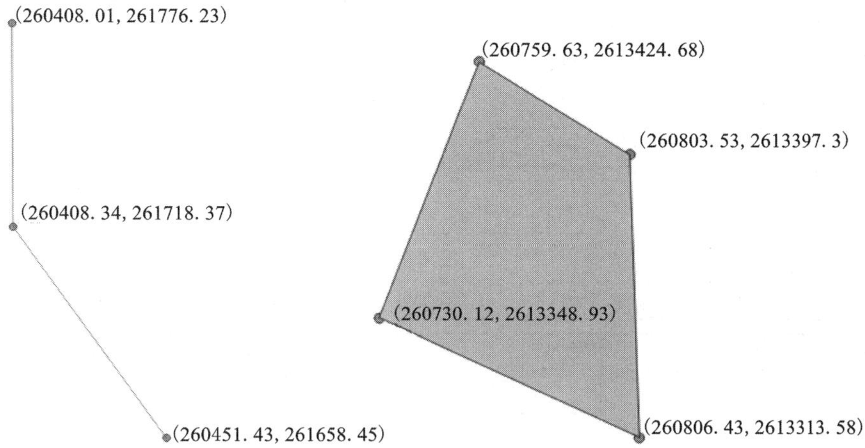

图 1-7 矢量数据示例

1.3.2 空间几何对象模型

空间几何对象描述空间实体的位置、形状、大小、分布及空间关系等特征。为了表达和存储空间几何对象，开放地理空间信息联盟(Open Geospatial Consortium，OGC)制定了一系列空间几何对象数据模型规范。OGC 发布的 *Implementation Standard for Geographic information-Simple feature access-Part 1：Common architecture* 规范中定义了几何对象模型层次图(图 1-8)。下面介绍几种常用的几何对象模型。

(1)几何(Geometry)。

几何是层次结构的根类，也是一个抽象的、不可实例化的基类，由此派生的子类实例化为二维、三维或四维几何对象。二维几何对象具有(x, y)坐标值，三维几何对象具有(x, y, z)或(x, y, m)坐标值，四维几何对象具有(x, y, z, m)坐标值。几何对象的坐标值是在特定空间参考系下的取值，同一几何对象的所有坐标值都要使用相同的空间参考系。该规范定义的 z 坐标值不一定表示海拔高度，而 m 坐标值可以表示特定属性的测量值。此外，几何基类的定义使得几何对象实例在拓扑操作上是闭合的，即所有几何图形拓扑操作产生的几何对象也将是几何基类的子类。

(2)几何集合(GeometryCollection)。

几何集合是由若干个几何对象组成的集合，也是一个几何对象，其中所有几何对象使用同一空间参考系。

(3)点(Point)。

点是零维几何对象，表示坐标空间中的点状空间实体。一个点几何对象具有(x, y)坐标值，表示经纬度或投影坐标值。在一些空间参考系下，点几何对象还可以包含 z 或 m 值。

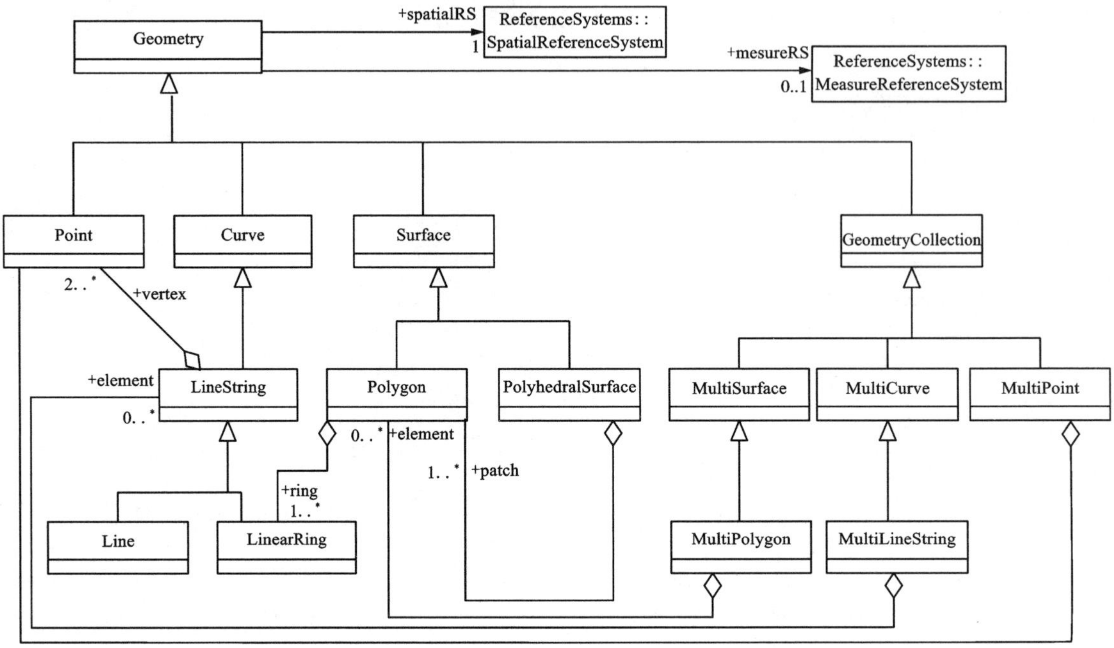

图 1-8　OGC 几何对象模型层次图(引自 OGC 2010)

(4)复合点(MultiPoint)。

复合点类继承几何集合类，集合元素仅限于点，而且这些点没有任何语义关系。当复合点对象不存在相等的两个点时，则称复合点对象是简单的。

(5)曲线(Curve)。

曲线是一维几何类，包含一组点对象。如果没有自相交的情况出现，则称曲线是简单的；如果首尾节点完全相同，则曲线是闭合的。

(6)线(LineString/Line/LinearRing)。

线(LineString)是在点之间进行线性插值的曲线，每一对连续的点定义了一个线段。直线(Line)由两个点组成。线环(LinearRing)是封闭且简单的 LineString。

(7)复合曲线(MultiCurve)。

复合曲线是多个曲线对象的集合类，不能用于实例化。当一个复合曲线仅包含简单曲线时，则复合曲线也是简单的。如果复合曲线所有元素都是封闭的，则该复合曲线也是封闭的。

(8)曲面(Surface)。

曲面定义二维几何对象。一个简单的曲面可以由一个“外部”边界和 0 或多个“内部”边界相关联的片组成。曲面的实例化子类是多边形和多面体。

(9)多边形(Polygon/Triangle)。

多边形(Polygon)是由 1 个外环和 0 或多个内环定义的平面，每个内环在多边形中构成一个空洞。OGC 规定多边形的外环顶点按逆时针顺序组合，内环顶点按顺时针顺序组合。

1.3.3 空间几何对象的数据结构

OGC 组织在规范中定义了几何对象的 WKT(well-known text)数据结构及其二进制表示方式 WKB(well-known binary)。常用几何对象的 WKT 示例如表 1-2 所示。

表 1-2 常用几何对象的 WKT 示例

<table>
<tr><th>几何类型</th><th>WKT 文本</th><th>说明</th></tr>
<tr><td>Point</td><td>Point(10 10)</td><td>点</td></tr>
<tr><td>LineString</td><td>LineString(0 0, 10 10, 20 30)</td><td>折线</td></tr>
<tr><td>Polygon</td><td>Polygon((0 0, 10 0, 10 10, 0 10, 0 0))</td><td>多边形</td></tr>
<tr><td>Polygon</td><td>Polygon
(
(0 0, 10 0, 10 10, 0 10, 0 0),
(2 2, 2 8, 8 8, 8 2, 2 2)
)</td><td>环状多边形</td></tr>
<tr><td>MultiPoint</td><td>MultiPoint((0 0), (10 10))</td><td>复合点</td></tr>
<tr><td>MultiLineString</td><td>MultiLineString
(
(10 10, 20 20),
(30 35, 50 65)
)</td><td>复合线</td></tr>
<tr><td>MultiPolygon</td><td>MultiPolygon
(
((0 0, 10 0, 10 10, 0 10, 0 0)),
((20 20, 30 20, 30 30, 20 30, 20 20))
)</td><td>复合多边形</td></tr>
<tr><td>GeometryCollection</td><td>GeometryCollection
(
POINT (10 10),
POINT (30 30),
LINESTRING (15 15, 20 20)
)</td><td>几何集合</td></tr>
</table>

1.3.4 空间数据组织

由于空间数据具有尺度特性、区域特性、业务领域特性等基本特征，所以地理信息领域经常按不同比例尺、几何维度、实体类别等分层组织空间数据。空间数据分层是将不同比例尺空间实体依据类别划分成有层次的、逐级展开的子类，每个子类实体称为一个要素类或一个图层，从而对地理空间数据按照不同的层次进行组织和管理。分层组织空间数据一方面可以帮助用户更好地理解地理空间数据，另一方面可以提高数据查询和分析的效率。

地理空间实体的分类应遵循科学性、系统性、实用性、统一性、完整性、可扩充性等原则。我国颁布的《基础地理信息要素分类与代码》(GB/T 13923—2022)中明确规定了地理实体(要素)分类方法，其中大类包括定位基础、水系、居民地及设施、交通、管线、境界与政区、地貌、植被与土质、地名等9大类，各大类又划分为若干个中类及小类。可以根据此标准的分类要求，再结合几何维度进行具体图层的划分。例如，交通要素类又可以划分为点状要素类、线状要素类和面状要素类等，从而将与交通相关的空间数据划分为点状交通设施层、线状道路层和面状交通设施层等。除了国家颁布的强制标准外，还有行业和地方的相关标准，也都对地理空间数据分层组织进行了严格定义。

在实际的地理信息工程项目中，空间数据除了要遵循相关标准和规范外，还要根据业务管理需要，制定合理的项目自定义空间数据分层组织体系结构。例如表1-3给出了基本农田数据库的空间数据分层结构。

表1-3　基本农田数据库的空间数据分层结构

<table>
<tr><th>数据组成</th><th>数据内容</th><th colspan="2">数据分类</th><th>分层与编码标准</th></tr>
<tr><td rowspan="4">基础地理数据</td><td rowspan="4">行政区界、定位基础、地貌</td><td colspan="2">定位基础</td><td rowspan="4">《基础地理信息要素分类与代码》(GB/T 13923—2022)、《基础地理信息数据库基本规定》(GB/T 30319—2013)</td></tr>
<tr><td colspan="2">境界与政区</td></tr>
<tr><td colspan="2">地貌</td></tr>
<tr><td colspan="2">植被与土质</td></tr>
<tr><td rowspan="3">土地利用数据</td><td rowspan="3">土地利用现状数据</td><td colspan="2">永久基本农田要素</td><td rowspan="3">《土地利用数据库标准(TD/T 1016—2007)》</td></tr>
<tr><td colspan="2">土地权属要素</td></tr>
<tr><td colspan="2">其他土地要素</td></tr>
<tr><td rowspan="11">基本农田数据</td><td rowspan="11">基本农田现状数据</td><td rowspan="4">基本农田保护区域</td><td>基本农田保护区</td><td rowspan="11">《基本农田数据库标准》(TD/T 1019-2009)</td></tr>
<tr><td>基本农田保护片</td></tr>
<tr><td>基本农田保护块</td></tr>
<tr><td>基本农田保护图斑</td></tr>
<tr><td rowspan="2">基本农田保护界线</td><td>界桩</td></tr>
<tr><td>保护界线</td></tr>
<tr><td rowspan="2">基本农田变化</td><td>基本农田数量变化</td></tr>
<tr><td>基本农田质量变化</td></tr>
<tr><td colspan="2">基本农田表格要素</td></tr>
<tr><td colspan="2">基本农田土地质量</td></tr>
<tr><td colspan="2">基本农田保护责任</td></tr>
</table>

1.4 空间数据管理的发展

空间数据管理涉及地理信息系统、数据库、计算机等多个学科，管理方法也随着应用需求的不断发展而持续演进。空间数据管理的发展经历了从简单的文件管理到空间数据库管理、再到基于云存储的管理历程。这些技术和应用都极大促进了空间数据的共享和互操作，使空间数据的处理和管理变得更加高效和灵活。

空间数据管理大致经历了以下几个阶段(崔铁军，2016)：

(1)文件管理阶段(20世纪50年代中后期—20世纪60年代中期)。

在这一时期，计算机技术开始应用于地理信息领域，地理信息系统的概念开始萌芽。作为简单的计算机辅助设计(computer aided designer，CAD)系统，地理信息系统主要用于绘制地理图件、显示空间数据，即用于空间数据的数字化表达和存储。矢量数据模型和栅格数据模型开始出现，并主要使用文件方式进行存储和管理。

(2)文件与数据库结合管理阶段(20世纪60年代中期—20世纪70年代初期)。

在这一时期，地理信息系统技术的应用范围不断扩大，涉及土地利用规划、资源管理、自然灾害预测等多个领域。为了解决文件管理空间数据的缺陷，文件和数据库相结合管理空间数据的技术开始出现，即使用文件管理空间数据的几何图形对象，使用关系数据库管理业务属性数据。

(3)全关系数据库管理阶段(20世纪70年代中期—20世纪80年代初期)。

这一时期，数据库技术得到了充分发展和应用，数据库管理技术的优势也逐渐得到发挥，数据库管理空间数据的方法开始用于地理信息系统。全关系数据库管理技术将空间数据映射为点、线、面等关系数据表进行存储和管理。

(4)对象关系数据库管理阶段(20世纪80年代中期—20世纪90年代)。

这个阶段出现了专门用于管理空间数据的空间数据库系统，例如Oracle Spatial、IBM DB2 Spatial Extender等。这些系统在关系数据库系统的基础上，增加了对空间数据类型和空间索引的支持，能够更好地管理和查询空间数据。

(5)分布式空间数据库阶段(20世纪90年代—21世纪)。

在这个阶段，互联网的普及和Web技术的发展使得空间数据的共享和交流变得更加容易，出现了地理元数据标准，用于描述和管理地理数据集的元数据信息。与此同时，分布式空间数据库开始出现，可以将不同地理位置的数据库连接起来，共同管理和查询空间数据。

(6)云空间数据库阶段(21世纪初至今)。

在这个阶段，随着云计算和大数据技术的发展，云空间数据库开始出现。这些系统可以将空间数据存储到云端，用户可以通过网络进行访问和查询。云空间数据库具有高效、灵活和可扩展的特点，能够满足大规模空间数据处理和管理的需求。

1.5 空间数据管理的最新进展

空间数据管理的最新进展涉及人工智能、机器学习、空间图像处理、开放数据和标准、云计算和大数据技术和基于位置服务的应用等多个方面。这些技术和应用的不断发展和创新，为空间数据的管理提供了更多的机会和挑战。空间数据管理的最新进展包括以下几个方面：

(1)人工智能和机器学习技术在空间数据管理中的应用。

人工智能和机器学习技术在空间数据管理中的应用越来越广泛。例如，利用机器学习技术可以自动提取空间数据的特征，包括目标识别、地物分类、变化检测等。此外，人工智能技术还可以用于优化和加速空间数据处理，如空间数据压缩、数据清理和数据匹配等。

(2)空间图像处理的智能化。

随着遥感技术和空间图像处理技术的不断发展，处理和分析高分辨率的遥感图像变得更加容易和高效。其中，利用深度学习技术自动提取遥感图像中的特征，并将提取的特征矢量图斑存入空间数据库。例如，从遥感图像中能够快速提取建筑物、道路、河流等矢量要素；利用遥感图像还可以监测环境和自然资源的变化，如土地覆盖率、植被覆盖率的变化等。

(3)开放数据和开放标准的推广。

近年来，越来越多的政府和组织开始将空间数据与公众分享，并且制定了相关的开放标准。这些开放数据和标准促进了空间数据的共享和互操作，为空间数据的应用和开发提供了更多的机会和可能性。

(4)云计算和大数据技术的应用。

云计算和大数据技术为空间数据管理和处理提供了更高效和灵活的方式。利用云计算和大数据技术可以快速处理和分析大规模的空间数据集，还能够进行数据挖掘、模型训练和预测等操作。

(5)基于位置服务的应用发展。

基于位置服务的应用越来越广泛，例如地图服务、导航服务、位置服务等，这些应用都需要准确和实时的空间数据支持，这也促进了空间数据的共享和互操作。

思考题

1. 什么是地理空间实体？请举例说明。
2. 什么是概念模型和逻辑模型？
3. 数据模型的组成包括哪些内容？
4. 常用的数据模型有哪些？
5. 什么是空间数据模型？地理空间实体的表示方式有哪些？
6. 试列举几种 OGC 定义的空间几何对象模型。
7. 请给出点、线、面三种几何对象的 WKT 数据示例。
8. 空间数据管理大致经历了哪几个阶段？
9. 试列举几个空间数据管理的发展方向。

第 2 章　空间数据库理论

数据库是当前管理数据最常用的技术，其中关系数据库是使用最广泛的数据库类型。在传统数据库的基础上，引入空间数据模型和空间数据管理功能，扩展并形成空间数据库，提升了空间数据管理能力。空间数据库继承了传统数据库的数据管理方式，集成了丰富的空间分析函数，已成为地理信息系统的重要组成部分。

2.1　数据库

2.1.1　数据库概念

数据库是按照特定组织结构长期存储、可共享、具有一定关系的数据集合。数据库存储的是在业务领域有关联的数据，例如教务管理业务中，课程、学生、教师等之间存在教师执教课程、学生选修课程等关系。组织结构指数据库是结构化数据的集合，其将相互关联的数据组织成一个或多个数据表，每个表包含一个或多个数据字段。数据字段代表数据实体的一个属性信息项，包括字段类型和约束条件。字段类型可以是数字、文本、日期、时间等，约束条件是限制字段取值范围的控制条件。例如，教务管理业务中的学生包括学号、姓名、性别等字段，其中性别取值范围为“男或女”。

当前，数据库技术已广泛应用于企业信息管理、电子商务、金融、医疗、科研等领域，可以帮助人们更有效地管理和分析数据，提高数据的利用价值和决策效率。数据库管理具有以下特点：

(1)数据独立性。数据库系统可以实现数据和应用程序之间的逻辑独立性和物理独立性，使应用程序开发与数据管理相分离，能够提高应用系统的灵活性。

(2)数据共享。数据库具有特定结构，一方面降低了数据的冗余度，另一方面能够促进数据的共享与互操作，使多个用户共享同一组数据，避免了数据不一致的问题。

(3)数据完整性。数据库系统利用字段约束机制保证数据的一致性和完整性，防止数据损坏和数据丢失。

(4)数据安全性。数据库系统能够对数据进行安全管理，包括访问控制、备份和恢复等。

(5)数据可扩展性。数据库系统可以方便地扩展到更大的存储容量和达到更高的性能要求，以满足不断增长的数据需求。

2.1.2 数据库类型

(一)按数据模型分类

根据数据库使用数据模型的不同，可以将数据库分为关系数据库、层次数据库、网状数据库、面向对象数据库、面向对象关系数据库、非关系型数据库等。

(1)关系数据库。

关系数据库(relational database, RDB)使用关系模型，将业务领域管理的数据映射为具有特定关系的实体-关系模型，进而将实体及其关系映射为若干个规则二维数据表。数据表中的每列代表实体的一个属性，数据表中的每行存储一个实体数据。

(2)层次数据库。

层次数据库(hierarchical database, HDB)使用层次模型，将业务领域管理的数据映射为具有层次关系的树形实体集，每个实体存储为一个记录，每个记录包括若干个属性。

(3)网状数据库。

网状数据库(network database, NDB)使用网状模型，将业务领域管理的数据表示为实体及实体间的多对多联系，每个实体存储为一个记录，实体之间存在一个或多个联系。

(4)面向对象数据库。

面向对象数据库(object-oriented databasse, ODB)使用面向对象模型，将实体映射为对象，而不是表格。面向对象数据库通常用于存储复杂的对象和数据结构。

(5)面向对象关系数据库。

面向对象关系数据库(object-oriented relational database, ORDB)使用对象关系模型，是在关系数据库的基础上，引入面向对象理论，支持面向对象编程语言的继承、多态、封装等特性，从而更好地处理复杂的数据结构和关系。

(6)非关系型数据库。

非关系型数据库(NoSQL database)是一种不使用关系模型的数据库，通常用于存储非结构化和半结构化数据，如文档、图像、视频等。非关系型数据库常采用键值对、文档、列族等数据模型，常见的非关系型数据库包括 MongoDB、Redis、Cassandra 等。

(二)按用途分类

根据数据库管理的数据内容和使用类型的不同，可以将数据库分为空间数据库、图形数据库、文本数据库、时间序列数据库、多媒体数据库等。

(1)空间数据库。

空间数据库(spatial database, SDB)是专门用于存储和管理地理空间数据的数据库，常用于地理信息系统和遥感等领域。例如，用于存储和管理地理位置、坐标、空间关系等。

(2)图形数据库。

图形数据库(graphics database, GDB)用于存储和查询图形数据，例如社交网络、地图和路线等。图形数据库采用图形模型来表示数据，使用图形查询语言(GQL)进行查询和操作。常见的图形数据库包括 Neo4j、ArangoDB 等。

(3)文本数据库。

文本数据库(text database)是一种特殊的数据库，它用于存储和管理大量的文本数据，例如电子书、新闻文章等，常见的文本数据库包括 Lucene、Elasticsearch 等。

(4)时间序列数据库。

时间序列数据库(time series database)专门用于存储时间序列数据，如股票价格、气象数据、传感器数据等。时间序列数据库具有高效的数据存储和查询能力，常见的时间序列数据库包括 InfluxDB、TimescaleDB 等。

(5)多媒体数据库。

多媒体数据库(multimedia database)是专门用于存储和管理多媒体数据的数据库，常用于音频、视频、图像、动画等多媒体领域。多媒体数据包括音频、视频、图像、动画等多种类型，它们具有不同的格式和特征，需要特殊的处理和存储方式。

2.1.3　数据库系统模式

数据库系统模式(database system schema)是指数据库的数据逻辑结构和组织方式，其定义了数据表的结构、属性和关系，以及数据之间的关联和约束关系。数据库系统模式由数据库管理员或数据架构师定义和管理，是数据库的核心组成部分(王珊等，2014)。数据库系统模式可以分为三个层次，如图 2-1 所示。

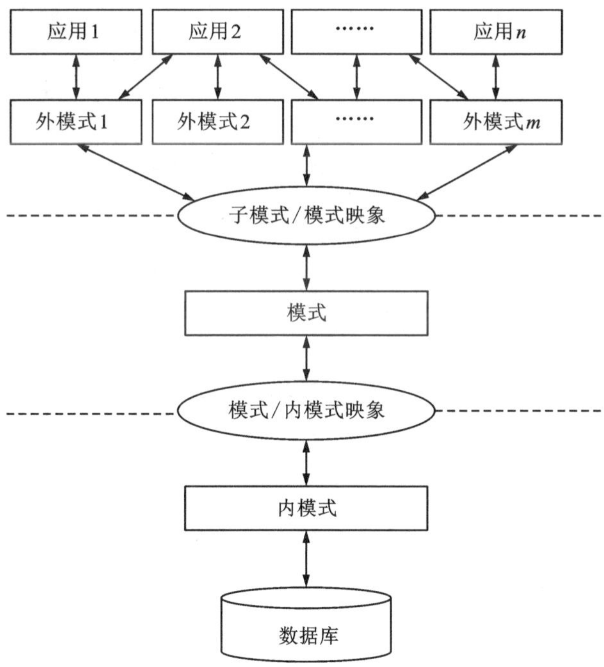

图 2-1　数据库系统的三级模式

(1)外模式。

外模式(external schema)是用户视图，定义了数据的访问方式和呈现形式。外模式通常由应用程序开发人员或最终用户定义和管理。

(2)模式。

模式(schema)又称概念模式(conceptual schema)，属于全局视图，定义了所有数据的逻辑结构和组织方式。概念模式通常由数据库管理员或数据架构师定义和管理，是数据库系统模式的核心部分。

(3)内模式。

内模式(internal schema)是物理视图，定义了数据的物理存储方式和存储结构。内模式由数据库管理员或系统管理员定义和管理，是数据库系统模式的底层实现。

外模式和概念模式之间存在映射关系，外模式通过视图映射到概念模式，概念模式通过映射关系与内模式相对应。这种分层结构可以使数据库系统更加灵活和易于维护，实现应用程序与数据库的分离，方便应用程序的开发和维护。数据库系统模式的设计和管理是数据库系统设计的重要组成部分，关系到数据库的性能、安全性和可维护性等方面。

2.1.4 数据库系统

数据库系统(database system)由计算机硬件、支撑软件、数据库、数据库管理系统、数据库驱动程序、业务管理系统和数据库用户等组成，如图 2-2 所示。

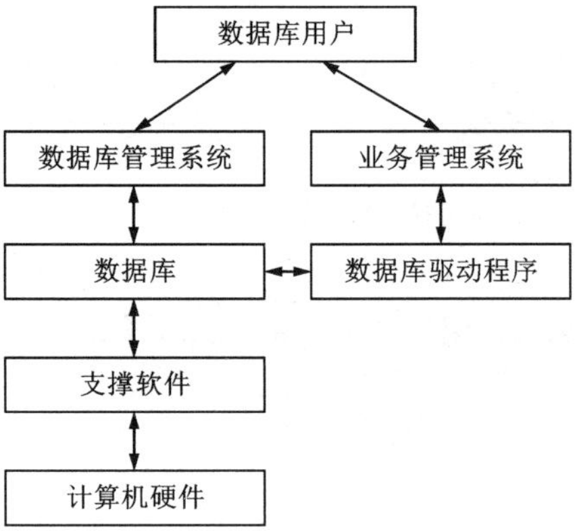

图 2-2 数据库系统组成

(1)计算机硬件。

数据库系统的正常运行需要计算机硬件资源的支持，硬件资源包括计算机中央处理器、内部存储器、外部存储器、输入和输出设备等，这些硬件资源是数据库系统运行的载体和基础。

(2)支撑软件。

数据库系统的支撑软件是数据存储管理和数据库管理系统等正常运行所需的支持软件，包括计算机操作系统和数据库管理系统运行所需的编译运行等环境软件。

(3)数据库。

数据库是一组长久存储在计算机外部存储器中的数据集合，是整个数据库系统的核心部分。

(4)数据库管理系统。

数据库管理系统是管理数据库的软件系统，为数据库管理员提供数据操作、维护和管理等功能。

(5)数据库驱动程序。

数据库驱动程序(database driver)是连接应用程序与数据库的软件程序，封装了应用程序连接、操作数据库的功能组件，使应用程序可以通过简单的应用程序接口(application program interface，API)调用来访问和操作数据库，不需要直接操作底层的数据库引擎。数据库驱动程序由数据库厂商或第三方开发者提供，由业务管理系统的开发人员调用。

(6)业务管理系统。

业务管理系统是数据库用户与数据库系统交互的主要界面，通过数据库驱动程序提供的API访问数据库，实现特定的业务管理功能。

(7)数据库用户。

数据库用户是指操作和使用数据库的人员，包括数据库管理员、业务应用系统分析和设计人员、业务管理人员等。数据库管理员(database administrator，DA)负责管理数据库系统，包括安装、配置和维护数据库系统，以及数据库的安全性管理、数据备份和数据恢复等。业务管理人员是使用数据库管理业务工作的最终人员。

2.1.5　数据库管理系统

数据库管理系统(database management system，DBMS)是为数据库管理员提供的用于定义、创建、维护和控制、管理数据库的软件系统(秦昳等，2022)。数据库管理系统的主要功能包括：

(1)数据定义功能。

数据库管理系统为管理员提供了数据定义语言(data definition language，DDL)，用于定义数据库的数据对象，如表格、视图、索引、约束等。

(2)数据操作功能。

数据库管理系统为管理员提供了数据操作语言(data manipulation language，DML)，用于操作数据库中的数据，包括插入、更新、删除、查询等。

(3)数据库事务管理功能。

数据库管理系统提供了数据库事务管理功能，实现数据库事务的ACID规则，即原子性(atomicity)、一致性(consistency)、隔离性(isolation)和持久性(durability)，确保数据的完整性。

(4)数据库安全性管理功能。

数据库管理系统提供了安全性和权限管理功能，确保只有授权用户才能访问和修改数据，防止未授权用户的非法访问和恶意攻击。

(5)数据库备份和恢复数据功能。

数据库管理系统提供了备份和恢复数据功能，保证数据库的可靠性和可恢复性，防止数据丢失或损坏。

(6)数据库性能优化功能。

数据库管理系统提供了各种性能优化工具和技术，包括数据索引、数据分区、数据查询等优化操作，以提高数据库的性能和响应速度。

(7)数据库设计和规划功能。

数据库管理系统可以帮助数据库管理员设计和规划数据库，满足应用程序的诸多需求。

(8)数据库监控和诊断功能。

数据库管理系统为数据库管理员提供了数据库监控和诊断工具，帮助管理员了解数据库的健康状况和性能瓶颈，以便调整和优化数据库。

2.2 关系数据库理论

关系数据库理论用于描述关系和关系数据库的理论体系，包括关系模型、关系代数、规范化理论、事务处理理论、数据库完整性理论等内容。

2.2.1 关系数据库概念

关系数据库是基于关系模型的数据库，是目前广泛使用的数据库类型之一。关系数据库理论将二维表称为关系(relation)，对应于实体或实体联系，或简称表(table)。表的每行对应一个元组，表的每列对应一个域。关系的数据结构由关系模式(relation scheme)定义，即关系模式描述关系元组的结构，包括属性构成、属性的域、属性与域之间的映象关系。

由于关系数据库具有严格的结构定义，因此其具有以下特点：

(1)数据结构清晰。关系数据库使用表格管理数据，结构简单、清晰，方便数据的管理和维护。

(2)数据具有一致性。关系数据库定义了各种约束条件，限制和保证数据的一致性和完整性。

(3)数据查询灵活。关系数据库支持结构化查询语言(structure query language，SQL)，能够快速、灵活地查询和分析数据。

(4)数据安全性高。关系数据库支持多种安全机制，包括用户权限控制、数据加密等，能够有效保护数据的安全。

关系数据库严谨的理论限制也使关系数据库存在一些缺点，包括：

(1)数据处理速度相对较慢。关系数据库需要进行大量的数据约束和完整性检查操作，一定程度上影响了数据处理速度。

(2)数据库设计较为复杂。数据库管理员在设计关系数据库时，需要研究实体及其关系，并将实体-关系映射为数据表及关系表，这就要求系统设计人员具备较丰富的业务管理经验和关系理论知识。

2.2.2 关系数据结构

关系数据结构定义了关系模型的数据结构，用于描述关系数据库组织和管理数据的形式。关系数据结构包括关系的定义、关系的组成、关系操作等。

(1)关系。

关系(relation)又称为数据表(data table)或表(table)，是关系数据结构的基本组成要件，用于存储数据，由若干个域组成。例如，教学管理中的课程是一个关系，课程由编号、名称、学时、学分等多个属性域组成。

(2)域。

域(domain)是一组具有相同数据类型的值的集合，是数据表的一个分量或列。简而言之，域是数据表中一列具有相同数据类型的实例数据集合，代表一种数据类型及其取值。例如，课程关系中的编号、名称、学时、学分等每个数据项的数据类型、取值及约束条件，称为该数据项的一个域。

(3)元组。

元组(tuple)又称为行(row)，是关系的一行记录，是关系域的每个分量的组合，即包含了所有列的具体值。

(4)候选码。

候选码(candidate key)是关系中能够唯一标识元组的最小属性组合，该组合的任何子集均不能标识元组。候选码中的属性称为主属性(prime attribute)，不在任何候选码中的属性称为非主属性(non-prime attribute)或非码属性(non-key attribute)。

(5)主码。

主码(primary key)又称为键，是从候选码中选取的用于唯一标识元组的码。

(6)外码。

外码(foreign key)又称为外键，用于建立不同关系(数据表)之间联系的属性组合。外码定义了一个关系中的属性与另一个关系中的主码之间的联系，从而使得不同关系之间的数据列能够相互参照和关联。

(7)笛卡儿积运算。

笛卡儿积(cartesian product)是关系域上的集合运算，运算结果仍为一个关系(数据表)，关系中每一列的值来自同一个域。例如，给定一组域 D_1, D_2, …, D_n，这组域的笛卡儿积为：

$$D_1 \times D_2 \times \cdots \times D_n = \{(d_1, d_2, \cdots, d_n) \mid d_i \in D_i, i=1, 2, \cdots, n\}$$

(8)关系模式。

关系模式(relation schema)是关系定义的描述，可以形式化地表示为：

$$R(U, D, DOM, F)$$

其中：R 为关系名称；U 为关系的属性名集合；D 为 U 中属性的域；DOM 为属性向域的映射集合；F 为属性间数据的依赖关系集合。

2.2.3 关系操作

关系理论定义了常用的关系操作，包括查询操作和涉及数据变更的插入、删除、更新等操作。

(1)查询操作。

关系查询是数据库最常用的操作，可以分为选择(select)、投影(project)、连接(join)、除(devide)、并(union)、差(except)、交(intersection)、笛卡儿积等操作类型，这些操作都是集合操作，即操作的对象和结果都是集合。其中选择、投影、并、差、笛卡儿积是 5 种基本操作。

(2)插入、删除和更新操作。

插入(insert)是向关系中存入新数据元组的操作；删除(delete)是从关系中移除一条元组的操作；更新(update)是修改一条元组属性值的操作。

关系操作功能通常用关系代数方式或逻辑方式来表示，分别称为关系代数(relational algebra)和关系演算(relational calculus)。关系代数用关系的运算表示查询要求，关系演算用谓词表示查询要求。关系代数、元组关系演算和域关系演算均是抽象的查询语言，这些抽象的语言与具体的关系数据库管理系统的查询语言并不完全一样。数据库管理系统提供的实际查询语言除了关系代数和关系演算功能以外，还提供了集合函数、关系赋值、算术运算等功能。

2.3 空间数据完整性

2.3.1 数据完整性

数据完整性是确保数据在存储、传输和处理过程中不被损坏或篡改的性能。保持数据完整性的措施有多种，包括：①使用加密技术和数字签名，防止数据被篡改或伪造；②采用访问控制和身份验证，防止未经授权的访问；③实施备份和恢复策略，确保数据在灾难发生时不会损坏或丢失；等等。对于数据库而言，数据完整性不仅要考虑数据的一致性和准确性，而且要确保在多个应用程序和数据库之间共享的数据保持一致，且所有数据都是准确和最新的。为了确保数据的一致性和准确性，需要实施一系列数据管理策略，确保数据完整性得到持续的维护和保护。

关系数据的完整性是指关系数据库为保持数据的一致性和有效性而施加一组规则和限制，确保关系数据库的数据符合预期的结构和内容，避免不一致或不正确的数据被存储和使用，防止数据不一致或被损坏情况的发生。关系完整性包括实体完整性、参照完整性和自定义完整性(王珊等，2014；秦昳等，2022)。

(1)实体完整性。

关系理论要求关系数据库的每个元组都必须是可区分和可标识的，具有唯一性。这个约束条件通过实体完整性规则得以保证。实体完整性规则约束关系的主属性不能为空值。例如，宗地关系包括宗地编号、宗地名称、所属行政区划、面积、权属人等属性，其中宗地编号为主码，则宗地编号为主属性，所以宗地编号不允许为空值。

实体完整性表明现实世界的实体可以区分，即可以根据实体的特定属性进行唯一标识。在关系数据库存储这些实体时，唯一标识实体的属性不能取空值，否则说明实体不可区分。例如，学生关系的主码为学号，如果学号允许取空值，则说明学生无法区分和标识，即学生关系中存在不被标识的学生。

(2)参照完整性。

关系理论定义了实体之间存在诸多关联关系，这种关联关系使用关系之间的引用和参照加以表达和约束。若一个关系 R 中的属性 F 引用了另一个关系 S 的属性 K_s，为了保证数据的一致性，F 的所有取值必须来自 K_s。这种约束关系称为参照完整性约束，R 称为参照关系，S 称为被参照关系或目标关系，F 称为 R 的外码。为保证 K_s 取值的唯一性，通常 K_s 为关系 S 的主码。

例 2-1 宗地管理业务中存在以下关系(下划线属性为主码)：

宗地(<u>宗地编号</u>，宗地名称，所属行政区划编号，面积，权属人编号)

行政区划(行政区划编号，区划名称)

权属人(权属人编号，权属人名称，住址，通信地址)

上述三个关系中存在属性引用：宗地关系的所属行政区划编号属性引用了行政区划关系的行政区划编号、权属人编号引用了权属人关系的权属人编号。宗地关系的所属行政区划编号和权属人属性都为外码，行政区划关系的行政区划编号和权属人关系的权属人编号为所属关系的主码。

(3)用户自定义完整性。

在一些具体业务管理中，实体的属性除了实体完整性和参照完整性约束以外，往往还会有一些特殊的约束条件。用户针对业务管理需求为关系的属性设置的约束条件，称为用户自定义完整性。例如，我国制定的基础地理要素编码标准规定了要素编码规则，在定义城市基础地理空间数据库时，地理要素的编码形式及取值需要符合标准的要求；又如，在定义宗地界址点空间数据库时，界址点 X 和 Y 坐标的取值范围不能超出宗地所属行政区划的空间范围。

2.3.2 空间数据完整性

空间数据完整性是指空间数据所有地理要素的属性值和空间几何数据取值的准确性和完整性程度。由于空间数据库存储了业务属性数据和空间几何数据，所以空间数据的完整性包括业务属性数据完整性和空间几何数据完整性两方面。

(一)业务属性数据完整性

业务属性数据完整性可以直接使用传统数据的实体完整性、参照完整性和自定义完整性进行定义和约束。

例 2-2 在例 2-1 所示的宗地空间数据库中，宗地关系除了例 2-1 所列属性以外，还包括几何图形的空间属性。除去几何图形属性以外的其余属性均为业务属性，这些属性可以通过传统数据完整性加以约束，宗地编号则受到主属性不为空的实体约束限制，宗地名称可通过自定义不为空值的约束限制，所属行政区划编号取值必须参照行政区划关系的行政区划编号，权属人编号取值必须参照权属人关系的权属人编号，宗地面积可以自定义取值范围进行约束。

(二)空间几何数据完整性

空间几何数据完整性包括几何维度和空间参考系完整性、空间范围完整性、图形有效性完整性、空间属性完整性、空间拓扑关系完整性等。

(1)几何维度和空间参考系完整性约束。

许多空间数据库管理系统在定义几何图形空间字段时，如果不加完整性约束，则同一个空间数据表几何图形字段可以存储多维度、不同空间参考系的空间数据。为了保证同一个数据表几何图形字段只存储一个几何维度和指定空间参考系的空间数据，可以给定几何维度和空间参考系约束。

例 2-3 使用 PostGIS① 创建宗地空间数据库时，若约束宗地几何图形为二维多边形且采用 SRID＝3857 的空间参考系，则创建宗地数据表的 SQL 语句如下：

① 本教程的示例如未说明具体空间数据库管理系统，默认使用 PostgreSQL 和 PostGIS 的语法编写 SQL 语句。

```
① CREATE TABLE parcel (
②   code VARCHAR(10)                  PRIMARY KEY,
③   name VARCHAR(255)                 NOT NULL,
④   area  FLOAT                       NOT NULL CHECK (area>10 and area<100000),
⑤   geom GEOMETRY(Polygon, 3857) NOT NULL
⑥ );
```

其中语句行②定义了 code 为主码，语句行③定义了 name 不能为空的完整性约束，语句行④定义了 area 不能为空且取值为 10~100000 的完整性约束，语句行⑤定义了几何图形字段的空间完整性约束，定义空间参考系为 SRID＝3857 的多边形，NOT NULL 定义了非空约束。

(2)空间范围完整性约束。

空间范围完整性约束定义和限制了几何图形坐标值的取值范围，例如对于点状几何图形，可以限制 X 和 Y 坐标值的取值范围；对于线或多边形几何图形，可限制其外包矩形的最小和最大坐标值的取值范围等。

例 2-4 在创建宗地界址点数据表 parcel_point 时，若要约束界址点坐标取值在(12571000, 3269000)和(12572550, 3270000)之间，则创建宗地界址点数据表的 SQL 语句如下：

```
① CREATE TABLE parcel_point (
②   code   VARCHAR(10)                 PRIMARY KEY,
③   geom   GEOMETRY(Point, 3857)  NOT NULL
④            CHECK(ST_X(geom)>=12571000 AND ST_X(geom)<=12572550
⑤                    AND ST_Y(geom)>=3269000 AND ST_Y(geom)<=3270000
⑥                  )
⑦ );
```

其中语句行④~⑥定义了顶点 X 和 Y 的取值范围约束。

例 2-5 在创建宗地几何图形字段时，若要约束多边形必须在(12571000, 3269000)和(12572550, 3270000)之间，则创建宗地数据表的 SQL 语句如下：

```
① CREATE TABLE parcel (
②   code  VARCHAR(10)                   PRIMARY KEY,
③   name  VARCHAR(255)                  NOT NULL,
④   area  FLOAT                         NOT NULL CHECK (area>10 and area<100000),
⑤   geom GEOMETRY(Polygon, 3857)      NOT NULL
⑥          CHECK (ST_Within (geom, ST_MakeEnvelope (12571000,3269000,12572550,
           3270000,3857)))
⑦ );
```

其中语句行⑥定义了多边形的取值必须在规定的矩形范围内。

(3)图形有效性完整性约束。

图形有效性完整性约束限制输入的图形必须为有效图形，比如在定义多边形要素时，要求输入的多边形不能自相交，即图形必须有效。

例 2-6　在创建宗地几何图形字段时，若要约束多边形必须为有效多边形，则 SQL 语句如下：

```
① CREATE TABLE parcel (
②   code  VARCHAR(10)                 PRIMARY KEY,
③   name  VARCHAR(255)                NOT NULL,
④   area  FLOAT                       NOT NULL CHECK (area>10 and area<100000),
⑤   geom  GEOMETRY(Polygon, 3857)     NOT NULL
⑥                                     CHECK(ST_IsValid(geom))
⑦ );
```

其中语句行⑥定义了多边形必须为非自相交多边形。

(4)空间属性完整性约束。

空间属性完整性约束定义了空间几何图形必须满足的限制性条件，比如多边形面积必须在特定的取值范围内，或者线的长度必须在特定的取值范围内。

例 2-7　在创建宗地几何图形字段时，若要约束多边形面积必须为 10~10000 m^2，则可以使用下列 SQL 语句创建数据表：

```
① CREATETABLE parcel (
②   code  VARCHAR(10)                 PRIMARY KEY,
③   name  VARCHAR(255)                NOT NULL,
④   area  FLOAT                       NOT NULL CHECK (area>10 and area<100000),
⑤   geom  GEOMETRY(Polygon, 3857)     NOT NULL
⑥                                     CHECK(ST_Area(geom)>10 AND ST_Area
                                      (geom)<10000)
⑦ );
```

其中语句行⑥定义了多边形面积必须为 10~10000。

(5)空间拓扑关系完整性约束。

空间拓扑关系完整性约束定义几何图形必须满足的拓扑关系要求，拓扑关系检查可以是对当前空间数据表，也可以是不同空间数据表之间的检查。比如，宗地之间不允许相交，或者道路不允许穿过宗地等。

例 2-8　在创建宗地几何图形字段时，若要约束宗地多边形之间不允许重叠(相交)，则 SQL 语句如下：

```
① CREATETABLE parcel (
②   code  VARCHAR(10)                 PRIMARY KEY,
③   name  VARCHAR(255)                NOT NULL,
④   area  FLOAT                       NOT NULL CHECK (area>10 and area<100000),
⑤   geom  GEOMETRY(Polygon, 3857)     NOT NULL,
⑥                                     EXCLUDE USING gist(geom WITH &&)
⑦ );
```

其中语句行⑤定义几何图形字段 geom 且不允许为空，语句行⑥定义所有宗地多边形不允许相交。例如，依次执行下列 SQL 语句，运行结果如下：

①语句 1:

```
INSERT INTO parcel(code, name, area, geom)
  VALUES ('1000011', '宗地 1',
          2500,ST_MakeEnvelope(12571200, 3269500, 12571250, 3269550, 3857));
```

执行结果:

```
> Affected rows: 1
```

②语句 2:

```
INSERT INTO parcel(code, name, area, geom)
  VALUES ('1000011', '宗地 2', 1600,
          ST_MakeEnvelope(12571240, 3269540, 12571280, 3269580, 3857));
```

执行结果:

```
> ERROR:   duplicate key value violates unique constraint "parcel_pkey"
  DETAIL:  Key (code)=(1000011) already exists.
```

③语句 3:

```
INSERT INTO parcel(code, name, area, geom)
  VALUES ('1000012', '宗地 2', 1600,
          ST_MakeEnvelope(12571240, 3269540, 12571280, 3269580, 3857));
```

执行结果:

```
> ERROR:   conflicting key value violates exclusion constraint "parcel_geom_excl"
  DETAIL:  Key (geom) = (01030000....4841) conflicts with existing key (geom) =
(01030000...F04841).
```

④语句 4:

```
INSERT INTO parcel(code, name, area, geom)
  VALUES ('1000012', '宗地 2', 1600,
          ST_MakeEnvelope(12571280, 3269540, 12571320, 3269580, 3857));
```

执行结果:

```
> Affected rows: 1.
```

当执行语句 2 时,提示主键“1000011”不允许重复;当执行语句 3 时,提示违反了约束“parcel_geom_excl”,即不允许重叠的空间完整性约束。执行语句 1 和语句 3 插入的宗地空间位置如图 2-3(a)所示。当语句 3 修改为语句 4 后,执行成功,修改后的两宗地空间位置如图 2-3(b)所示。

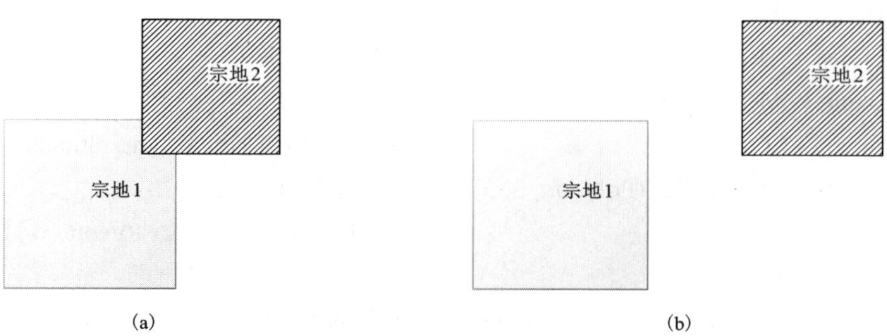

图 2-3　宗地 1 和宗地 2 空间关系

2.4　空间数据库系统

2.4.1　空间数据库概念

空间数据库是按照一定的空间数据模型结构、长期存储在计算机外部存储器中的可共享的地理空间数据集合。当前，许多空间数据库是在传统数据库的基础上，引入或扩展空间几何数据类型，从而实现地理空间数据的管理功能。因此，与传统数据库相比，空间数据库不仅可以管理传统信息实体，而且可以管理客观或抽象的地理空间实体，如河流、道路、界址、宗地等。因此，空间数据库除了具备传统数据库的基本特征，还包括以下特点：

(1) 空间数据库引入了空间几何数据模型，能够管理与地理实体、地理现象和地理关系相关的空间数据。

(2) 空间数据库对空间数据进行分类，为每类空间数据构造一类数据模型，以便对属性数据和空间数据进行一体化集中管理。

(3) 空间数据库提供了空间索引能力，用于加快空间数据查询和分析的速度。

(4) 空间数据库支持空间查询语言，用于查询和分析与地理空间相关的数据。

(5) 空间数据库具有强大的空间分析功能，能够完成各种与地理空间相关的空间分析、空间插值、空间关联、空间统计、空间分布规律分析、变化趋势等计算。

2.4.2　空间数据库系统

与传统数据库系统相似，空间数据库系统由计算机硬件、支撑软件、空间数据库、空间数据库管理系统、数据库驱动程序、地理信息系统和空间数据库用户等 7 部分组成，如图 2-4 所示。空间数据库系统的核心是带有空间特征的空间数据库，管理空间数据库的软件称为空间数据库管理系统。由于空间数据库多是在传统数据库系统的基础上通过扩展数据类型发展起来的特殊数据库，所以在空间数据库系统中，数据库驱动程序仍然沿用底层数据库的驱动程序。上层管理系统则为地理信息系统，地理信息系统为用户提供空间数据采集、存储、管理、制图等相关操作界面。

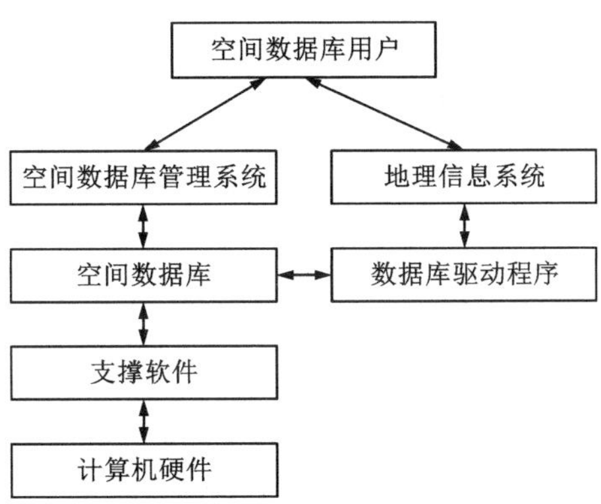

图 2-4　空间数据库系统组成

相较传统数据库用户，空间数据库系统的用户类型较多，如表 2-1 所示。

表 2-1　空间数据库系统的用户分类

序号	用户类型	职责功能
1	空间数据采集人员	负责空间数据的测量和记录，并将空间数据存储为特定的空间数据文件
2	空间数据库管理员	负责空间数据库设计、创建、测试、权限控制、安全管理等工作
3	空间数据入库人员	负责空间数据的格式转换和数据存入数据库等操作
4	空间数据更新人员	负责定期更新空间数据库的工作
5	空间数据制图人员	负责空间数据制图与可视化设置等工作
6	空间数据发布人员	负责使用地理空间信息服务管理系统将空间数据发布成地图服务，为管理系统提供高效的空间数据访问支持
7	空间数据使用人员	负责使用地理信息系统访问、查询、分析空间数据，得到与地理空间相关的决策支持

在实际地理信息工程中，空间数据的现势性对空间决策分析非常重要，所以空间数据需要定期更新，以使空间数据库中的空间数据与现实世界保持一致性。空间数据更新人员需要根据管理需要制订数据更新计划，并按计划实施数据更新。

2.4.3　空间数据库与地理信息系统

从空间数据库系统的组成结构(图 2-4)可以看出，空间数据库与地理信息系统既有联系，又存在明显差异。两者的差异主要体现在以下几方面：

(1)空间数据管理方面的差异。

空间数据库主要用于存储和管理空间数据，按照特定的空间数据模型和结构，将空间数据存储在数据库中，为上层地理信息系统提供空间数据支持。

地理信息系统通常有独特的空间数据格式，多采用文件方式存储，也可以通过数据库驱动程序或空间数据网关(如 ArcSDE)访问空间数据库。

(2)空间数据分析方面的差异。

空间数据库提供了丰富的空间分析函数，数据库管理员可以使用空间结构化查询语句调用空间分析函数，得到数据集合形式的空间分析结果。

地理信息系统也为用户提供了功能强大的空间分析功能，用户可以通过地理信息系统的可视化操作工具(如 ArcGIS 的 Arc Toolbox)或模型(如 ArcGIS 的 Model Builder)等完成空间分析操作，分析结果可以直接在可视化组件中以地图形式显示。地理信息系统提供的空间分析操作较为简单，无须学习空间结构化查询语法和相关分析函数的调用方法。

(3)空间数据可视化方面的差异。

空间数据库重在空间数据的管理，自身不具备空间可视化功能，数据库管理员可以通过空间数据库管理系统操纵并显示空间数据。尽管如此，空间数据库管理系统的可视化功能较为简单，只能使用空间数据库管理系统默认的地图符号和颜色显示空间数据，用户不能设置符号参数。

地理信息系统具有强大且丰富的地图制图功能，用户可以自定义多种地图要素符号，编制多样化的地图。

尽管空间数据库与地理信息系统存在较大差异，但是随着空间数据库的不断发展和广泛使用，其与地理信息系统的关系越来越紧密，并逐渐成为地理信息系统技术生态圈的重要组成部分。

2.5　空间数据库管理系统

空间数据库管理系统(spatial database management system，SDBMS)是一套数据库管理系统软件，为空间数据库管理员提供操纵空间数据、管理空间数据库安全等功能。常用的空间数据库管理系统有 PostGIS、Oracle Spatial、SQL Server、MySQL Spatial、SQLite Spatialite 等。

2.5.1　PostGIS

PostGIS 是在开源对象关系数据库 PostgreSQL 的基础上，进行空间功能扩展而形成的空间数据库管理系统，拥有强大的空间数据存储和分析功能。PostGIS 的第一个版本是在 2001 年由 Refractions Research 以 GNU 通用公共许可证(General Public License，GNU GPL 或 GPL)的形式发行。2005 年，PostGIS 在经历了 6 个最终测试版本后，发行了第一个稳定版本 PostGIS V0.6。当前，PostGIS 的最新版本为 3.4.1。

PostGIS 实现了 OGC 制定的点、线、面、复合点、复合线、复合面等基本要素类的模型规范，支持 OGC 提出的空间数据管理、数据测量与几何拓扑分析等功能(Obe etc.，2021)。PostGIS 的特点包括以下几方面：

(1)完整定义了 OGC 06-104r4 标准的基本要素模型，包括点(Point)、线(LineString)、多边形(Polygon)、复合点(MultiPoint)、复合线(MultiLineString)、复合多边形(MultiPolygon)、几何集合(GeometryCollection)等。

(2)遵循 OGC 制定的 Simple Feature Access(简称 SFA)标准，实现了标准规定的空间要素拓扑关系运算全部函数。

(3)实现了空间数量度量函数，通过调用这些函数实现几何体之间的距离、几何体的面积、周长等的计算。

(4)通过调用 GEOS① 中的几何分析函数，实现了常见的 GIS 空间分析功能，如求交、求并、求差、缓冲区等。

(5)利用 R 树与 GiST② 实现了空间索引，大大加快了空间查询的速度。

(6)支持栅格数据的存储和管理，并提供丰富的栅格数据操作函数。

(7)支持多种操作系统，如 Windows、macOS、Red Hat/CentOS/Scientific Linux、Ubuntu/Debian、openSUSE 等。

---

① GEOS(Geometry Engine，Open Source)库为实现 SFSQL(Simple Feature for SQL)规范提供了必要的算法，定义了一组通用空间函数规范。

② GiST(Generalized Search Tree)是一个通用的 B+(-)Tree 索引框架，支持多种数据类型。

2.5.2 Oracle Spatial

Oracle 公司(甲骨文公司)是全球最大的信息管理软件及服务供应商，成立于 1977 年。Oracle 数据库拥有全球最多的用户量，许多大型商用系统和大型网站都选用 Oracle 数据库系统。Oracle 数据库支持自定义的数据类型、数组、结构体、功能函数等，为开发人员提供了强大的开发支持。Oracle Spatial 是空间数据处理与管理的插件系统，也是 Oracle 数据库的重要特性之一，包含了用于存储矢量数据类型、栅格数据类型和拓扑数据等的原生数据类型。Oracle Spatial 使用 sdo_geometry 字段类型存储空间数据，能够表示点、线、面、复合点、复合线、复合多边形或混合对象等多种几何图形，实现了 R 树空间索引和四叉树空间索引，为 GIS 应用系统或数据库管理员提供了丰富的空间分析函数，包括空间拓扑、空间度量计算和空间分析等(Kothuri etc.，2007；王云帆，2011；Oracle，2021)。

Oracle Spatial 从 1995 年的 ORACLE 7.1.6 发展到 2003 年的 10g 版本，空间数据处理能力越来越强大。当前，Oracle 的最新版本为 21c。Oracle Spatial 的特点包括以下几方面：

(1)Oracle Spatial 将空间过程和操作直接转移到数据库内核中，提高了数据管理的性能和安全性。

(2)Oracle Spatial 将所有的地理空间数据类型(矢量、栅格、网格、影像、网络、拓扑)统一在单一的、开放的、基于标准的数据管理环境中，减少了专用系统的成本。

(3)Oracle Spatial 将空间索引功能引入数据库引擎，提高了空间信息查询检索和空间分析操作的效率。

(4)Oracle Spatial 提供了强大丰富的空间分析函数。

然而，Oracle Spatial 对 OGC 的空间要素操作规范支持较弱，不仅字段类型及存储结构与 OGC 规范不同，而且许多空间分析函数命名也和 OGC 规范相差较大，这给 GIS 开发人员增加了学习成本。

2.5.3 SQL Server

SQL Server 是 Microsoft 公司推出的关系数据库管理系统，具有使用方便、可伸缩性好、集成度高等优点，为关系数据和结构化数据提供安全可靠的存储功能，方便用户构建和管理高可用和高性能的数据应用程序。SQL Server 包括商业版、标准版、商务智能版等多种版本(Microsoft，2022a)。

SQL Server 从 2008 版本开始支持空间数据的管理，主要支持两种空间数据类型：Geometry 类型和 Geography 类型。Geometry 类型表示欧几里得(平面)坐标系中的空间数据，Geography 类型表示地理坐标系中的空间数据。SQL Server 支持的要素类型包括 Point、LineString、CircularString、CompoundCurve、Polygon、CurvePolygon、MultiPoint、MultiLineString、MultiPolygon、GeometryCollection 等 OGC 定义的类型。SQL Server 的空间索引使用四级网格层次结构的 B 树，也就是空间索引必须按 B 树的线性顺序表示为二维空间数据形式(Microsoft，2022b)。SQL Server 空间数据库的特点包括：

(1)SQL Server 提供了功能强大、操作友好的数据库管理系统工具 Manage Studio，在该管理工具中，可以直接显示和浏览空间数据。

(2)SQL Server 与.NET 开发框架结合紧密，SQL Server 的 Spatial Data Type 组件可以直接

被 Visual Studio. NET 开发工具调用，可以快速集成到用户开发的应用系统中。

(3) SQL Server 支持所有的 OGC 规范定义的要素类型。

(4) SQL Server 提供了功能强大的空间分析函数和度量函数等。

然而，SQL Server 空间数据库提供的空间数据操作函数名称和调用方式均与 OGC 规范存在一定差异，一定程度上影响了空间数据管理人员和开发人员的使用。

2.5.4　MySQL Spatial

MySQL 原本是开源的数据库管理系统，原开发者为瑞典的 MySQL AB 公司，2009 年 MySQL 成为 Oracle 旗下产品。MySQL 因性能高、成本低、可靠性好，被广泛应用于 Internet 上的中小型网站和应用系统。MySQL 版本分为免费的社区版与收费的标准版、企业版等 (Oracle, 2022a；宁海元等，2013)。

从 MySQL 4.1 开始，MySQL 实现了一套遵循 OGC 规范的空间数据扩展子集——SQL with Geometry Types，并使用这组扩展的数据类型存储空间几何数据。MySQL 空间扩展支持生成、存储和分析 OGC 规范定义的所有地理要素类型，同时提供了丰富的空间分析等计算函数。

由于 MySQL 在管理海量空间数据时，性能和安全性都较低，所以 MySQL 适合小型 GIS 工程项目，很少用于商业 GIS 项目。

2.5.5　SQLite Spatialite

SQLite 是一套精简的关系数据库管理系统，可用于小型桌面应用系统和移动应用程序的数据管理。SQLite 不支持客户端/服务器结构的数据库引擎，只能集成在应用程序中，因此可以视为嵌入式数据库。SQLite 遵守原子性 (atomicity)、一致性 (consistency)、隔离性 (isolation)、持久性 (durability) 规范，使用动态的、弱类型的 SQL 语法，支持大多数 SQL 语法，支持多种高级开发语言，已被一些流行的浏览器、操作系统、嵌入式系统使用 (SQLite Consortium, 2022)。

Spatialite 是一个开源的 SQLite 扩展库，旨在扩展 SQLite 以支持空间数据存储、空间计算分析功能，因此 Spatialite 可以看作一个简单和轻量级的空间数据库管理系统，支持常用的 OGC 空间查询功能。但是 SQLite Spatialite 仅能嵌入 GIS 应用程序中使用，不能独立运行，而且整个数据库只有单一的整体文件，空间数据查询与空间分析计算效率较低。

思考题

1. 什么是数据库？具有哪些特点？
2. 试叙述数据库包括哪些类型。
3. 什么是数据库系统模式？
4. 数据库系统由哪些部分组成？
5. 数据库管理系统的功能有哪些？
6. 什么是关系数据库？有哪些特点？
7. 请计算图 2-5 中关系 R 和 W 的笛卡儿积。
8. 常用的关系操作有哪些？

R

P	Q	T	Y
2	b	c	d
9	a	e	f
2	b	e	f
9	a	d	e
7	g	e	f
7	g	c	d

W

T	Y	B
c	d	m
c	d	n
d	f	n

图 2-5 思考题第 7 题图

9. 试简述数据完整性和空间数据完整性的概念。
10. 试叙述空间数据库的概念及其特点。
11. 空间数据库与地理信息系统的差异有哪些?
12. 空间数据库管理系统的功能有哪些?试举出几种常用的空间数据库管理系统。

第 3 章　空间数据管理

空间数据是在特定空间参考框架下，使用特定数据结构和模型，描述空间要素位置、几何形状等特征。空间数据的管理经历了多个发展阶段，产生了多种管理模式。本章首先叙述了空间参考系基本概念及作用，讲解了矢量数据、栅格数据和空间元数据的管理模式，然后介绍了几种常用的空间数据管理模式，最后讲解了 PostGIS 的空间数据类型及空间数据表的管理方法。

3.1　空间参考系

3.1.1　空间参考系概念

空间数据库存储和管理的数据通常来自多种类型的地图资料，由于成图目的和用途不同，这些资料常采用不同的地图投影。当这些地图资料存储到空间数据库时，需要将地图资料进行多种格式转换，其中坐标系的转换尤为重要，只有使用统一的坐标系来表示和存储空间要素的地理位置和空间属性，才能保证空间数据的交换和共享特性，不同要素类之间才能进行空间分析、计算和处理(郑春燕等，2011；兰小机等，2020；ESRI，2022)。

国际标准化组织(International Organization for Standardization，ISO)制定的 ISO 19111：2007(e)和 ISO 19112：2019 标准，将坐标系(coordinate system，CS)定义为分配空间位置点坐标值的数学规则集，将空间参考(spatial reference，SR)定义为真实世界中位置的描述，将参考系(reference system，RS)定义为准确说明空间位置信息所需的元数据。同时，将坐标参考系(coordinate reference system，CRS) 定义为与空间对象相关的坐标系基准，包括原点位置的参数或参数集、尺度、坐标系/轴的方向。ISO 定义的坐标参考系如图 3-1 所示。

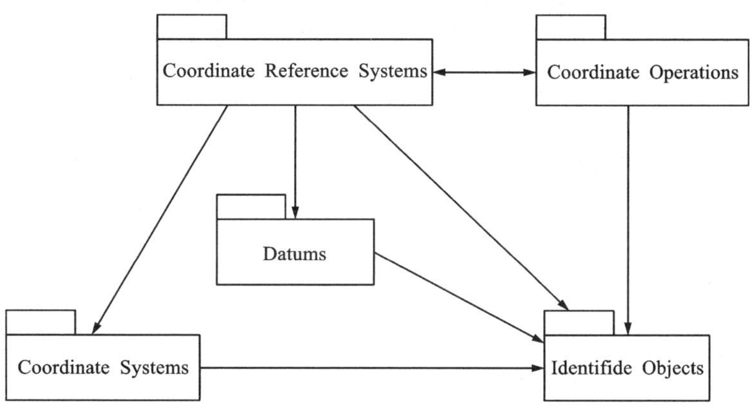

图 3-1　ISO 定义的坐标参考系模板[引自 ISO 19111：2007(e)]

开放地理空间信息联盟在 *OGC Abstract Specification Topic2: Referencing by coordinates*(OGC 18-005r4)规范中，继承和扩展了 ISO 的坐标参考系的定义，不仅将坐标参考系称为空间参考系(spatial reference system，SRS)，还将其定义为用于精确测量地球表面位置坐标的一种框架，且由坐标系和与地理空间相关的抽象数学参数组成，包括地球椭球体、水平基准面、地图投影(地理坐标系除外)、原点和测量单位的选择等。

在空间数据库领域，空间参考系是存储空间要素类、栅格数据集和其他具有空间属性数据的基础，由坐标系、分辨率和容差组成。

(一)坐标系

坐标系是数学或物理学用语，ISO 19111：2007(e)标准将其定义为在一个 n 维空间中，能够使用一组 n 个标量描述一个点的空间位置，这 n 个标量的定义就构成对应的坐标系统。因此，在一个特定的坐标系里，可以用有序多元组表示一个空间位置。ISO 还定义了几种常用的坐标系，包括：

(1)地理坐标系。

地理坐标系(又称大地坐标系)是使用纬度(赤道以北或以南的度数)和经度(本初子午线以西或以东的度数)直接测量地球上任意一点位置的球坐标系。

(2)地心坐标系。

地心坐标系是在地球体内建立的 O-XYZ 三维坐标系，原点 O 设在地球质心。X 轴与首子午面与赤道面的交线重合，向东为正；Z 轴与地球旋转轴重合，向北为正；Y 轴与 XZ 平面垂直构成右手系。

(3)投影坐标系。

投影坐标系(又称平面坐标系或网格坐标系)是一种标准化的笛卡儿坐标系，将地球表面的一定区域模拟为一个平面，从任意原点 O 沿 X 轴和 Y 轴测量位置。

(4)工程坐标系。

工程坐标系(又称本地坐标系或自定义坐标系)是为小区域(通常是单个工程项目)定制的笛卡儿坐标系，地球表面可以完全近似为平面，然后设定原点和坐标轴方向，进而测量小区域的空间位置。

(二)分辨率

分辨率是记录地理要素位置和形状时所使用的空间详细程度，是分隔要素坐标各分量值的最小距离(ESRI，2021)。例如，当空间参考系定义的分辨率为 0.01 时，坐标值 $x=1.22$ 和 $x=1.23$ 表示两个独立的坐标值，而坐标值 $x=1.222$ 和 $x=1.223$ 都将存储为 1.22。因此，在此分辨率定义下，点 $P_1(10.00, 10.00)$ 和点 $P_2(10.001, 10.001)$ 为两个相同的点。

当前许多空间数据库管理系统(如 PostGIS)为了提高空间索引和空间分析效率，经常使用高分辨率的笛卡儿格网处理或对齐空间坐标值，由空间参考系的分辨率定义格网的间距，进而确定坐标值精度。地理要素的坐标均根据所选的空间参考系进行地理配准(spatial adjust)，并捕捉到坐标格网。

因此，空间参考系的分辨率对要素的表达和要素空间关系都将产生重要影响。高空间分辨率(网格单元尺寸较小)能够更加精细地反映地物细节，也会使用更多的数据量表达地理要素，占用更多的磁盘空间和更多的 I/O 消耗，进而影响空间数据检索和空间分析的性能。相反，当使用较低空间分辨率(格网单元尺寸较大)时，空间要素的表达将变得粗糙，要素的坐标值精度也会降低。图3-2示出了不同空间分辨率格网的要素表达方式，在低分辨率空间参考系中，多边形A与B为相接状态[图3-2(a)]；在高分辨率空间参考系中，多边形A与B则为相离状态[图3-2(b)]。

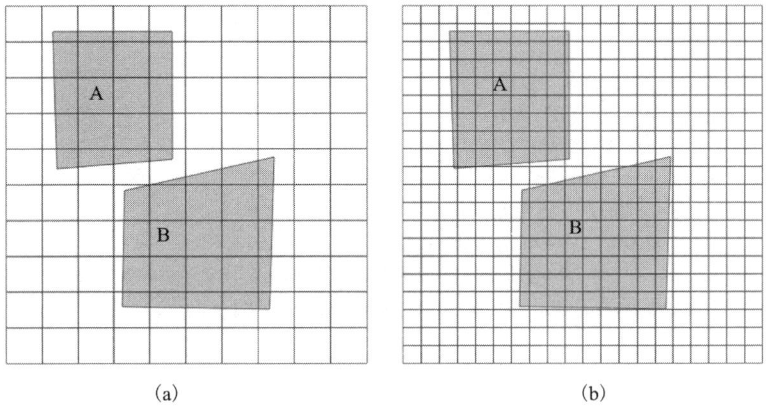

图3-2 空间分辨率对要素表达及拓扑关系的影响示意图

(三)容差

容差是指位置坐标值之间的最小距离，也就是空间数据库管理系统能够区分的最小空间间隔。在ESRI的Geodatabase模型中，容差是空间参考系的重要参数，是坐标之间的最小距离。例如，若点要素 P_1 在点要素 P_2 的容差范围内，则将 P_1 和 P_2 视为同一位置。ESRI的软件将容差默认值设定为0.001 m，或者为其等效值。ESRI建议使用默认值，用户也可以设置自定义的容差值，该容差值不应接近数据采集分辨率，最好是空间参考分辨率的两倍(ESRI, 2001)。

3.1.2 空间参考系表达

(一)空间参考WKT表达

由于空间参考系包含诸多参数，为了方便管理，*Geographic information - Well-known text representation of coordinate reference systems*(OGC 18-010r7)标准定义了WKT表达空间参考系的规范，提供了坐标参考系的WKT表达语法。例如，图3-3示出了WGS-84空间参考系的WKT表达语句。

ESRI的SHP文件中的.prj文件，也是使用WKT表示空间参考系的定义。.prj文件示例如下：

GEOGCS["GCS_WGS_1984", DATUM["D_WGS_1984", SPHEROID["WGS_1984", 6378137.0, 298.257223563]], PRIMEM["Greenwich", 0.0], UNIT["Degree", 0.0174532925199433], AUTHORITY["EPSG", 4326]]

ESRI为每个定义的空间参考系WKT设定了唯一编码，称为WKID(well-known identifier)。因此，空间数据管理可以快速使用WKID访问空间参考系，图3-4示出了ArcCatalog显示空间参考系的界面。

```
PROJCRS["WGS 84 (G1762)/ UTM zone 31N 3D",
  BASEGEOGCRSI“WGS 84”,
    DATUM["World Geodetic System of 1984 (G1762)",
      ELLIPSOID["WGS 84", 6378137, 298.257223563, LENGTHUNIT["metre", 1.0]]
    ]
  ],
  CONVERSION["UTM zone 31N 3D",
    METHOD["Transverse Mercator (3D)"],
    PARAMETER["Latitude of origin", 0.0,
      ANGLEUNIT["degree", 0.0174532925199433]],
    PARAMETER["Longitude of origin", 3.0,
      ANGLEUNIT["degree", 0.0174532925199433]],
    PARAMETER["Scale factor", 0.9996, SCALEUNIT["unity", 1.0]],
    PARAMETER["False easting", 500000.0, LENGTHUNIT["metre", 1.0]],
    PARAMETER["False northing", 0.0, LENGTHUNIT["metre", 1.0]]
  ],
  CS[Cartesian, 3],
    AXIS["(E)", east, ORDER[1]],
    AXIS["(N)", north, ORDER[2]],
    AXIS["ellipsoidal height (h)", UP, ORDER[3]]
    LENGTHUNIT["metre", 1.0]
]
```

图 3-3 WGS-84 空间参考系的 WKT 表达语句(引自 OGC 18-010r7)

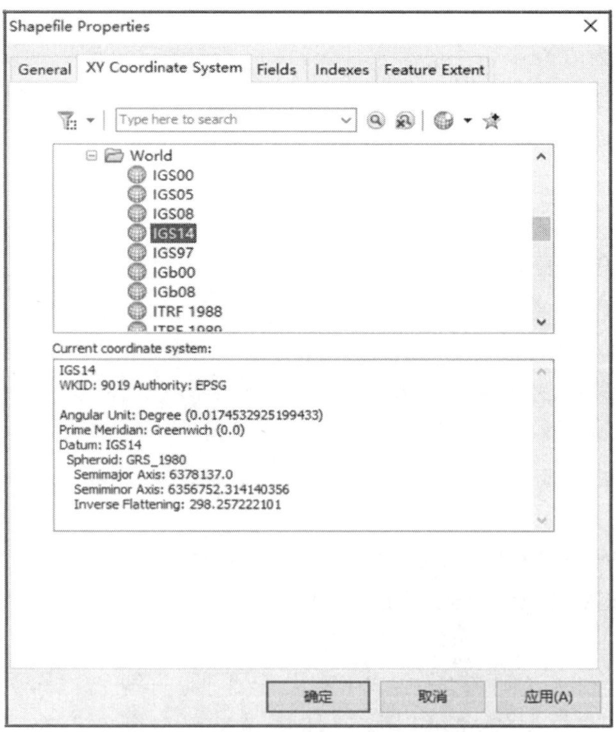

图 3-4 ArcCatalog 显示空间参考系的界面

(二) 空间参考 PROJ 表达

PROJ 是一个通用坐标系转换软件，可以将地理空间坐标从一个空间参考系转换到另一个空间参考系。PROJ 提供命令行应用程序，用于转换来自文本文件或直接来自用户输入的坐标。除了命令行实用程序之外，PROJ 还公开了应用程序接口，允许开发人员在自己开发的软件中调用 PROJ 的功能，无须自己实现类似的功能(卜坤，2022；PROJ，2022)。

虽然 PROJ 是一个坐标转换程序，但 PROJ 程序使用 PROJ 文本表达空间参考系，其因简洁明了的表达语法，已被空间数据管理领域广泛接受和使用。例如，WGS-84 空间参考系的 PROJ 文本定义如下：

+proj=longlat +ellps=WGS84 +datum=WGS84 +no_defs.

(三) 空间参考系标识

尽管空间参考系对多种规范化语法进行了定义，但是在实际空间数据管理中，记住这些参数仍然非常困难。因此，欧洲石油测绘组（European Petroleum Survey Group，EPSG）收集整理了全球通用的空间参考系参数和坐标转换描述，给每个空间参考系设定了唯一的编号，并称之为空间参考标识符(spatial reference identifier，SRID)。EPSG 编制的空间参考系参数及其 SRID 已被 PostGIS、Oracle Spatial、SQL Server Spatial 和 MySQL Spatial 等空间数据库管理系统使用。我国常用的基于地理坐标系的空间参考系标识和基于投影坐标系的空间参考系标识如表 3-1 和表 3-2 所示。

表 3-1　基于地理坐标系的空间参考系标识

SRID	空间参考系名称
4214	GCS_Beijing_1954
4326	GCS_WGS_1984
4490	GCS_China_Geodetic_Coordinate_System_2000
4555	GCS_New_Beijing
4610	GCS_Xian_1980

表 3-2　基于投影坐标系的空间参考系标识

SRID	投影坐标系名称	最小经度/(°)	最大经度/(°)	中央经线/(°)
4513	CGCS2000 / 3-degree Gauss-Kruger zone 25	73.5	76.5	75
4514	CGCS2000 / 3-degree Gauss-Kruger zone 26	76.5	79.5	78
4515	CGCS2000 / 3-degree Gauss-Kruger zone 27	79.5	82.5	81
4516	CGCS2000 / 3-degree Gauss-Kruger zone 28	82.5	85.5	84
4517	CGCS2000 / 3-degree Gauss-Kruger zone 29	85.5	88.5	87
……				
2401	Beijing_1954_3_Degree_GK_Zone_25	73.5	76.5	75
2402	Beijing_1954_3_Degree_GK_Zone_26	76.5	79.5	78
2403	Beijing_1954_3_Degree_GK_Zone_27	79.5	82.5	81

续表3-2

SRID	投影坐标系名称	最小经度/(°)	最大经度/(°)	中央经线/(°)
2404	Beijing_1954_3_Degree_GK_Zone_28	82.5	85.5	84
2405	Beijing_1954_3_Degree_GK_Zone_29	85.5	88.5	87
……				
2349	Xian_1980_3_Degree_GK_Zone_25	73.5	76.5	75
2350	Xian_1980_3_Degree_GK_Zone_26	76.5	79.5	78
2351	Xian_1980_3_Degree_GK_Zone_27	79.5	82.5	81
2352	Xian_1980_3_Degree_GK_Zone_28	82.5	85.5	84
2353	Xian_1980_3_Degree_GK_Zone_29	85.5	88.5	87
……				

(四)空间数据库中空间参考系的管理

OGC 的 *Implementation Standard for Geographic information - Simple feature access - Part 2: SQL option*(OGC 06-104r4)规定了空间参考系在空间数据库中的管理方法，定义了 SPATIAL_REF_SYS 数据表结构，用于存储已定义的空间参考系的信息。SPATIAL_REF_SYS 数据表包括以下字段：

(1)SRID：空间参考系标识符，主码。

(2)AUTH_NAME：空间参考系机构名称。

(3)AUTH_SRID：特定权限空间参考系标识符。

(4)SRTEXT：空间参考系的 WKT 描述。

在 PostGIS 空间数据库里，空间数据库在创建完成以后，会自动生成 SPATIAL_REF_SYS 数据表，也允许数据库管理员自行维护该表，如添加自定义空间参考系等。PostGIS 的 SPATIAL_REF_SYS 数据表除了包含 OGC 规定的字段外，还添加了"proj. 4"字段，用于存储 PROJ 文本，如图 3-5 所示。

srid	auth_name	auth_srid	srtext	proj4text
3819	EPSG	3819	GEOGCS["HD1909",DATUM["Hungarian_Datum_1909	+proj=longlat +ellps=bessel +towgs84=595.48,121.69,515.35,4.115,-2.9383,0.853,-3.408 +no
3821	EPSG	3821	GEOGCS["TWD67",DATUM["Taiwan_Datum_1967",SPH	+proj=longlat +ellps=aust_SA +no_defs
3824	EPSG	3824	GEOGCS["TWD97",DATUM["Taiwan_Datum_1997",SPH	+proj=longlat +ellps=GRS80 +towgs84=0,0,0,0,0,0,0 +no_defs
3889	EPSG	3889	GEOGCS["IGRS",DATUM["Iraqi_Geospatial_Reference_	+proj=longlat +ellps=GRS80 +towgs84=0,0,0,0,0,0,0 +no_defs
3906	EPSG	3906	GEOGCS["MGI 1901",DATUM["MGI_1901",SPHEROID[	+proj=longlat +ellps=bessel +towgs84=682,-203,480,0,0,0,0 +no_defs
4001	EPSG	4001	GEOGCS["Unknown datum based upon the Airy 1830	+proj=longlat +ellps=airy +no_defs
4002	EPSG	4002	GEOGCS["Unknown datum based upon the Airy Modi	+proj=longlat +ellps=mod_airy +no_defs
4003	EPSG	4003	GEOGCS["Unknown datum based upon the Australian	+proj=longlat +ellps=aust_SA +no_defs
4004	EPSG	4004	GEOGCS["Unknown datum based upon the Bessel 18	+proj=longlat +ellps=bessel +no_defs
4005	EPSG	4005	GEOGCS["Unknown datum based upon the Bessel M	+proj=longlat +a=6377492.018 +b=6356173.508712696 +no_defs
4006	EPSG	4006	GEOGCS["Unknown datum based upon the Bessel Na	+proj=longlat +ellps=bess_nam +no_defs
4007	EPSG	4007	GEOGCS["Unknown datum based upon the Clarke 18	+proj=longlat +a=6378293.645208759 +b=6356617.987679838 +no_defs
4008	EPSG	4008	GEOGCS["Unknown datum based upon the Clarke 18	+proj=longlat +ellps=clrk66 +no_defs
4009	EPSG	4009	GEOGCS["Unknown datum based upon the Clarke 18	+proj=longlat +a=6378450.047548896 +b=6356826.621488444 +no_defs
4010	EPSG	4010	GEOGCS["Unknown datum based upon the Clarke 18	+proj=longlat +a=6378300.789 +b=6356566.435 +no_defs
4011	EPSG	4011	GEOGCS["Unknown datum based upon the Clarke 18	+proj=longlat +a=6378249.2 +b=6356515 +no_defs
4012	EPSG	4012	GEOGCS["Unknown datum based upon the Clarke 18	+proj=longlat +ellps=clrk80 +no_defs
4013	EPSG	4013	GEOGCS["Unknown datum based upon the Clarke 18	+proj=longlat +a=6378249.145 +b=6356514.966398753 +no_defs
4014	EPSG	4014	GEOGCS["Unknown datum based upon the Clarke 18	+proj=longlat +a=6378249.2 +b=6356514.996941779 +no_defs
4015	EPSG	4015	GEOGCS["Unknown datum based upon the Everest 18	+proj=longlat +a=6377276.345 +b=6356075.41314024 +no_defs

图 3-5　PostGIS 创建的 SPATIAL_REF_SYS 数据表

3.1.3　空间参考系相关函数

ISO 和 OGC 组织不仅定义了空间参考系及其表达形式，还定义了空间参考系常用的几个函数，这些函数如下。

(一) ST_SRID

ST_SRID 函数用于查看或显示空间数据的空间参照标识符，语法如下[①]：

```
SELECT ST_SRID(<几何字段>)
FROM <空间数据表>
[WHERE <条件>];
```

例 3-1　查询、显示空间数据表 building 的空间字段 geom 所有几何图形的 SRID，语句如下：

```
SELECT ST_SRID(geom) FROM building;
```

显示结果如下：

```
st_srid
--------
4326
4326
… …
```

(二) ST_SetSRID

ST_SetSRID 函数用于设置空间数据的空间参考标识符，语法如下：

```
UPDATE <空间数据表>
    SET ST_SetSRID(<几何字段>,<新 SRID>)
[WHERE <条件>];
```

例 3-2　将 building 表的几何图形的 SRID 改为 3857，语句如下：

```
UPDATE building
    SET geom=ST_SetSRID(geom,3857);
```

值得注意的是，ST_SetSRID 仅修改几何图形的空间参考标识符，并未修改几何图形的坐标值。例 3-2 中，虽然将原来的空间参考标识符 4326 改成了 3857，但是几何图形的坐标值还是 WGS-84 坐标系的测量值。

(三) UpdateGeometrySRID

UpdateGeometrySRID 函数用于更新空间数据的空间参考标识符，语法如下：

```
SELECT UpdateGeometrySRID(<空间数据表>,<几何字段>,<新 SRID>);
```

例 3-3　例 3-2 可以改用以下语句：

```
SELECT UpdateGeometrySRID(building,geom,3857);
```

(四) ST_Transform

ST_Transform 函数将原空间参考系的空间数据转换为新空间参考系的坐标值，并将 SRID 设置为新 SRID，语法如下：

---

① 本教材 SQL 语法中的“<...>”引用内容为必输或必选项，“[...]”引用内容为可选项；↵ 表示回车符。SQL 语法不区分大小写。

```
UPDATE <空间数据表>
    SET <几何字段>=ST_Transform(<几何字段>,<新 SRID>);
```

例 3-4 若 building 表的空间数据坐标系的 SRID=4326，将其转换为 SRID=3857 的坐标系的语句如下：

```
UPDATE building
    SET geom= ST_Transform(geom, 3857);
```

在使用 ST_SetSRID 或 UpdateGeometrySRID 函数修改空间数据的空间参考标识符时，只是修改了空间数据的 SRID，几何图形的坐标值并未修改。而 ST_Transform 会根据转换前后的 SRID 修改几何图形的空间坐标值，同时修改空间数据的 SRID。

3.2 矢量数据管理模式

常用的矢量数据管理模式包括文件管理模式、文件-数据库混合管理模式、全关系数据库管理模式、空间数据网关管理模式和面向对象关系数据库管理模式。

3.2.1 文件管理模式

空间数据文件管理模式是按照特定数据结构表达和存储空间要素的几何信息及其属性的文件管理方式，常用的格式有 MapInfo 文件、MapGIS 文件、DWG 文件、KML 和 KMZ 文件、GML 文件和 GeoJSON 文件等(李光强等，2021)。

(一) MapInfo 文件

MapInfo 文件包括：

(1). tab 文件：定义属性表的结构，用于保存表字段名称及其类型。

(2). map 文件：存储图形数据。

(3). dat 文件：存储空间要素的属性数据。

(4). id 文件：存储空间要素与属性记录之间的关联关系。

(5). ind 文件：存储索引关系。

(二) MapGIS 文件

MapGIS 文件包括工程文件和工作区文件，这些文件包括：

(1)工程文件(. MPJ 文件)：存储所有工作区的文件。

(2)点工作区(. WT 文件)：存储点(PNT)的文件。

(3)线工作区(. WL 文件)：存储线(LIN)和节点(NOD)数据的文件。

(4)区工作区(. WP 文件)：存储线(LIN)、节点(NOD)、区(REG)等数据的文件。

(5)网工作区(. WN 文件)：存储线(LIN)、节点(NOD)、网(NET)等数据的文件。

(6)表工作区(. WB 文件)：使用表格记录存储无空间实体信息的文件。

(三) DWG 文件

DWG 文件是 AutoCAD 的图形文件格式，也是 GIS 领域常用的文件格式之一。DWG 文件将图形实体、图形修饰、图层和属性等数据分别存储在不同的区域，其中属性数据的存储区域称为扩展属性。图形实体通过实体 id 与扩展属性建立关联，完成实体属性的查询与编辑。值得注意的是，DWG 文件中的扩展属性按顺序存储，没有字段信息，这也是 DWG 文件转换到其他空间数据格式的一大难点。

(四) KML 和 KMZ 文件

Keyhole 标记语言(Keyhole markup language，KML)使用 XML 语法描述地理空间数据，包括点、线、面、多边形等。这些数据存储的文件即为 KML 文件，KML 适合网络环境下的地理信息协作与共享。KML 最初由 Google 旗下的 Keyhole 公司开发和维护，2008 年被 OGC 宣布为开放地理信息编码标准，由 OGC 负责维护。

KMZ 文件是 KML 文件的 ZIP 压缩格式，不仅包括 KML 文本文件，还包含 KML 所需要的其他类型的文件，如 JPEG、TIFF 等。

(五) GML 文件

地理标记语言(geography markup language，GML)是 OGC 提出的国际规范，使用 XML 定义地理信息传输和存储的数据格式。GML 使用特征集合表示基本的地理要素，通过嵌套组合来表示更加丰富的空间信息。GML 既可以实现空间数据的分布式存储，也可以集成要素的属性数据。当前，GML 已成为 Internet 上地理空间数据交换与共享的开放交换格式之一。

(六) GeoJSON 文件

GeoJSON 文件使用 JSON 语法表示地理数据。JSON 是基于 JavaScript 对象表示法的数据格式，GeoJSON 文件支持点、线、面、复合点、复合线、复合面和几何集合等几何类型。GeoJSON 文件中的要素包含一个几何对象和与其有关的属性信息。虽然 GeoJSON 文件在 WebGIS 开发中应用普遍，但是 GeoJSON 文件不是正式的数据规范，由互联网工程工作小组编写和维护。

3.2.2　文件-数据库混合管理模式

文件-数据库混合管理模式使用几何图形文件存储要素的几何信息，使用关系数据库存储要素的属性信息，二者使用要素的标识码建立关联。ESRI 的 Shape 存储模式就是一种典型的文件-数据库管理模式，这种管理模式将空间几何数据存储在 SHP 文件(简称形文件)中，属性数据存储在关系数据库 DBF 中，二者利用要素 ObjectID 进行关联。图 3-6 所示为文件-数据库混合管理模式。

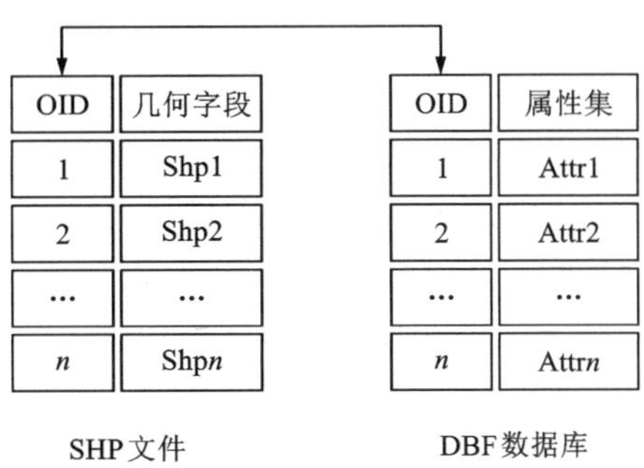

图 3-6　空间数据文件-数据库混合管理模式示意图

文件-数据库混合管理模式的文件结构与应用程序相对独立，空间数据的管理不受应用程序的制约，应用较为方便、快捷，可以简单、灵活地表达现实世界各种实体及其相互间的关系；具有严密的数学基础和操作代数基础，数据间的关系具有对称性；使用表格管理属性数据，方便查询。但是文件-数据库混合管理模式也具有文件管理的明显缺点，这种模式不利于空间数据的共享和并发访问，难以适应网络环境下的空间数据共享和互操作；空间数据和属性数据分开管理，数据冗余且重复；数据缺乏集中管理，文件缺乏弹性，数据的维护只能由应用程序承担；数据的安全性和完整性无法保障。

3.2.3 全关系数据库管理模式

全关系数据库管理模式是用关系数据库存储和管理空间要素数据的方式。根据空间数据的组成特点，一个要素类可以映射成两类不同的关系数据表，即专题属性表和空间图形表，然后利用主码与外码连接组成要素类的全部信息。

由于关系数据库适合存储和管理强结构化的数据类型，而对于非结构化的空间图形数据，需使用多个数据表关联存储空间图形数据，这些关系数据表包括点表(point table)、线表(line table)、面表(polygon table)等，表之间的关系如图 3-7 所示。

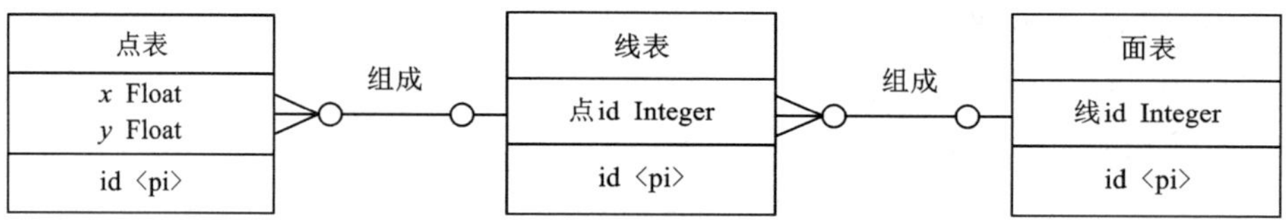

图 3-7 点表、线表、面表之间的关系(<pi>表示主码)

点表由主码 id 和 x、y 字段组成，存储空间坐标数据；线表由主码 id 和外码(点表 id)组成，通过外码与点表建立关联；面表由主码 id 和外码(线表 id)组成，通过外码与线表建立关联。当上层应用检索线图形数据时，需要通过连接查询获取线要素的点坐标集合；当检索面图形数据时，需要通过两个连接查询获取面要素的点坐标集合。

空间要素的属性数据表可以表示为：

$$\text{FeatureTable} = \{A_1, A_2, \cdots, A_n, \text{geom\_id}\}$$

式中：A_1，A_2，⋯，A_n 为专题属性列(字段)；geom_id 为空间图形表的外码，即通过 geom_id 与空间图形表建立连接。

全关系数据库管理方式将空间数据的全部映射关系存储到关系数据库中，这种管理数据的方式简单，数据冗余小，节省存储空间；可以充分发挥数据库管理的优点，保障数据安全，提高数据并发访问效率；可以直接使用关系型结构化查询语句查询空间数据，提高了数据访问的便捷性。但是全关系数据库管理方式也存在一些缺点，其对于线要素、面要素来说，数据访问需要多次连接查询，大大降低了数据访问效率；数据表之间的复杂关联关系影响了空间数据的维护。

3.2.4 空间数据网关管理模式

20 世纪 90 年代，一些 GIS 软件公司开发了中间件——空间数据网关(spatail data gateway)，将空间几何数据转换为特殊的数据结构并存储在关系数据库中，实现了空间几何数据和属性数据的一体化存储。例如，ESRI 公司的空间数据库引擎(spatial database engine，SDE)是使用最广泛的空间数据网关之一。ArcSDE 使用 OGC 制定的 WKB 数据结构存储空间图形数据，然后将 WKB 存入数据库的长二进制字段。

空间数据网关管理模式使用关系数据库一体化、集中存储空间数据的几何图形和属性信息，省去了图形数据与属性数据之间的烦琐连接，存取速度快；使用网关转换几何图形数据，能够使 GIS 应用系统与数据管理相分离，提高 GIS 应用程序的开发效率。但这种管理模式受到数据网关的限制，用户需要支付购买数据网关软件的费用，数据部署和数据迁移较困难。

3.2.5　面向对象关系数据库管理模式

基于 ORDB(面向对象关系数据库)的空间数据库管理系统扩展了空间几何字段类型，研发了支持 OGC 空间查询的空间操作函数，实现了空间数据的结构化查询、分析等操作。空间要素的属性可以直接使用关系数据库的字段存储，使空间要素集中存储在一条记录中。这也是当前空间数据库的主流管理模式，微软公司的 SQL Server、甲古文公司的 Oracle，以及开源数据库 PostGIS 和 MySQL，都具有这种空间数据管理功能。

基于 ORDB 的空间数据管理模式的空间要素可以表示为：

$$\text{Feature} = \{A_1, A_2, \cdots, A_n, \text{geom}\}$$

式中：A_1，A_2，…，A_n 为专题属性列(字段)；geom 为空间图形扩展字段。

面向对象关系数据库管理模式的数据管理更加简单，其使用扩展字段存储空间图形数据，更加节省存储空间；避免了空间要素多次连接查询，进一步提升了空间要素检索效率；使用空间查询语言可以让上层 GIS 应用程序省去空间计算的算法设计和编码花销，增强了空间查询和分析的稳定性。但是面向对象关系数据库管理模式的空间图形类型不能由用户定义，复杂的分析计算需要由用户自己开发。

3.3　栅格数据管理模式

栅格数据管理模式包括文件管理模式、文件-数据库混合管理模式、数据库管理模式。

3.3.1　文件管理模式

GIS 领域常用的栅格数据类型有很多种，包括卫星影像、数字高程模型、数字正射影像、扫描文件、数据栅格图形、不规则三角网等。

(一) 常用的栅格类型

常见的栅格文件类型如表 3-3 所示(ESRI，2022a)。

表 3-3　常见的栅格文件类型

序号	文件类型	文件说明
1	BIL/BIP/BSQ	BIL 是波段按行交叉格式存储的文件，BIP 是波段按像元交叉格式存储的文件，BSQ 是波段顺序格式存储的文件
2	BMP	BMP 文件是 Windows 位图图像，通常用于存储图片或剪贴画

续表3-3

序号	文件类型	文件说明
3	CRF	CRF 称为云栅格格式，是一种在分布式处理和存储环境中读写大型栅格文件的格式。CRF 文件将大栅格分解为较小的切片包，并允许多个进程同时写入单个栅格
4	DEM	DEM 是由 USGS 提出的数字高程模型格式文件，扩展名可以是. dem，也可以是. dat
5	ELAS	ELAS 是美国国家航空航天局研发的地球资源实验室应用程序软件使用的遥感影像文件类型，使用 8 位无符号整数存储三波段数据
6	ENVI	该格式使用 ENVI 软件处理栅格数据集时，会产生一系列文件，包括头文件(. hdr)和多个数据文件(. raw、. img、. dat、. bsq 等)
7	ERDAS	ERDAS 7.5 影像处理软件生成单波段或多波段连续影像，包括. lan、. raw、. img、. ige、. igw 等文件
8	GDB	GDB 称为地理数据库栅格，是 ArcGIS 的原生数据结构，用于表示和管理空间数据，包括栅格数据集和镶嵌数据集
9	GRD	GRD 是 Golden Software 格网数据，用于存储 Golden Software Surfer 产生的栅格数据，可以是 ASCII 格网、二进制格网（GSBG)数据
10	JPEG	JPEG 称为联合图像专家组数据格式，是用于存储全色和灰度图像的标准压缩格式
11	PNG	PNG 称为可移植网络图形，为栅格文件提供压缩充分的无损压缩方式，支持从单色到 64 位颜色位深度
12	SRTM	SRTM 是由美国地质调查局提出的遵循数据转换标准（SDTS)的网站数字高程模型(DEM)数据。这类数据格式可以在不同的计算机系统之间以兼容的方式无损传输栅格数据
13	TIFF	TIFF 称为标记图像文件格式，支持 GeoTIFF 标记，这种格式的影像广泛应用于桌面出版领域，还可用作扫描仪和图形艺术包的界面。TIFF 支持黑白、灰度、伪彩色和真彩色影像，而且所有影像均可以压缩或解压缩格式存储

(二)栅格数据结构

影像和栅格数据常以原始格式进行存储，用户常用的操作是对栅格数据全局进行处理(如辐射校正等)，从而创建可以动态处理的新格式。通常这些栅格数据的文件体量非常大，因此选择良好的栅格文件结构至关重要。常用的栅格数据管理结构有栅格数据集和镶嵌数据集。

(1)栅格数据集。

栅格数据集是指存储在磁盘上，可供用户访问的所有栅格数据的集合，是构建其他数据集的基本存储模型。数据集也是多波段栅格数据的组织格式，每个波段由一系列像素(像元)数组组成，每个像素都有一个值。目前，许多影像数据和栅格数据(如正射影像或 DEM)使用栅格数据集形式进行管理。

(2)镶嵌数据集。

镶嵌数据集是一组以目录形式存储并以单个镶嵌影像或单个影像(栅格)的形式显示或访问的栅格数据集(影像)。镶嵌数据集中的栅格数据集既可以文件格式存储，也可使用地理数据库存储，用户通过元数据管理栅格目录及其属性。镶嵌数据集是一种存储临时数据的理想数据集，用户可以在镶嵌数据集中根据时间或日期查询所需的影像，也可以使用某种镶嵌方法，根据时间或日期属性显示镶嵌影像(ESRI，2022b)。

3.3.2　文件-数据库混合管理模式

栅格数据中使用文件-数据库混合管理模式的典型代表是 ESRI 的个人地理数据库管理栅格数据(ESRI，2022b)。在 ESRI 的个人地理数据库中，栅格数据集被转换为 image (.img) 文件，并存储到图像数据库（image database，IDB）文件夹中。IDB 文件夹和个人地理数据库处于同一目录中，删除栅格数据集时，IDB 文件夹中的栅格将一并被删除。

在个人地理数据库中存储镶嵌数据集时，栅格数据集的配置参数存储在个人地理数据库的数据表中。个人地理数据库中的业务表的每行都指向已存储的栅格数据集，即存储栅格镶嵌数据的路径位置，所以对镶嵌数据集的操作不会影响已存储的栅格文件。

ESRI 的个人地理数据库管理栅格数据的模式可以为单个用户或较小的工作组同时提供数据访问服务，支持多位用户同时读取和单用户编辑。但是这种模式由于使用个人地理数据库的 Access 数据库管理系统，所以只能在 Windows 系统中使用。

3.3.3　数据库管理模式

当一个 GIS 工程项目需要多人共享和操作同一套栅格数据，或者栅格数据集的更新周期较慢或长期不更新时，可以选择数据库管理栅格数据，借助数据库的安全、多并发的特性，满足多用户操作栅格数据的需求。这种管理模式能够将像素值、空间参考和其他元数据一并存储在关系数据库中。

(一)栅格块表

将栅格数据转换存储到数据库时，系统将根据用户定义的尺寸(如 128 pix×128 pix)均匀地将每个波段数据分割为像素块，从而实现栅格数据的高效存储和检索。这种方式不仅能存储分辨率逐层连续变化的信息，还能存储各层像素块数据。由于这种方式采用了栅格波段分块管理模式，所以在转换和存储栅格数据时需要使用数据表存储像素块层级和块的行列位置信息，存储这些信息的数据表称为栅格块表。在存储影像“金字塔”数据集时，每层栅格块信息存储在一个栅格块表中。

(二)PostGIS 管理栅格数据示例

如果使用 PostGIS 管理栅格数据，首先要安装栅格数据管理扩展模块，安装语句如下：

```
CREATE EXTENSION postgis_raster;
```

PostGIS 数据库系统自带了 raster2pgsql 命令，使用该命令可以将栅格数据转换并存入 PostGIS 数据库。raster2pgsql 命令的参数如表 3-4 所示。

表 3-4　raster2pgsql 主要参数列表

序号	参数	参数说明	是否必须	示例
1	-G	显示所有支持的 GDAL 栅格数据格式	否	
2	-s <SRID>	指定栅格数据的 SRID	是	-s 4326
3	-b <BAND>	指定导入的波段列表，波段之间使用“，”分隔；此参数为空表示导入全部波段	否	-b 1，2，3
4	-t <TITLE_SIZE>	指定每个栅格块的大小，为空则不分块	否	-t 128 * 128
5	-l <overview factor>	“金字塔”每层的像素空间分辨率缩放因子，各层的缩放因子使用“，”分隔。若为空则不创建金字塔。	否	-l 2，4，8
6	-P	是否补全最右/最下的每个栅格块，即最右或最下的栅格块大小保持一致	否	
7	-f <column>	指定栅格块列名称，为空则使用 raster	否	-f raster
8	-N <nodata>	非数值的替代值	否	-N 0

例 3-5　向 PostGIS 数据库导入栅格文件 test. tif，命令如下：

```
raster2pgsql - s 4326 - t 128* 128 - l 2,4,8,16,32,64,128,256 test.tif
```

数据导入成功以后，将在数据库产生 o_2_test、o_4_test、o_8_test、o_16_test、o_32_test、o_64_test、o_128_test、o_256_test 栅格块表，以及 RASTER_COLUMNS 和 RASTER_OVERVIEWS 数据表。RASTER_COLUMNS 数据表存储栅格块信息，RASTER_OVERVIEWS 数据表存储栅格分层信息。数据表示例如表 3-5 和表 3-6 所示。

表 3-5　RASTER_COLUMNS 数据表示例

r_table_catalog	r_table_schema	r_table_name	r_raster_column	srid	scale_x	scale_y	blocksize_x	blocksize_y	……
sdb	public	test	rast	4326	30	-30	68	68	……
sdb	public	o_2_test	rast	4326	60	-60	136	136	……
sdb	public	o_4_test	rast	4326	120	-120	34	34	……
sdb	public	o_8_test	rast	4326	240	-240	17	17	……
sdb	public	o_16_test	rast	4326	480	-480	38	38	……
sdb	public	o_32_test	rast	4326	960	-960	19	19	……
sdb	public	o_64_test	rast	4326	1920	-1920	10	10	……
sdb	public	o_128_test	rast	4326	3840	-3840	5	5	……
sdb	public	o_256_test	rast	4326	7680	-7680	2	2	……

表 3-6 RASTER_OVERVIEWS 数据表示例

o_table_catalog	o_table_schema	o_table_name	o_raster_column	r_table_catalog	r_table_schema	r_table_name	r_raster_column	overview_factor
sdb	public	o_2_test	rast	sdb	public	test	rast	2
sdb	public	o_4_test	rast	sdb	public	test	rast	4
sdb	public	o_8_test	rast	sdb	public	test	rast	8
sdb	public	o_16_test	rast	sdb	public	test	rast	16
sdb	public	o_32_test	rast	sdb	public	test	rast	32
sdb	public	o_64_test	rast	sdb	public	test	rast	64
sdb	public	o_128_test	rast	sdb	public	test	rast	128
sdb	public	o_256_test	rast	sdb	public	test	rast	256

3.4 空间元数据管理

3.4.1 空间元数据

（一）元数据

元数据(meta data)是描述其他数据的数据，包括数据资源的功能特征、访问模式、访问结果和运行性能等。元数据是识别数据资源的基础，为信息资源建立机器可理解的框架体系，是数据传输、共享、交换和互操作的基础。元数据还是评价数据资源的依据，有助于实现有效信息资源的发现和查找。具体而言，元数据是从信息资源中抽取出来用于说明其特征、内容的结构化数据。例如，图书的题名、版本、编号、出版社、出版时间、内容简介、目录、检索点等信息，都是图书的元数据(吴丹，2022)。

（二）空间元数据

欧洲标准化委员会(CEN/TC 287)将空间元数据定义为“描述地理信息数据集内容、表示、空间参考、质量及管理的数据”。美国联邦地理数据委员会(FGDC)和国际标准化组织地理信息/地球信息委员会(ISO/TC 211)将空间元数据定义为“关于空间数据内容、质量、条件及其他特征的数据”。总之，空间元数据(spatial meta data)是描述空间数据内容、质量、表示方法、空间参考、管理方式、操作方法等特征的数据，是实现地理空间信息理解、评价和共享的基础(赵军喜等，2014；李光强等，2021)。

空间元数据的内容包括以下几方面：

(1)空间元数据标识了空间数据的名称、数据生产单位、管理单位、数据内容、现势性、数据获取和使用的限制等。

(2)空间元数据描述了数据质量信息，包括空间位置精度、垂直精度、属性精度、逻辑一致性、完备性等特征。

(3)空间元数据描述了空间表示类型、矢量空间表示信息、栅格空间表示类型和影像空间表示类型等信息。

(4)空间元数据描述了空间数据的空间参照系类型、地理标识码标准系统、高程基准、比例尺、空间范围等。

(5)空间元数据描述了要素的类型定义、类型名称、类型标识码、属性定义、属性名称和属性语义等。

空间元数据在空间数据分析与共享、质量控制、数据集成方面的作用包括以下几点(周新忠等，2007)：

(1)通过空间元数据，用户可以快捷地获取空间数据的概况，能够对空间数据库进行浏览、检索，获取空间数据的定义和详情等。

(2)空间数据库的用户通过空间元数据可以获得数据字典、数据组成、数据特征、数据间的逻辑关系和引用关系、数据来源、加工处理、数据解译等信息，有利于掌握和控制数据质量。

(3)空间元数据记录了空间数据格式、空间坐标体系、空间数据表达形式、空间数据类型、数据应用环境、数据操作规范、数据标准等信息，有利于应用系统有效地操作空间数据。

(4)利用空间元数据，用户可以方便地得到符合自己要求的地理空间数据，并容易地操作这些数据，从而实现空间数据跨部门、跨行业和跨区域的共享和互操作。

3.4.2　空间元数据的管理

(一)空间元数据组织方式

GIS 领域使用图层管理和存储空间数据，每个图层(要素类) 包括若干个空间要素。因此，空间元数据包括数据库级元数据、空间数据集级元数据、图层级元数据、要素级元数据等多个层次(李光强等，2021)。

(1)数据库级元数据：描述整个空间数据库的基本信息，包括数据库管理系统名称及版本、数据库创建时间、建设单位、数据基本信息、访问权限等。

(2)空间数据集级元数据：描述要素数据集的基本信息，包括数据集类型、数据集的空间参考系、空间范围、图层内容、数据访问权限等。

(3)图层级元数据：描述空间图层的基本信息，包括空间参考系、比例尺、数据类型、空间范围、数据访问方式、数据访问限制、数据描述等。

(4)要素级元数据：描述要素的字段信息，包括字段名称、数据类型、长度(精度)、取值范围、是否主码等信息。

(二)OGC 定义的空间元数据

OGC 的 *Implementation Specification for Geographic Information - Simple feature access - Part 2 SQL option* 规范(OGC 06-104r4)定义了 GEOMETRY_COLUMNS 和 SPATAIL_REF_SYS 空间元数据表，图 3-8 所示为 OGC 定义的空间元数据与空间数据表之间的关系，其中 Feature Table 为要素信息表。

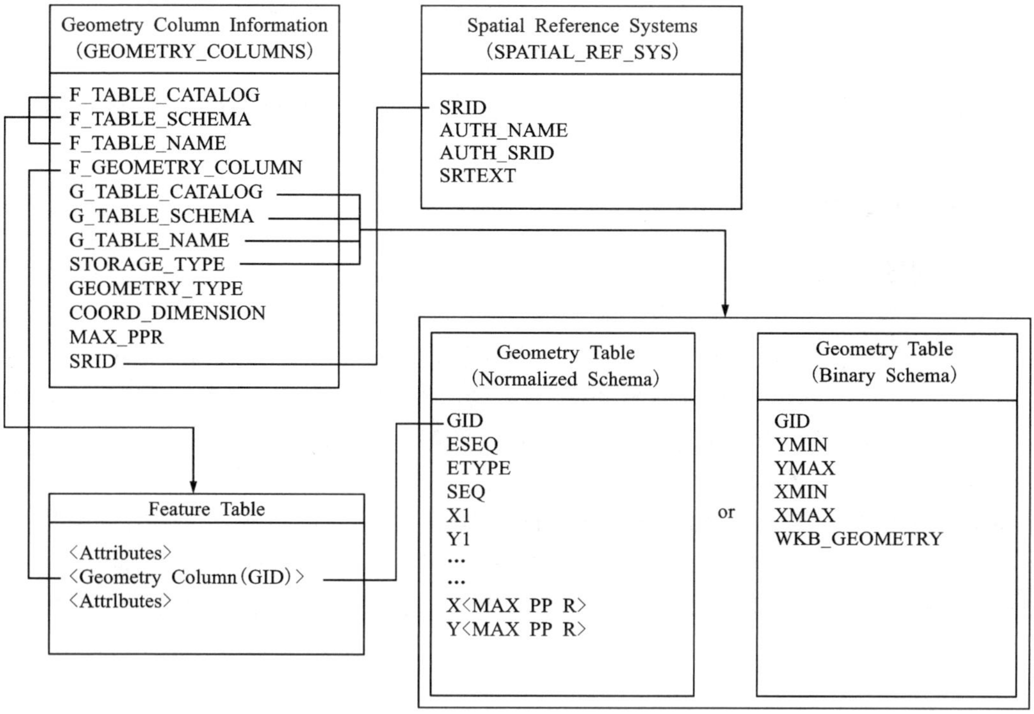

图 3-8　OGC 定义的空间元数据与空间数据表之间的关系

GEOMETRY_COLUMNS 数据表存储了数据库中所有空间数据表的描述信息(PostGIS, 2022a)，包括：

①F_TABLE_CATALOG、F_TABLE_SCHEMA 和 F_TABLE_NAME 提供包含几何图形字段的要素表的全部限定名称，分别是数据库名、模式名、空间数据表名。

②F_GEOMETRY_COLUMN 包含对应空间数据表中用于记录几何信息的属性列名称，即几何图形字段。

③COORD_DIMENSION 定义几何图形的维度，包括二维、三维或四维。

④SRID 引自 SPATIAL_REF_SYS 数据表的空间参考标识符，即 SPATIAL_REF_SYS 数据表的外码。

⑤TYPE 定义了几何图形的类型，包括点(Point)、线(Linestring)、多边形(Polygon)、复合点(MultiPoint)、复合线(MultiLineString)、复合多边形(MultiPolygon)、几何集合(GeometryCollection)等。

SPATIAL_REF_SYS 数据表定义了空间数据库已知的所有空间参考系，详见 3.1.2 节。

除了 OGC 定义的上述两个空间元数据表以外，PostGIS 空间数据库管理系统在管理栅格数据时，还定义了 RASTER_COLUMNS 和 RASTER_OVERVIEWS 元数据表，详见 3.3.3 节。

3.5 PostGIS 管理矢量数据

本节首先介绍 PostGIS 支持的空间数据类型，然后介绍空间数据表的管理和空间要素的管理。

3.5.1 PostGIS 的矢量数据类型

(一)矢量数据类型

PostGIS 支持的矢量数据类型包括地理图形(geography)和几何图形(geometry)数据类型，这两类矢量数据类型都包括点(Point)、线(LineString)、多边形(Polygon)、复合点(MultiPoint)、复合线(MultiLineString)、复合多边形(MultiPolygon)、几何集合(GeometryCollection)等(Obe etc., 2021; PostGIS, 2022)。

(1)地理图形数据类型。

Geography 数据类型使用大地坐标系(或称为地理坐标系)存储全球尺度的空间数据，大地坐标系使用角度单位。在 PostGIS 2.2 版本之前，PostGIS 的 Geography 数据类型仅支持 WGS-84 地理坐标系(SRID=4326)。在 2.2 版本之后，Geography 数据类型支持 SPATIAL_REF_SYS 空间元数据表中的所有地理坐标系。

(2)几何图形数据类型。

Geometry 数据类型通常使用投影坐标系(或称平面坐标系)存储局部较小地理范围的空间数据，投影坐标常用米(meter)、千米(kilometer)等为单位。当存储较大范围的空间数据时，Geometry 数据类型也可以使用地理坐标系。

(二)Geography 和 Geometry 数据类型比较

当使用 PostGIS 存储全球尺度的空间数据时，使用 Geometry 数据类型的空间度量函数(如距离计算函数 ST_Distance)得到的结果相较 Geography 数据类型计算结果误差更大。因此，如果使用 Geometry 数据类型来度量空间跨度较大的空间要素时，建议转换为 Geography 数据类型进行计算。

当使用 PostGIS 管理局部较小的空间范围(如一个城市或一个省)时，Geometry 数据类型是常见选择。Geometry 是 PostGIS 实现 OGC 几何模型的数据类型，除了支持 OGC 06-103r4 规范定义的简单要素类型外，还支持扩充的 PolyhedralSurface、Triangle 和 TIN 等数据类型。

3.5.2 空间数据表管理

(一)空间数据列类型

空间数据表是指至少包含一个 Geography 或一个 Geometry 字段用于存储空间矢量数据的数据表。PostGIS 的 Geometry 字段包括异构空间列(heterogeneous spatial columns)、同构空间列(homogeneous spatial columns)、继承(inheritance)和分区列(partitioning)四种类型(Obe etc., 2021)。

异构空间列可以混合存储多种几何类型(type modifiers, typmods)，即同一个异构空间列可以同时存储 Point、LineString、Polygon 等不同几何类型的数据。同构空间列只存储同一种类型的几何数据。继承是一个子数据表继承另一个数据表的管理方式，当父结构表结构被修改时，子结构表将随之被修改。分区是一种将逻辑表划分为多个物理分区的存储策略，对于大多数应用类型，空间数据的查询、插入、更新或删除都会被抽象为单个表的操作。

在上述四种 Geometry 字段类型中，异构空间列和同构空间列在空间数据管理中最为常见，本节将详细讲述这两类数据表的操作。

（二）空间数据表的创建

（1）异构空间列数据表的创建。

异构空间列数据表的创建语法如下：

```
CREATE TABLE [IF NOT EXISTS] <空间表名>
(
    [<属性列名>  <数据类型>[<列级完整性约束条件> ], ]
    <几何列名>  geometry [ <完整性约束条件> ]
    [, <表级完整性约束条件>]
);
```

语法参数说明：

①[IF NOT EXISTS]：如果<空间表名>不存在，就创建，否则不创建新表。

②<空间表名>：所要定义的空间表的名称，为必填项。

③<属性列名>：组成该表的各个属性（列），可选项。

④[<列级完整性约束条件>]：涉及相应属性的完整性约束条件，包括是否为空、缺省值、值域等，可选项。

⑤<几何列名>：空间数据表中所要定义的几何字段名称，空间数据表的必填项。

⑥[<完整性约束条件>]：空间列的值约束条件，如空间范围、缺省值等。

⑦[<表级完整性约束条件>]：涉及一个或多个属性列的完整性约束条件，包括主键、外键、唯一性、检查等。

例 3-6 若道路（road）包括自增主码 id、道路名称（road_name）、道路编码（road_code）、道路等级（road_grade）、道路类别（road_class）和道路图形（geom）等字段，则创建异构空间列数据表语句如下：

```
CREATE TABLE IF NOT EXISTS road (
    id            SERIAL4            PRIMARY KEY,
    road_name     VARCHAR ( 50 )     NOT NULL,
    road_code     VARCHAR ( 10 )     NOT NULL,
    road_grade    INT                DEFAULT 0,
    road_class    INT                DEFAULT 0,
    geom          GEOMETRY           NOT NULL
);
```

虽然数据库管理人员期望该表仅存储线串 LineString 类型的几何数据，但是使用上述语句创建的 geom 字段能够存储任意几何类型的数据。

异构列空间列数据表 road 在 GEOMETRY_COLUMNS 元数据表中的定义如表 3-7 所示。

表 3-7　数据表 road 在 GEOMETRY_COLUMNS 元数据表中的定义

f_table_catalog	f_table_schema	f_table_name	f_geometry_column	coord_dimension	srid	type
sdb_book	public	road	geom	2	0	GEOMETRY

(2)同构空间列数据表的创建。

同构空间列数据表的创建语法如下：

```
CREATE TABLE [IF NOT EXISTS] <空间表名>
(
    [<属性列名>  <数据类型>[<列级完整性约束条件> ],]
    <几何列名>  geometry(<几何类型>,<SRID>) [ <完整性约束条件> ]
    [,<表级完整性约束条件>]
);
```

语法参数说明如下：

①<几何列名>：空间数据表中所要定义的几何字段，空间数据表必填项。

②<几何类型>：OGC 定义的几何类型，如 Point、LineString、Polygon 等。

③<SRID>：空间数据的空间参考系标识 ID。

其他参数与异构空间列数据表相同。

例 3-7　将例 3-6 改用同构空间列创建数据表，语句如下：

```
CREATE TABLE IF NOT EXISTS road (
    ID          SERIAL4                          PRIMARY KEY,
    road_name   VARCHAR ( 50 )                   NOT NULL,
    road_code   VARCHAR ( 10 )                   NOT NULL,
    road_grade  INT                              DEFAULT 0,
    road_class  INT                              DEFAULT 0,
    geom        GEOMETRY ( LineString,3857 )     NOT NULL
);
```

上述语句创建的 geom 字段只能存储 SRID = 3857 的线串 LineString 类型的几何数据，不允许存储其他类型的几何数据。

同构空间列数据表 road 在 GEOMETRY_COLUMNS 元数据表中的定义如表 3-8 所示。

表 3-8　数据表 road 在 GEOMETRY_COLUMNS 元数据表中的定义

f_table_catalog	f_table_schema	f_table_name	f_geometry_column	coord_dimension	srid	type
sdb_book	public	road	geom	2	3857	LINESTRING

(三)空间数据表的修改

空间数据表的修改语法与关系型数据表相同，语法如下：

```
ALTER TABLE <表名>
    [ ADD COLUMN [IF NOT EXITS] <新列名> <数据类型> [ 完整性约束 ] ]
    [ DROP COLUMN <列名>]
    [ RENAME <列名> TO <新列名> ]
    [ ALTER COLUMN <列名> type <数据类型> ];
```

参数说明：

①<表名>：要修改的基本表。

②ADD 子句：增加新列和新的完整性约束条件。

③DROP 子句：删除指定的列。

④RENAME 子句：修改列名。

⑤ALTER COLUMN 子句：用于修改原有的列类型。

例 3-8　如果要给数据表 road 添加浮点类型的 linktype 字段，语句如下：

```
ALTER TABLE road
    ADD COLUMN IF NOT EXISTS linktype FLOAT DEFAULT 0 NOT NULL;
```

例 3-9　如果要将数据表 road 的 linktype 字段类型改为 INT，语句如下：

```
ALTER TABLE road ALTER COLUMN linktype TYPE INT;
```

例 3-10　如果要将数据表 road 的 linktype 字段名称改为 link_type，语句如下：

```
ALTER TABLE road RENAME linktype TO link_type;
```

例 3-11　如果要删除数据表 road 的 link_type 字段，语句如下：

```
ALTER TABLE road DROP COLUMN IF EXISTS link_type;
```

例 3-12　如果要将数据表 road 的 geom 字段类型改为 SRID=4326，语句如下：

```
ALTER TABLE road ALTER COLUMN geom TYPE geometry(LineString, 4326);
```

如果 road 表为空，可使用上述语句修改空间参考标识符，甚至几何类型；但是当 road 表非空时，使用上述语句修改 SRID，数据库管理系统会提示错误“Geometry SRID(3857) does not match colum SRID(4326)”，说明原 SRID=3857 的空间数据无法转换为 SRID=4326 的数据，此时需要使用如下语句修改空间参考标识符：

```
ALTER TABLE road
    ALTER COLUMN geom TYPE geometry ( LineString, 4326 )
    USING ST_Transform ( geom, 4326 );
```

上述语句中在修改 geom 字段时，使用“USING”子句函数更改字段值，以适应新字段的属性。

除了使用 ALTER 语法修改空间数据表结构外，还可以使用 AddGeometryColumn、DropGeometryColumn 添加或删除几何字段，语法说明请参阅 PostGIS 手册。

(四)空间数据表的删除

空间数据表的删除与普通数据表删除一样，语法如下：

```
DROP TABLE [IF EXISTS]<数据表名> [CASCADE | RESTRICT];
```

参数说明如下：

①<数据表名>：要删除的数据表名称，必填项。

②CASCADE：级联删除，即在删除表的同时自动把所有依赖该表的对象删除。

③RESTRICT：限定删除，只要存在对象依赖该表，则删除操作会被拒绝。PostgreSQL 默

认使用的是 RESTRICT。

例 3-13 删除 road 表的语句如下：

```
DROP TABLE IF EXISTS road;
```

（五）空间数据视图的管理

视图是从一个或几个基本表（或视图）导出的表，它与基本表（实表）不同，是一个虚表，不存储数据。视图显示的数据随基本表数据的变化而变化。空间数据视图是至少包含一个空间字段的视图，视图的操作包括定义和删除等。

（1）空间视图定义。

空间视图定义的基本语法如下：

```
CREATE VIEW <视图名>
 AS <子查询>
     [WITH   CHECK   OPTION];
```

参数说明：

①<视图名>：要定义的视图名称。

②子查询可以是任意复杂的 SELECT 语句。

③WITH CHECK OPTION 为可选项：当对视图进行 UPDATE、INSERT 和 DELETE 操作时，要保证操作的记录满足视图定义的谓词条件（即子查询的条件表达式）。

通常，数据库管理员多出于安全考虑才定义和使用视图，因此视图多为只读虚表，不允许对视图的数据进行修改或删除。

例 3-14 为例 3-6 定义视图 view_road，视图中仅显示道路名称和 SRID=4326 的几何数据，定义语句如下：

```
CREATE VIEW view_road
AS
SELECT
    road_name, ST_Transform ( geom, 4326 ) AS geom
FROM
    road;
```

（2）删除视图。

删除视图语法如下：

```
DROP VIEW <视图名>;
```

例 3-15 删除视图 view_road 的语句如下：

```
DROP VIEW view_road;
```

3.5.3 空间矢量数据的管理

（一）空间几何图形的构建

OGC 的简单要素访问标准（OGC 06-104r4）定义了 ST_Point、ST_MakePoint、ST_MakeLine、ST_Polygon、ST_MakePolygon、ST_Collect、ST_MakeEnvelope、ST_GeometryFromText、ST_GeomFromText、ST_PointFromText、ST_LineFromText、ST_PolygonFromText、ST_GeomFromEWKT、ST_GeomCollFromText 等常用的几何数据构建函数（PostGIS，2022b）。下面详细介绍以上函数

的语法。

（1）ST_Point 函数。

ST_Point 函数根据输入坐标值参数构建点几何数据，语法如下：

```
geometry ST_Point(float x, float y);
```

例 3-16　创建坐标为（112.926500，28.164390）的点几何数据，语句如下：

```
SELECT ST_AsText(ST_Point(112.926500, 28.164390));
```

上述语句的 ST_AsText 是将几何图形数据转换为 WKT 文本。返回结果：

```
            st_astext
---------------------
POINT(112.9265 28.16439)
```

（2）ST_MakePoint 函数。

ST_MakePoint 函数为重载函数，用于构建二维、三维和四维点状几何数据，语法如下：

①geometry ST_MakePoint(float x, float y);

②geometry ST_MakePoint(float x, float y, float z);

③geometry ST_MakePoint(float x, float y, float z, float m);

例 3-17　创建坐标为（112.926500，28.164390）的点几何数据，语句如下：

```
SELECT ST_AsText(ST_MakePoint(112.926500, 28.164390));
```

上述语句返回结果：

```
            st_astext
---------------------
POINT(112.9265 28.16439)
```

（3）ST_MakeLine 函数。

ST_MakeLine 函数为重载函数，使用点、多点构建线串，语法如下：

①geometry ST_MakeLine(geometry geom1, geometry geom2);

②geometry ST_MakeLine(geometry[ ] geoms_array);

③geometry ST_MakeLine(geometry set geoms);

例 3-18　创建一条从点（112.926500，28.164390）到点（112.925310，28.172060）的线串，语句如下：

```
SELECT
    ST_AsText (
        ST_MakeLine (
          ST_MakePoint ( 112.926500, 28.164390 ),
          ST_MakePoint ( 112.925310, 28.172060 )
    ) );
```

上述语句返回结果：

```
            st_astext
-------------------------------------
LINESTRING(112.9265 28.16439, 112.92531 28.17206)
```

例 3-19　将两条分离的线串生成一条新线串，语句如下：

```
SELECT
```

```
        ST_AsText(
            ST_MakeLine(
              'LINESTRING(0 0, 1 1)',
              'LINESTRING(2 2, 3 3)'
        ) );
```

返回结果：

```
            st_astext
  -------------------------
  LINESTRING(0 0, 1 1, 2 2, 3 3)
```

(4) ST_Polygon 函数。

ST_Polygon 函数根据输入的线串和 SRID 构建多边形几何数据，语法如下：

```
geometry ST_Polygon(geometry lineString, integer srid);
```

例 3-20 创建 SRID=4326 的多边形，语句如下：

```
    SELECT
        ST_AsText(
            ST_Polygon('LINESTRING(0 0, 1 0, 1 1, 0 1, 0 0)'::geometry, 4326)
    );
```

上述语句返回结果：

```
            st_astext
  -----------------------------
  POLYGON((0 0, 1 0, 1 1, 0 1, 0 0))
```

(5) ST_MakePolygon 函数。

ST_MakePolygon 函数为重载函数，用于构建简单多边形或带孔（岛）的多边形，语法如下：

```
①geometry ST_MakePolygon(geometry linestring);
②geometry ST_MakePolygon(geometry outerlinestring,
                          geometry[] interiorlinestrings);
```

例 3-21 从一个线串创建一个简单多边形，语句如下：

```
    SELECT
        ST_AsText(
            ST_MakePolygon('LINESTRING(0 0, 1 0, 1 1, 0 1, 0 0)'::geometry)
        );
```

上述语句返回结果：

```
            st_astext
  -----------------------------
  POLYGON((0 0, 1 0, 1 1, 0 1, 0 0))
```

(6) ST_Collect 函数。

ST_Collect 函数为重载函数，用于构建复合几何图形，语法如下：

```
①geometry ST_Collect(geometry g1, geometry g2);
②geometry ST_Collect(geometry[] g1_array);
```

③geometry ST_Collect(geometry set g1field);

例 3-22　使用两点创建复合点几何图形，语句如下：

```
SELECT
    ST_AsText( ST_Collect( ' POINT(1 2)' , ' POINT(-2 3)'  ));
```

上述语句返回结果：

```
        st_astext
-----------------------
MULTIPOINT(1 2, -2 3)
```

(7) ST_MakeEnvelope 函数。

ST_MakeEnvelope 函数用于构建矩形几何数据，语法如下：

```
geometry ST_MakeEnvelope(float xmin,
                         float ymin,
                         float xmax,
                         float ymax,
                         integer srid=unknown);
```

例 3-23　创建矩形几何数据的语句如下：

```
SELECT
    ST_AsText( ST_MakeEnvelope(10, 10, 11, 11, 4326) );
```

上述语句返回结果：

```
          st_astext
---------------------------
POLYGON((10 10, 10 11, 11 11, 11 10, 10 10))
```

(8) ST_GeometryFromText 和 ST_GeomFromText 函数。

这两个函数都是将 WKT 字符串转换为几何图形，语法如下：

①geometry ST_GeometryFromText(text WKT);

②geometry ST_GeometryFromText(text WKT, integer srid);

③geometry ST_GeomFromText(text WKT);

④geometry ST_GeomFromText(text WKT, integer srid);

例 3-24　创建点几何图形，语句如下：

```
SELECT
    ST_AsText(ST_GeometryFromText(' POINT(112.9265 28.16439)' ));
```

上述语句返回结果：

```
       st_astext
----------------------
POINT(112.9265 28.16439)
```

例 3-25　创建面几何图形，语句如下：

```
SELECT
    ST_AsText(
      ST_GeometryFromText(' POLYGON((10 10, 10 11, 11 11, 11 10, 10 10))' ));
```

上述语句返回结果：

```
          st_astext
-----------------------------
POLYGON((10 10, 10 11, 11 11, 11 10, 10 10))
```

例 3-26 创建 SRID=4326 的环状面几何图形，语句如下：

```
SELECT
    ST_AsText(ST_GeometryFromText(
    'POLYGON((10 10, 10 11, 11 11, 11 10, 10 10),
              (10.5 10.5, 10.5 10.8, 10.8 10.8, 10.8 10.5, 10.5 10.5))', 4326));
```

上述语句返回结果：

```
          st_astext
-----------------------------
POLYGON((10 10, 10 11, 11 11, 11 10, 10 10), (10.5 10.5, 10.5 10.8, 10.8 10.8, 10.8 10.5, 10.5 10.5))
```

此外，类似的构建几何图形的函数还有 ST_PointFromText 函数、ST_LineFromText 函数、ST_PolygonFromText 函数和 ST_GeomCollFromText 函数，分别使用 WKT 文件构建 Point、LineString、Polygon 和 GeometyCollection 类型。

(9) ST_GeomFromEWKT 函数。

ST_GeomFromEWKT 函数将 EWKT(extended well-known text representation)文本转换成几何图形，语法如下：

```
geometry ST_GeomFromEWKT(text EWKT);
```

例 3-27 利用 EWKT 文本生成 SRID=4326 的线，语句如下：

```
SELECT ST_AsText(ST_GeomFromEWKT('SRID=4326; LINESTRING(1 2, 3 4)'));
```

上述语句返回结果：

```
          st_astext
---------------------------
LINESTRING(1 2, 3 4)
```

(二) 空间几何图形的编辑

PostGIS 提供了 ST_AddPoint、ST_CollectionExtract、ST_LineMerge、ST_MakeValid、ST_Multi、ST_RemovePoint、ST_Reverse、ST_SetPoint、ST_Snap 等图形编辑函数。

(1) ST_AddPoint 函数。

ST_AddPoint 函数为重载函数，用于向已有线串几何图形中添加顶点，语法如下：

①geometry ST_AddPoint(geometry linestring, geometry point);

②geometry ST_AddPoint(geometry linestring, geometry point, integer position);

语句①是在 LineString 起点处添加一个顶点。语句②的第 3 个参数为指定添加顶点的位次，顶点序号从 0 开始；如果设置为-1，表示向线串追加一个顶点。

例 3-28 向已有线串添加一个顶点，语句如下：

```
SELECT
    ST_AsText(
      ST_AddPoint(
        ST_LineFromText('LINESTRING(1 2, 3 4)'),
        ST_PointFromText('POINT(0 0)')));
```

上述语句返回结果：

```
          st_astext
------------------------
 LINESTRING(1 2, 3 4, 0 0)
```

例 3-29　向已有线串中间插入一个点，语句如下：

```
SELECT
     ST_AsText(
       ST_AddPoint(
         ST_LineFromText(' LINESTRING(1 2, 3 4)' ),
         ST_PointFromText(' POINT(0 0)' ), 1));
```

上述语句返回结果：

```
          st_astext
-------------------------
 LINESTRING(1 2,0 0,3 4)
```

(2) ST_CollectionExtract 函数。

ST_CollectionExtract 函数为重载函数，用于从几何集合中抽取子图形。语法如下：

①geometry ST_CollectionExtract(geometry collection);

②geometry ST_CollectionExtract(geometry collection, integer type);

该函数根据给定的图形类别 type 参数抽取相应子图形，type 参数可以是 1～3 的整数，1 表示 POINT，2 表示 LINESTRING，3 表示 POLYGON。如果没有设置该参数，则返回图形集合中维度最高的几何图形。

例 3-30　从图形集合中抽取线串，语句如下：

```
SELECT
   ST_AsText (
     ST_CollectionExtract (
     ST_GeomFromText (
       ' GEOMETRYCOLLECTION(LINESTRING(0 0, 1 1),LINESTRING(2 2, 3 3))' ), 2 ) );
```

返回结果：

```
          st_astext
--------------------------
 MULTILINESTRING((0 0, 1 1), (2 2, 3 3))
```

(3) ST_LineMerge 函数。

ST_LineMerge 函数用于将多条线串合并成一条线串，语法如下：

geometry ST_LineMerge(geometry amultilinestring);

例 3-31　将多条线串合并成一条线串，语句如下：

```
SELECT
   ST_AsText(
     ST_LineMerge(
       ST_GeomFromText(
         ' MULTILINESTRING((-29 -27, -30 -29.7, -36 -31, -45 -33), (-45 -33, -46 -32))'
     )));
```

返回结果：

```
st_astext
-----------------------------------------------------------←-
LINESTRING(-29 -27, -30 -29.7, -36 -31, -45 -33, -46 -32)
```

(4) ST_MakeValid 函数。

ST_MakeValid 函数为重载函数，处理无效(自相交)图形，语法如下：

①geometry ST_MakeValid(geometry input);

②geometry ST_MakeValid(geometry input, text params);

参数 input 为要处理的几何图形，可选 params 参数的格式为“method = linework | structure keepcollapsed = true | false”，其中 linework 方法是提取所有线条，然后重构几何图形，structure keepcollapsed 方法是提取所有多环与内环，用外环构建的多边形减去内环构建的多边形。

例 3-32 处理一自相交多边形为有效多边形，语句如下：

```
SELECT
    ST_AsText(
      ST_MakeValid('POLYGON((0 0, 10 0, 10 11, 11 10, 0 10, 0 0))'::geometry));
```

返回结果：

```
st_astext
-----------------------------------------------------------←-
MULTIPOLYGON(((0 0, 0 10, 10 10, 10 0, 0 0)), ((11 10, 10 10, 10 11, 11 10)))
```

(5) ST_Multi 函数。

ST_Multi 函数将输入的几何图形转换为复合几何图形类型，语法如下：

```
geometry ST_Multi(geometry g1);
```

例 3-33 将一个多边形转换为复合多边形，语句如下：

```
SELECT
    ST_AsText(
      ST_Multi(
        ST_GeometryFromText(
          'POLYGON((10 10, 10 11, 11 11, 11 10, 10 10))', 4326)
    ));
```

返回结果：

```
st_astext
-----------------------------------------------------------←-
MULTIPOLYGON(((10 10, 10 11, 11 11, 11 10, 10 10)))
```

(6) ST_RemovePoint 函数。

ST_RemovePoint 函数用于从线串中移除一个顶点，语法如下：

```
geometry ST_RemovePoint(geometry linestring, integer offset);
```

参数 offset 为要移除点的位次，PostGIS 从 0 开始计位次。

例 3-34 从线串中移除第一个顶点，语句如下：

```
SELECT
    ST_AsText(
```

```
        ST_RemovePoint(
          ST_LineFromText(' LINESTRING(0 0, 1 2, 3 4)' ), 0));
```

返回结果：

```
st_astext
-----------------------------------------------------------------
LINESTRING(1 2, 3 4)
```

(7)ST_Reverse 函数。

ST_Reverse 函数用于将线串或多边形顶点置为倒序，语法如下：

```
geometry ST_Reverse(geometry g1);
```

例 3-35　将一个线串的顶点置为倒序，语句如下：

```
SELECT
    ST_AsText(ST_Reverse(ST_LineFromText(' LINESTRING(0 0, 1 2, 3 4)' )));
```

返回结果：

```
st_astext
-----------------------------------------------------------------
LINESTRING(3 4, 1 2, 0 0)
```

(8)ST_SetPoint 函数。

ST_SetPoint 函数用于替换线串中指定位次的顶点，语法如下：

```
geometry ST_SetPoint(geometry linestring,
                     integer zerobasedposition,
                     geometry point);
```

参数 zerobasedposition 为要替换的顶点位次(从 0 开始)，参数 point 为要替换的顶点。

例 3-36　将线串的起点改为(0, 0)，语句如下：

```
SELECT
    ST_AsText(ST_SetPoint(
        ST_LineFromText(' LINESTRING(1 2, 3 4)' ),
        0,
        ST_PointFromText(' POINT(0 0)' )));
```

返回结果：

```
st_astext
-----------------------------------------------------------------
LINESTRING(0 0, 3 4)
```

(9)ST_Snap 函数。

ST_Snap 函数用于将输入的几何图形向参考图形靠齐，即将输入的图形顶点向另一个参考图形的顶点靠齐，语法如下：

```
geometry ST_Snap(geometry input, geometry reference, float tolerance);
```

参数 tolerance 为捕捉容差距离，即两个图形的顶点距离在该范围内时，才会将输入的图形顶点向参考图形顶点靠齐。

例 3-37　一条线串向一个多边形靠齐，如图 3-9(a)所示。语句如下：

```
SELECT
```

```
ST_AsText(
   ST_Snap(
        'linestring(0 0, 15 0, 20 20)' ::GEOMETRY,
        'polygon((1 1, 10 1, 10 10, 1 10, 1 1))' ::geometry,
      1.25));
```

靠齐后的图形如图 3-9(b)所示。

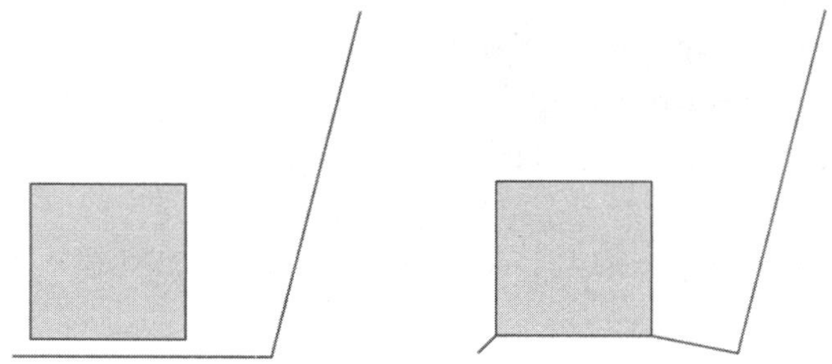

(a)　　　　　(b)

图 3-9　线串与多边形靠齐

返回结果：

```
st_astext
-----------------------------------------------------------←-
LINESTRING(0 0, 1 1, 10 1, 15 0, 20 20)
```

3.5.4　空间矢量的数据访问与输出

(一)空间几何图形的访问

OGC 规范定义了空间几何图形的属性或坐标值的访问函数，PostGIS 实现了 ST_Boundary、ST_Dump、ST_DumpPoints、ST_EndPoint、ST_Evelope、ST_GeometryN、ST_GeometryType、ST_IsClosed、ST_IsCollection、ST_IsEmpty、ST_IsSimple、ST_IsValid、ST_NumGeometries、ST_NumPoints、ST_PointN、ST_Points、ST_StartPoint、ST_X、ST_Y 等访问函数。

(1)ST_Boundary 函数。

ST_Boundary 函数返回图形的边界，语法如下：

```
geometry ST_Boundary(geometry geomA);
```

例 3-38　获取环状多边形的边界，语句如下：

```
SELECT
      ST_AsText(ST_GeometryFromText(
            'POLYGON((10 10,  10 11,  11 11,  11 10,  10 10),
            (10.5 10.5, 10.5 10.8, 10.8 10.8, 10.8 10.5, 10.5 10.5))',
            4326));
```

返回结果：

```
st_astext
-----------------------------------------------------------←-
MULTILINESTRING((10 10, 10 11, 11 11, 11 10, 10 10), (10.5 10.5, 10.5 10.8, 10.8 10.8,
10.8 10.5, 10.5 10.5))
```

(2)ST_Dump 函数。

ST_Dump 函数返回图形的所有子图形，语法如下：

```
geometry_dump[] ST_Dump(geometry g1);
```

当输入图形是简单类型(POINT、LINESTRING、POLYGON)时，将返回单个记录且不带路径序号。当输入图形是集合或复合几何图形时，每个图形组件返回一条记录，且带有路径序号。

例 3-39　显示复合图形的所有组成部件，语句如下：

```
SELECT
    ( A.p_geom ).PATH [ 1 ] AS PATH,
    ST_AsEWKT ( ( A.p_geom ).geom ) AS geom_ewkt
FROM
    ( SELECT ST_Dump (
      ST_GeomFromEWKT (
        'POLYHEDRALSURFACE(
          ((0 0 0, 0 0 1, 0 1 1, 0 1 0, 0 0 0)),
          ((0 0 0, 0 1 0, 1 1 0, 1 0 0, 0 0 0)),
          ((0 0 0, 1 0 0, 1 0 1, 0 0 1, 0 0 0)),
          ((1 1 0, 1 1 1, 1 0 1, 1 0 0, 1 1 0)),
          ((0 1 0, 0 1 1, 1 1 1, 1 1 0, 0 1 0)),
          ((0 0 1, 1 0 1, 1 1 1, 0 1 1, 0 0 1)))'
      )
      ) AS p_geom ) AS A;
```

返回结果：

```
path    |geom_ewkt
-----+----------------------------------------
1       | POLYGON((0 0 0, 0 0 1, 0 1 1, 0 1 0, 0 0 0))
2       | POLYGON((0 0 0, 0 1 0, 1 1 0, 1 0 0, 0 0 0))
3       | POLYGON((0 0 0, 1 0 0, 1 0 1, 0 0 1, 0 0 0))
4       | POLYGON((1 1 0, 1 1 1, 1 0 1, 1 0 0, 1 1 0))
5       | POLYGON((0 1 0, 0 1 1, 1 1 1, 1 1 0, 0 1 0))
6       | POLYGON((0 0 1, 1 0 1, 1 1 1, 0 1 1, 0 0 1))
```

(3)ST_DumpPoints 函数。

ST_DumpPoints 函数返回图形的所有点，语法如下：

```
geometry_dump[]ST_DumpPoints(geometry geom);
```

例 3-40　获取一条线串的所有顶点，语句如下：

```
SELECT
    ( dp ).PATH [ 1 ] AS INDEX,
    ST_AsText ( ( dp ).geom ) AS wktnode
FROM
    ( SELECT *
        FROMST_DumpPoints (
```

```
            ST_GeomFromText ( 'LINESTRING(1 2, 3 4, 10 10)' ) )
    ) AS dp;
```

返回结果：

```
index        | wktnode
-----------+-------+-------------
  1          | POINT(1 2)
  2          | POINT(3 4)
  3          | POINT(10 10)
```

(4) ST_EndPoint 函数。

ST_EndPoint 函数返回线串或圆线串(CircularLineString)的最后一个点，语法如下：

```
geometry ST_EndPoint(geometry g);
```

例 3-41 获取线串的最后一个点，语句如下：

```
SELECT ST_AsText(ST_EndPoint('LINESTRING(1 1, 2 2, 3 3)'::geometry));
```

返回结果：

```
st_astext
-------
POINT(3 3)
```

(5) ST_Evelope 函数。

ST_Evelope 函数返回图形的外包矩形，语法如下：

```
geometry ST_Envelope(geometry g1);
```

例 3-42 返回线串的外包矩形，语句如下：

```
SELECT ST_AsText(ST_Envelope('LINESTRING(0 0, 1 3)'::geometry));
```

返回结果：

```
st_astext
----------------------
POLYGON((0 0, 0 3, 1 3, 1 0, 0 0))
```

(6) ST_GeometryN 函数。

ST_GeometryN 函数返回图形集合中的第 n 个图元(序次从 1 开始)，语法如下：

```
geometry ST_GeometryN(geometry geomA, integer n);
```

例 3-43 获取复合点集合的第 2 个点，语句如下：

```
SELECT
    ST_AsText (
        ST_GeometryN(
            ST_GeomFromEWKT ( 'MULTIPOINT(1 2 7, 3 4 7, 5 6 7, 8 9 10)' ), 2 ) );
```

返回结果：

```
st_astext
--------------------
POINT Z (3 4 7)
```

(7) ST_GeometryType 函数。

ST_GeometryType 函数返回国际标准“SQL 多媒体及应用包(SQL/MM)”定义的图形类型，包括 ST_Point、ST_LineString、ST_Polygon、ST_MultiPolygon 等，语法如下：

```
text ST_GeometryType(geometry g1);
```

例 3-44　获取一个图形的类型，语句如下：

```
SELECT
    ST_GeometryType (
        ST_GeomFromText ( 'LINESTRING(1 2, 3 4, 10 10)' ) ) AS GeomType;
```

返回结果：

```
GomType
--------------------
ST_LineString
```

(8) ST_IsClosed 函数。

ST_IsClosed 函数返回线串是否闭合，即首尾顶点是否一致，语法如下：

```
boolean ST_IsClosed(geometry g);
```

例 3-45　判断一条线串是否闭合，语句如下：

```
SELECT ST_IsClosed('LINESTRING(0 0, 1 1)'::geometry);
```

返回结果：

```
st_isclosed
--------
f
```

(9) ST_IsCollection 函数。

ST_IsCollection 函数返回图形是否为集合类型，语法如下：

```
boolean ST_IsCollection(geometry g);
```

例 3-46　判断一个图形是否为集合类型，语句如下：

```
SELECT ST_IsCollection('LINESTRING(0 0, 1 1)'::geometry);
```

返回结果：

```
st_iscollection
--------
f
```

(10) ST_IsEmpty 函数。

ST_IsEmpty 函数判断图形是否为空，语法如下：

```
boolean ST_IsEmpty(geometry geomA);
```

例 3-47　判断一个图形是否为空，语句如下：

```
SELECT ST_IsEmpty(
    ST_GeomFromText('GEOMETRYCOLLECTION EMPTY'));
```

返回结果：

```
st_isempty
-------
t
```

(11) ST_IsSimple 函数。

ST_IsSimple 函数判断图形是否存在自相交，语法如下：

```
boolean ST_IsSimple(geometry geomA);
```

例 3-48　判断一个图形是否存在自相交，语句如下：

```
SELECT ST_IsSimple(ST_GeomFromText(' POLYGON((1 2, 3 4, 5 6, 1 2))' ));
```

返回结果：

```
st_issimple
--------
t
```

(12) ST_IsValid 函数。

ST_IsValid 函数判为重载函数，用于判断图形是否有效，即是否存在自相交，与 ST_IsSimple 相似，语法如下：

```
boolean ST_IsValid(geometry g);
```

如果要获取更多关于图形无效的信息，可以使用 ST_IsValidReason 函数。

(13) ST_NumGeometries 函数。

ST_NumGeometries 函数返回图形集合中图形的个数，语法如下：

```
integer ST_NumGeometries(geometry geom);
```

例 3-49 返回一个几何集合的子图个数，语句如下：

```
SELECT
      ST_NumGeometries(
        ST_GeomFromEWKT(
          ' GEOMETRYCOLLECTION(MULTIPOINT(- 2 3, - 2 2),
          LINESTRING(5 5, 10 10),
          POLYGON((- 7 4.2, - 7.1 5, - 7.1 4.3, - 7 4.2)))' )) AS GeomN;
```

返回结果：

```
GeomN
------
3
```

(14) ST_NumPoints 函数。

ST_NumPoints 函数返回线串或圆线串的顶点数目，语法如下：

```
integer ST_NumPoints(geometry g1);
```

例 3-50 计算一条线串的顶点数量，语句如下：

```
SELECT ST_NumPoints(ST_GeomFromText(' LINESTRING(0 0, 1 1, 2 2, 3 3)' ));
```

返回结果：

```
st_numpoints
-------
4
```

(15) ST_PointN 函数。

ST_PointN 函数返回线串的第 n 个顶点(序次从 1 开始)，语法如下：

```
geometry ST_PointN(geometry a_linestring, integer n);
```

当 $n=-1$ 时，返回线串的最后一个顶点；如果 n 小于 1 或大于顶点数目，则返回 NULL。

例 3-51 获取线串的第 1 个顶点，语句如下：

```
SELECT
      ST_AsText(
```

```
ST_PointN(ST_GeomFromText(' LINESTRING(0 0, 1 1, 2 2, 3 3)' ), 1));
```

返回结果：

```
st_astext
-------
POINT(0 0)
```

(16) ST_Points 函数。

ST_Points 函数返回一个包括多个坐标值的图形(如线串、多边形)的所有顶点，返回类型为复合点(MultiPoint)，语法如下：

```
geometry ST_Points( geometry geom );
```

例 3-52　获取一个多边形所有顶点集，语句如下：

```
SELECT ST_AsText(
    ST_Points(' POLYGON((0 0, 10 0, 10 10, 0 10, 0 0))' ::GEOMETRY));
```

返回结果：

```
st_astext
---------------------------------
MULTIPOINT(0 0, 10 0, 10 10, 0 10, 0 0)
```

(17) ST_StartPoint 函数。

ST_StartPoint 函数返回线串的第 1 个顶点，语法如下：

```
geometry ST_StartPoint(geometry geomA);
```

例 3-53　获取一个线串的起点，语句如下：

```
SELECT ST_AsText(ST_StartPoint(' LINESTRING(0 1, 0 2)' ::geometry));
```

返回结果：

```
st_astext
-------
POINT(0 1)
```

(18) ST_X 函数。

ST_X 函数返回点图形的 *X* 坐标值，语法如下：

```
float ST_X(geometry a_point);
```

例 3-54　获取一条线串起点的 *X* 坐标值，语句如下：

```
SELECT
    ST_X(ST_StartPoint(ST_GeomFromText(' LINESTRING(0 0, 1 1, 2 2, 3 3)' )));
```

返回结果：

```
st_x
-------
0
```

(19) ST_Y 函数。

ST_Y 函数返回点图形的 *Y* 坐标值，语法如下：

```
float ST_X(geometry a_point);
```

例 3-55　获取一条线串起点的 *Y* 坐标值，语句如下：

```
SELECT
    ST_Y(ST_StartPoint(ST_GeomFromText(' LINESTRING(0 0, 1 1, 2 2, 3 3)' )));
```

返回结果：

```
st_y
-------
0
```

(二)空间几何图形数据的输出

OGC 规范定义了空间图形数据转换输出的函数，PostGIS 实现了 ST_AsText、ST_AsEWKT、ST_AsGeoJson、ST_AsKML、ST_AsGML 等函数。

(1)ST_AsText 函数。

ST_AsText 函数为重载函数，返回空间图形数据的 WKT 文本，语法如下：

①text ST_AsText(geometry g1);

②text ST_AsText(geometry g1, integer maxdecimaldigits = 15);

参数 maxdecimaldigits 用于设置输出的有效小数位数，默认为 15 位。

例 3-56 将一个点图形输出为 WKT 文本，要求保留 2 位有效小数，语句如下：

```
SELECT ST_AsText(' POINT(123456.123456 23123456.12345)' ::geometry, 2);
```

返回结果：

```
st_astext
------
POINT(123456.12 23123456.12)
```

(2)ST_AsEWKT 函数。

ST_AsEWKT 函数为重载函数，返回图形数据的 EWKT 文本，语法如下：

①text ST_AsEWKT(geometry g1);

②text ST_AsEWKT(geometry g1, integer maxdecimaldigits=15);

参数 maxdecimaldigits 用于设置输出的有效小数位数，默认为 15 位。

例 3-57 将一个点输出为 EWKT 文本，要求保留 2 位有效小数，语句如下：

```
SELECT
    ST_AsEWKT(' SRID=3587; POINT(123456.123456 23123456.12345)' ::geometry, 2);
```

返回结果：

```
st_asewkt
---------------------------------
SRID=3587; POINT(123456.12 23123456.12)
```

(3)ST_AsGeoJson 函数。

ST_AsGeoJson 函数为重载函数，返回空间要素记录或图形数据的 GeoJson 文本，语法如下：

```
①text ST_AsGeoJSON(record feature,
                  text geomcolumnname,
                  integer maxdecimaldigits=9,
                  boolean pretty_bool=false);
②text ST_AsGeoJSON(geometry geom,
                  integer maxdecimaldigits=9,
                  integer options=8);
③text ST_AsGeoJSON(geography geog,
```

```
                    integer maxdecimaldigits=9,
                    integer options=0);
```

语句①的 feature 参数是空间要素记录，geomcolumnname 参数是空间要素中的几何字段名称，maxdecimaldigits 参数定义输出坐标值的有效小数位数，pretty_bool 参数表示输出的 JSON 文本是否需要美化。语句②的 geom 参数是要输出的几何数据，maxdecimaldigits 参数同语句①，options 参数用于控制在输入 JSON 文本时是否加入几何的外包矩形或空间参考，可选参数为 0（不输出）、1（输出外包矩形）、2（输入短格式 SRID）、4（输出长格式 SRID）、8（默认 SRID=4326）。语句③与语句②参数相同。

例 3-58 将一条线串输出为 GeoJSON 文本，语句如下：

```
SELECT ST_AsGeoJSON(' LINESTRING(1 2 3, 4 5 6)' );
```

返回结果：

```
st_asgeojson
-----------------------------------
{"type":"LineString","coordinates":[[1, 2, 3], [4, 5, 6]]}
```

（4）ST_AsKML 函数

ST_AsKML 函数为重载函数，返回图形数据的 KML 文本，常用语法如下：

```
text ST_AsKML(geometry geom,
              integer maxdecimaldigits=15,
              text nprefix=NULL);
```

其中，可选的 maxdecimaldigits 参数将几何图形作为 Keyhole 标记语言（KML）字符串，默认最大小数位数为 15；可选的 nprefix 参数为命名空间名称，默认命名空间无前缀。

例 3-59 将一个多边形转换为 KML 文本，语句如下：

```
SELECTST_AsKML(ST_GeomFromText(' POLYGON((0 0, 0 1, 1 1, 1 0, 0 0))' , 4326));
```

返回结果：

```
st_askml
-----------------------------------
<Polygon><outerBoundaryIs><LinearRing><coordinates>0, 0 0, 1 1, 1 1, 0 0, 0</coordinates>
</LinearRing></outerBoundaryIs></Polygon>
```

（5）ST_AsGML 函数

ST_AsGML 函数为重载函数，返回图形数据的 GML 文本，常用语法如下：

```
text ST_AsGML(geometry geom,
              integer maxdecimaldigits=15,
              integer options=0);
```

其中，可选的 maxdecimaldigits 参数用于减少输出中使用的最大小数位数，默认为 15；可选的 options 参数是一个位字段，用于在 GML 输出中定义 CRS 输出类型，并将数据声明为纬度/经度，详见 PostGIS 手册。

例 3-60 将一个多边形转换为 GML 文本，语句如下：

```
SELECT ST_AsGML(ST_GeomFromText(' POLYGON((0 0, 0 1, 1 1, 1 0, 0 0))' , 4326));
```

返回结果：

```
st_asgml
```

\-----------------------------------

<gml:Polygon srsName="EPSG:4326"><gml:outerBoundaryIs><gml:LinearRing><gml:coordinates>0, 0 0, 1 1, 1 1, 0 0, 0</gml:coordinates></gml:LinearRing></gml:outerBoundaryIs></gml:Polygon>

思考题

1. 简要叙述空间参考系的概念及其在空间数据库中的作用。

2. 什么是 SRID? 试叙述 OGC 标准存储空间参考系的方式。

3. 矢量数据管理模式有哪些? 各有什么优缺点?

4. 什么是空间元数据? OGC 定义的空间元数据有哪些?

5. PostGIS 中的 Geography 和 Geometry 数据类型有什么区别?

6. 试写出用 PostGIS 创建 Building 空间数据表的 SQL 语句，该表包括 id(int)、name [varchar(20)]、geom(geomertry)等字段。

7. 如果要将第 6 题的 Building 表的 geom 字段改为 SRID=21419 的多边形类型，请写出 PostGIS 的语句。

8. 请写出查询多边形'POLYGON((0 0, 10 0, 10 10, 0 10, 0 0))'第 3 个顶点 *X* 坐标值的 PostGIS 语句。

9. 请写出检查第 8 题多边形是否有效的 PostGIS 语句。

第 4 章　空间数据查询与索引

关系数据的结构化查询语言能够实现数据库、数据表和数据记录的诸多操作，已成为数据库管理和操作的标准语言之一。在结构化查询基础上扩展的空间数据结构化查询是空间数据库中最常用的操作方式，包括空间数据查询和空间关系计算等功能。数据索引是提高数据检索效率的重要方法，空间数据索引则是提高空间数据查询和空间关系计算效率的重要技术。

4.1　结构化查询概述

结构化查询语言(structured query language, SQL)是管理关系数据库的标准化语言，是一种通用的、功能强大的关系数据库语言。虽然称为查询语言，但是其功能不仅包括数据查询，还包括数据库定义、数据表定义，数据的插入、编辑和删除，以及数据库安全性和完整性定义与控制等(王珊等，2014)。

4.1.1　SQL 概述

(一)SQL 发展历程

随着关系数据库的发展和广泛使用，不同数据库管理系统实现了不同的数据查询语言。总体来说，数据查询语言的发展历程大致分为以下几个阶段：

(1)早期阶段(20 世纪 70 年代)。

SQL 的前身是美国 IBM 公司的 SEQUEL 语言，它最初是为了管理 IBM 的关系数据库系统 System R 而开发的。SEQUEL 的语法比较简单，只有基本的 SELECT、INSERT、UPDATE 和 DELETE 语句。

(2)标准化阶段(20 世纪 80 年代)。

在 20 世纪 80 年代初，ANSI(美国国家标准协会)着手制定 SQL 标准，并最终于 1986 年发布了第一版 SQL 标准，称为 SQL-86 或 SQL1 标准。这个标准定义了 SQL 的语法和功能，使得不同的数据库管理系统可以遵循相同的标准进行开发和使用。

(3)扩展阶段(20 世纪 90 年代)。

随着互联网和客户端/服务器模式的兴起，SQL 的应用范围逐渐扩展到了 Web 应用、企业信息系统等领域。SQL 标准也逐渐扩展，增加了新的语法和功能，如存储过程、触发器、事务等。1999 年，ISO 发布了 SQL-99 或 SQL3 标准，该标准扩展了包括 XML 支持、窗口函数、递归查询等新功能。

(4)安全阶段(21 世纪初)。

这一阶段，SQL-99 成为各大数据库管理系统遵循的主要标准，但是随着网络安全问题的不断出现，数据安全性要求日益突出。SQL 标准逐渐增加了一些安全性相关的功能。2003

年，ISO 发布了 SQL-2003 标准，增加了新的数据类型、函数和操作符等。

（5）大数据阶段（21 世纪 10 年代以后）。

随着大数据和云计算技术的发展，SQL 的应用范围进一步扩大。SQL 不仅适用于传统的关系数据库，还开始用于大数据存储和处理系统，如 Hadoop、Spark、NoSQL 等。2011 年，ISO 发布了 SQL-2011 标准，增加了 JSON 和 XML 相关的功能，并且逐渐与 NoSQL 技术融合，开始支持非关系型数据存储和处理。

（二）SQL 的特点

SQL 是一种功能强大、易学易用、可移植、安全可靠的数据库查询语言（武芳等，2017），其特点包括以下几方面：

（1）功能强大，综合统一。

SQL 定义了包括数据库全部操作类型的语言，包括数据定义语言、数据操纵语言、数据控制语言、数据库事务控制语句等。

（2）非过程化。

SQL 由数据库管理系统负责解释执行，执行结果以集合形式输出，不需要编译成机器语言。因此，SQL 编写人员无须关注数据存储路径和检索算法，可以把研发重点放在执行结果的调用方面。

（3）性能高效，功能可扩展。

SQL 的查询执行速度通常比其他数据库查询语言更快，这主要归功于 SQL 的优化器和索引机制。SQL 还支持自定义函数、存储过程和触发器等高级特性，管理员可以根据具体需求进行扩展。

（4）支持复杂查询操作。

SQL 支持复杂的查询操作，如多表连接、子查询、嵌套查询等，这些查询操作可以帮助用户获取更准确、更完整的数据结果。

（5）语言开放，可移植。

SQL 是一种开放的标准化语言，可以通过开发自定义插件和扩展来满足特定的需求。由于 SQL 是一种标准化的语言，所以能够在不同的数据库管理系统上运行。

（6）简单易学，语言独立。

SQL 的语法简单，接近自然语言，容易学习和理解。

4.1.2 PSQL 工具

PSQL 是 PostgreSQL 关系数据库管理系统的命令行接口工具，又称为客户终端命令交互操作界面。PSQL 提供了丰富的功能和命令，可以用来执行 SQL 查询操作，管理数据库对象（如表、索引、触发器等），执行数据库备份和还原操作，管理用户及其权限，查看和分析数据库性能指标等。PSQL 工具存放在 PostgreSQL 安装目录下的 bin 文件夹中，输入以下命令启动 PSQL：

```
psql [-h<host>] [-p<port> [-U <username>] [-d <database_name>] ↵
```

参数说明：

-h<host>：指定要连接的服务器，host 可以是服务器名称，也可以是服务器的 IP 地址，默认为本地服务器。

-p<port>：指定 PostgreSQL 数据库服务的网络端口，默认为 5432。

-U<username>：指定连接数据库的用户名称，默认为 postgres（数据库管理员）。

-d<database_name>：指定连接的数据库名称，默认不连接数据库。

PSQL 所有参数均为可选项，当忽略所有参数时，PSQL 默认连接本地服务器的 5432 端口，连接用户为 postgres，不打开任何数据库。

例 4-1　在 Windows 系统命令行中，输入 runas /user：postgres，根据提示输入账号密码，然后输入 psql 命令，执行过程与显示结果如下：

①<PostgreSQL 安装目录>\bin>runas /user: postgres cmd ↵

②输入 postgres 的密码:

③试图将 cmd 作为用户 "<机器名称>\postgres" 启动...

④<PostgreSQL 安装目录>\bin>psql ↵

⑤psql (14.2)

⑥输入 "help" 来获取帮助信息.

⑦postgres=#

语句①中的"runas"为 Windows 的 cmd 命令，表示用 Windows 的 postgres 用户身份打开 cmd 窗口，其中 postgres 为安装 PostgreSQL 时，系统默认创建的 Windows 系统用户。语句③和语句⑥为执行结果提示。语句⑦中的"postgres=#"提示符表明使用数据库"postgres"账户登录成功。

例 4-2　在 CentOS 操作系统的命令行中，输入以下命令，执行过程与显示结果如下：

①[root@csugis /]# su postgres ↵

②bash- 4.2 $ psql - p6543

③psql (14.3)

④Type "help" for help.

⑤postgres=#

语句①中的"su postgres"命令是将当前会话切换到 postgres 用户身份，语句②中的"psql -p6543"是指定连接本地 PostgreSQL 服务端口 6543，语句③和语句④是执行结果提示。

当 PSQL 连接成功时，管理员可以在 PSQL 命令行中交互式地执行 SQL 语句，在每个语句结束时要输入分号（;），表明当前语句结束并提交 PSQL 执行。PSQL 执行的 SQL 语句，除了使用双引号（""）引起来的内容以外，语句中所有子句不区分大小写，如 SELECT 和 select 相同。通常为了区分，建议读者使用大写方式书写 PSQL 和 SQL 的关键词，如 SELECT、INSEERT、UPDATE、DELETE 等。

例 4-3　在 PSQL 中查看当前 PostgreSQL 版本的语句如下：

postgres=# select version(); ↵

执行结果：

version

PostgreSQL 14.3 on x86_64- pc- linux- gnu, compiled bygcc (GCC) 4.8.5 20150623 (Red Hat 4.8.5- 44), 64- bit

(1 row)

4.2 结构化查询语言

结构化查询语言主要包括数据定义语言(data definition language, DDL)、数据操纵语言(data manipulation language, DML)、数据控制语言(data control languange, DCL)等。本节主要介绍 DDL 和 DML。

4.2.1 数据定义语言

数据定义语言用于定义数据库对象，包括创建、修改、删除数据库、数据表、视图、存储过程和函数等对象的操作，关键词包括 CREATE、ALTER、DROP 等。

(一)数据库的定义

(1)创建数据库。

创建数据库基本语法和常用参数如下：

```
CREATE DATABASE<name>
     [WITH ] [ OWNER [=] user_name ]
             [ TEMPLATE [=]template ]
             [ ENCODING [=]encoding ]
             [ TABLESPACE [=]tablespace_name ]
             [ ALLOW_CONNECTIONS [=]allowconn ]
             [ CONNECTIONLIMIT [=]connlimit ];
```

参数说明：

①name：要创建的数据库名称。

②OWNER：数据库拥有者，即为数据库指定数据库角色(用户)为管理员。

③TEMPLATE：创建数据库所引用的模板。

④ENCODING：数据库使用的编码格式，默认为 UTF-8 编码①。

⑤TABLESPACE：数据库存入的表空间，默认为 DEFAULT。

⑥ALLOW_CONNECTIONS：是否允许连接，默认为 true。如果设置为 false，则不允许任何数据库角色(用户)连接该数据库。

⑦CONNECTIONLIMIT：设置数据库并发连接数上限，默认为-1，即不限制并发连接数。

例 4-4 创建数据库 MyDatabase，语句如下②：

```
postgres=# CREATE DATABASE MyDatabase; ↵
```

(2)修改数据库。

数据库的修改操作包括修改基本参数、数据库名、数据库拥有者、表空间等。修改数据库名称的语法如下：

```
ALTER   DATABASE <name> RENAME TO <new_name>;
```

其中 name 为要修改的数据库名称，new_name 为新数据库名称。

---

① UTF-8(8-bit Unicode Transformation Format)是针对 Unicode 的可变长度字元编码。

② 本章示例的 SQL 语句均在 PostgreSQL 数据库自带的客户终端 PSQL 中执行。

例 4-5　将例 4-1 创建的数据库名称修改为 MyGeoDatabase，语句如下：

```
postgres=# ALTER DATABASE MyDatabase RENAME TO MyGeoDatabase; ↵
```

(3) 删除数据库。

删除数据库语法如下：

```
DROP DATABASE [ IF EXISTS ] <name> [FORCE ];
```

其中 name 为要删除的数据库；IF EXISTS 为可选参数，表示如果存在就删除，否则不执行删除操作；FORCE 为可选参数，表示是否强行删除数据库。当要删除的数据库不存在时，如果删除数据库语句中没有 IF EXISTS 参数，PostgreSQL 将提示错误。

例 4-6　删除数据库 MyGDB，语句如下：

```
postgres=# DROP DATABASE MyGDB; ↵
```

如果再次执行上述语句，PSQL 报"数据库不存在"的异常错误。如果将上述语句修改成下面的语句并执行：

```
postgres=# DROP DATABASE IF EXISTS MyGDB; ↵
```

执行结果：

```
NOTICE:    database "mygdb" does not exist, skipping
```

将上述语句进一步修改成下面的语句并执行：

```
postgres=# DROP DATABASE IF EXISTS MyGeoDatabase; ↵
```

执行结果：

```
DROP DATABASE
```

(二) 数据表的定义

数据表定义语句包括创建、修改、删除数据语句。

为了方便叙述数据表的定义，用户首先要在 PSQL 命令行中打开目标数据库，然后执行执行数据表定义的 SQL 语句。在 PSQL 命令行中执行如下语句，创建数据库 mygdb 并打开该数据库：

```
①postgres=# CREATE DATABASE mygdb; ↵
②CREATE DATABASE
③postgres=# \c mygdb; ↵
④psql (14.2, 服务器 14.3)
⑤您现在已经连接到数据库 "mygdb", 用户"postgres".
⑥mygdb=#
```

其中语句行②、④和⑤为执行结果提示信息，语句行③"\c <mygdb>"表示连接并打开指定数据库，语句行⑥表示当前已连接到数据库 mygdb，等待用户的操作。

(1) 创建数据表。

创建数据表常用语法如下：

```
CREATE TABLE [IF EXISTS] <name>([
    { <column_name> <data_type> [ column_constraint [ ... ] ]}
      [,...]
] );
```

其中 IF EXITS 参数表示当数据表 name 不存在时才创建，以免 PSQL 提示重复创建数据表的异常错误信息；name 为要创建的数据表名称；column_name 为字段名称；data_type 为字段类型；column_constraint 为字段约束，参见 2.3 节。

数据表名称和字段名称的首字符必须为下划线、英文字母或者中文，后面可以为下划线、数字、字母和中文。本书建议在创建数据表时，不用中文做表名或字段名。PostgreSQL 常用数值类型如表 4-1 所示

表 4-1　PostgreSQL 常用数值类型

名字	存储长度	描述	范围
smallint 或 int2	2 字节	小范围整数	-32768～ +32767
integer 或 int	4 字节	常用的整数	-2147483648～+2147483647
bigint 或 int8	8 字节	大范围整数	-9223372036854775808～+9223372036854775807
numeric	可变长	用户指定的精度，精确	小数点前 131072 位；小数点后 16383 位
real	4 字节	可变精度，不精确	6 位十进制数字精度
float	8 字节	可变精度，不精确	15 位十进制数字精度
smallserial 或 serial2	2 字节	自增的小范围整数	1～32767
serial	4 字节	自增整数	1～2147483647
bigserial 或 serial8	8 字节	自增的大范围整数	1～9223372036854775807
char(n)	*n* 字节	*n* 个定长字符	
varchar(n)	变长字节，最多 *n* 字节	最多可存储 *n* 个字符，存储时按实际使用字节数占用存储空间	0～*n* 个字符
text	变长字符	用于存储超长字符	字符数无长度限制
date	4 字节	只用于日期	4713BC～5874897 AD
timestamp	8 字节	日期和时间(无时区)	4713 BC～294276 AD，精度为 1 ms
time	8 字节	只用于一日内时间	00：00：00～24：00：00，精度为 1 ms
boolean	1 字节	逻辑型	true 或 false

除了上述常用的数值类型外，PostgreSQL 还支持几何类型，包括 point、line、lseg、box、path、polygon、circle 等，以及 xml 和 json 数据类型。

例 4-7　在 mygdb 数据库中创建数据表 users，语句如下：

```
①mygdb=# CREATE TABLE users(
②  id          serial4       primary key,
③  name        varchar(20)   not null,
④  password    varchar(32)   not null,
```

```
⑤  logined_times   int          default 0,
⑥  last_logined    timestamp,
⑦  descript        text
⑧);
```

上述语句中，primary key 参数定义了 id 字段为主码，not null 约束字段不能为空，default 0 定义了字段 logined_times 的默认值为 0。数据表 users 创建完成以后，默认存储在 public 模式中。

在 PSQL 工具里，输入“\dt”查看当前数据库中的数据表：

mygdb=# \dt ↵

执行结果：

```
                    List of relations
 Schema    |        Name        | Type     |  Owner
----------+--------------+---------+-----------
 public    | users              | table    | postgres
 (1 rows)
```

例 4-8　创建名为 sys 的模式，同时在该模式中创建数据表 users，语句如下：

```
①mygdb=# CREATE SCHEMA sys; ↵
②CREATE SCHEMA
③mygdb=# CREATE TABLE sys.users(
    id                  serial4        primary key,
    name                varchar(20)    not null,
    logined_times       int            default 0,
    last_logined_time   timestamp,
    descript            text
  ); ↵
④CREATE TABLE
⑤mygdb=# set search_path to sys; ↵
⑥SET
⑦mygdb=# \dt ↵
```

执行结果：

```
              List of relations
 Schema   | Name    | Type     |  Owner
-------+--------+--------+-------
 sys      | users   | table    | postgres
 (1 row)
```

上述语句中，语句行①中的“CREATE SCHEMA sys”创建模式 sys；语句行②提示模式创建结果；语句行③创建数据表 sys. user，其中“sys”为模式名称，“users”为数据表名称，模式名与数据表之间使用“. ”连接；语句行④为数据表创建结果提示；语句行⑤将搜索路径指定为新建的模式名 sys，语句行⑥为设置搜索路径结果提示；语句行⑦显示 sys 模式名下的所有数据表。

(2)修改数据表。

修改数据表语法如下：

```
ALTER TABLE <name> action[, ...];
```

其中常用的 action 包括：

①修改数据表名称：RENAME TO <new_name>。

②设置数据表的模式：SET SCHEMA <new_schema>。

③修改字段名称：RENAME <column_name> TO <new_column_name>。

④修改约束名称：RENAME CONSTRAINT <constraint_name> TO <new_constraint_name>。

⑤添加字段：ADD [COLUMN] [IF NOT EXISTS] <column_name> <data_type> [column_constrant]。

⑥删除字段：DROP [COLUMN] [IF EXISTS] <column_name>。

⑦修改字段类型：ALTER [COLUMN] <column_name> [SET DATA] TYPE <data_type>。

⑧删除约束：DROP CONSTRAINT [IF EXISTS] <constraint_name>。

例 4-9 将 sys. users 数据表名改为 sys. login_users；将字段 descript 名称改为 remark，字段类型改为 varchar(500)；添加类型为 varchar(30)的字段 email；删除 logined_times 字段，然后将数据表设置到 public 模式中。语句如下：

```
①mygdb=# ALTER TABLE users RENAME TO login_users; ↵
②ALTER TABLE
③mygdb=# ALTER TABLE login_users RENAME descript TO remark; ↵
④ALTER TABLE
⑤mygdb=# ALTER TABLE login_users ALTER remark TYPE varchar(500); ↵
⑥ALTER TABLE
⑦mygdb=# ALTER TABLE login_users ADD COLUMN email varchar(30); ↵
⑧ALTER TABLE
⑨mygdb=# ALTER TABLE login_users DROP COLUMN logined_times; ↵
⑩ALTER TABLE
⑪mygdb=# ALTER TABLE login_users SET SCHEMA public; ↵
⑫ALTER TABLE
⑬mygdb=# SET SEARCH_PATH TO public; ↵
⑭SET
⑮mygdb=# \dt   ↵
```

执行结果：

```
                    List of relations
  Schema        | Name               | Type         |  Owner
 ---------------+--------------------+--------------+-----------
  public        | login_users        | table        | postgres
  public        | users              | table        | postgres
(2 rows)
```

上述语句中，语句行②、④、⑥、⑧、⑩、⑫、⑭为执行结果提示。

(3)删除数据表。

删除数据表语法如下：

```
DROP TABLE [ IFEXISTS ] <name> [ CASCADE | RESTRICT ]
```

其中<name>为要删除的数据表名称；CASCADE 为级联删除，即删除数据表时，依赖该数据表的所有对象将一并被删除，包括视图、约束、索引等；RESTRICT 为限制删除，即当数据表存在依赖对象时，将拒绝删除。

例 4-10　删除 users 数据表，语句如下：

```
①mygdb=# DROP TABLE public.users CASCADE; ↵
②DROP TABLE
③mygdb=# \dt ↵
```

执行结果：

```
              List of relations
  Schema |    Name     | Type   |  Owner
  ------+-----------+-------+---------
  public | login_users | table  | postgres
  (1 rows)
```

(三)视图的定义

视图(view)是一张虚拟数据表(简称虚表)，不是实际存储数据的数据表(简称实表)。视图是一种预定义查询形式存在的表组合，可以从一个数据表或多个数据表中选择字段及要满足条件的数据记录集。在一些数据库管理系统中，定义视图的目的主要是满足只读查询需求，不支持 INSERT、UPDATE、DELETE 等操作。但是，在实际视图应用中，也有数据库管理系统支持视图的这些操作。

(1)视图的定义。

视图定义的基本语法如下：

```
CREATE VIEW<view_name> AS
    SELECT<column1>[, column2.....]
    FROM<table_name> [,...]
    [WHERE condition];
```

例 4-11　创建用户账号数据表视图 v_users，语句如下：

```
mygdb=#CREATE VIEW v_users
        AS
        SELECT *
        FROM login_users; ↵
```

(2)删除视图。

删除视图的基本语法如下：

```
DROP VIEW [ IF EXISTS ] name [, ...] [ CASCADE | RESTRICT ];
```

例 4-12　删除视图 v_users，语句如下：

```
DROP VIEW v_users;↵
```

4.2.2 数据操纵语言

数据操纵语言包括数据插入(create)、查询(read)、更新(update)、删除(delete)等操作，一些开发资料中将数据操纵语言简称为 CRUD 操作。

(一)数据插入

数据插入的基本语法如下：

```
INSERT INTO<table_name> [ AS alias ] [ ( column_name [, ...] ) ]
  < DEFAULT VALUES | VALUES ( { expression | DEFAULT } [, ...] ) [, ...] | query >
```

参数说明：

①<table_name>为要操作的数据表名称。

②[column_name]为要插入的字段列表，该参数为可选项。当该项为空时，将向数据表所有字段插入数据。

③[DEFAULT VALUES|VALUES(...]为要插入的对应数据，该参数为可选项。当该项为空时，将向数据表中插入字段默认值；当该项使用 VALUES(...)参数时，将向数据表中插入指定数据，VALUES 括号中的数值要和[column_name]列表一一对应。

例 4-13 向 login_users 数据表中添加两条记录，语句如下：

```
mygdb=# INSERT INTO public.login_users(name,password,email,remark)
            VALUES(' admin' ,md5(' 123456' ),' ligq168@163.com' ,' 系统管理员' ),
                  (' test' ,md5(' abc' ),' 41733233@qq.com' ,' 普通用户' );↵
```

上述语句中，md5(...)为 PostgreSQL 的 MD5[①] 加密函数。

(二)数据查询

数据查询 SELECT 基本语法如下：

```
SELECT [ *  | expression [ [AS ] output_name ] [, ...] ]
    [ FROM from_item [, ...] ]
    [ WHERE condition ]
    [ GROUP BY<column_name> ]
    [ HAVING condition ]
    [{ UNION | INTERSECT | EXCEPT }SELECT ]
    [ ORDER BY expression [ ASC | DESC] ]
```

参数说明：

①[* | expression [[AS] output_name] [, ...]] 为查询字段列表，* 表示所有字段，AS 用于定义字段或查询表达式的别名。

②[FROM from_item [, ...]]为查询的数据表或视图等，可以同时从多个表或视图中查询。

③[WHERE condition]定义查询的条件，condition 为条件表达式。

④[GROUP BY <column_name>]定义分组查询字段，<column_name>为分组字段。

⑤[HAVING condition]定义分组查询要满足的条件。

① MD5 信息摘要算法(MD5 message-digest algorithm)是一种广泛使用的密码散列函数。

⑥[{ UNION | INTERSECT | EXCEPT } SELECT] 查询结果合并、求交、排除等语句。

⑦[ORDER BY expression [ASC | DESC]] 定义查询排序条件。

其中，WHERE 子句的 condition 从句可以是任意条件表达式。常用的条件表达式有：

①比较运算符>、<、>=、<=、=、< >、like、is、in、between 等。

(a) like 为模糊查询谓词，如查询所有以“a”开始的用户名称，则条件子句为“name like 'a%'”。

(b) is 是类型比较，常用于判断变量或字段是否为 NULL(空)，如查询所有 remark 字段为 NULL 的记录，则条件子句为“remark is NULL”。

(c) in 谓词用于查询变量或字段的取值在指定的常量集合或子查询结果中的记录，如查询 role_id 取值为 0 或 1 的用户记录，则条件子句为“role_id in (0, 1)”。

(d) between 谓词用于查询变量或字段的取值在指定区间的所有记录，如查询最后登录时间 last_logined_time 在“2023-6-6 00：00：00”到“2023-6-8 24：00：00”之间的所有用户记录，则条件子句为“last_logined_time between' 2023-6-6 00: 00: 00' :: timestamp AND' 2023-6-8 24: 00: 00' :: timestamp”或“last_logined_time between' 2023-6-6 00: 00: 00' AND' 2023-6-8 24: 00: 00'”。其中，“:: timestamp”将字符型时间戳转换为 timestamp 类型，这也是 PostgreSQL 较为灵活的变量类型转换方式。

②逻辑运算符 OR、AND、NOT 分别表示逻辑或、逻辑与和逻辑非。

例 4-14　查询名为 test 和密码明文为 abc 的账号，并显示账号名、email 信息，语句如下：

```
mygdb=# SELECT name, email
         FROM login_users
         WHERE name='test' AND password = md5('abc'); ↵
```

执行结果：

```
name        |   email
----------+------------
test        | 41733233@qq.com
(1 rows)
```

例 4-15　若 login_users 数据表中有短整型字段 role_id，表示用户角色 id，管理员角色取值为 0，普通用户取值为 1。统计各类账号数量的语句如下：

```
mygdb=# SELECT role_id as 角色 ID, COUNT(0) as 账号数量
         FROM login_users
         GROUP BY role_id; ↵
```

执行结果：

```
角色 id   | 账号数量
---------+------
      0  |     2
      1  |     2
(2 rows)
```

例 4-16　按照 role_id 升序查询显示账号的 id、role_id、name、email 信息，语句如下：

```
mygdb=# SELECT id,role_id,name,email
```

```
          FROM login_users
          ORDER BY role_id; ↵
```

执行结果：

```
id      | role_id | name      |        email
------+------+---------+-----------
  1     |    0    | admin     | ligq168@163.com
  3     |    0    | dba       | ligq168@csu.edu.cn
  2     |    1    | test      | 41733233@qq.com
  4     |    1    | ligq      | ligq7738@qq.com
(4 rows)
```

或者使用下列语句：

```
mygdb=# SELECT id,role_id,name,email
          FROM login_users
          WHERE role_id = 0
          UNION
          SELECT id,role_id,name,email
          FROM login_users
          WHERE role_id = 1
          ORDER BY role_id;
```

上述语句是分成两条查询语句，再使用 UNION 将两次查询合并后进行排序，执行结果和例 4-16 语句一致。

例 4-17 在上例中，将 role_id 的取值显示为"管理员""普通用户"，语句如下：

```
mygdb=# SELECT id,
              CASE WHEN role_id=0 THEN '管理员'
                   WHEN role_id=1 THEN '普通用户'
              END as 用户角色,
              name,email
          FROM login_users
          ORDER BY role_id; ↵
```

执行结果：

```
id     | 用户角色 | name    |        email
-----+--------+------+------------
  1    | 管理员   | admin   | ligq168@163.com
  3    | 管理员   | dba     | ligq168@csu.edu.cn
  2    | 普通用户 | test    | 41733233@qq.com
  4    | 普通用户 | ligq    | ligq7738@qq.com
(4 rows)
```

（三）数据更新

数据更新的基本语法如下：

```
UPDATE <table_name> [ [ AS ] alias ]
    SET <column_name = expression[, ...]
```

```
[ FROM from_item [[ AS ] alias] [, ...] ]
[ WHERE condition ]
```

其中，table_name 为要更新的数据表名称；column_name 为要更新的字段名称；expression 为更新的字段值表达式；FROM 子句中的 from_item 可以是数据表、视图、子查询块等；WHERE 为约束要更新的满足条件的记录，即仅更新满足 condition 条件的记录。当更新语句中没有 WHERE 从句时，将更新数据表的全部记录。

例 4-18　将 login_users 数据表名为 admin 的账号密码修改为“CSU2023”的 MD5 密文，语句如下：

```
mygdb=# UPDATE login_users
        SET password = md5(' CSU2023' )
        WHERE name = ' admin' ; ↵
```

例 4-19　在一个管理系统里，经常会记录用户的最后登录时间和登录次数。记录 admin 账号登录信息的更新语句如下：

```
mygdb=# UPDATE login_users
        SET last_logined_time = now(), logined_times = logined_times+1
        WHERE name = ' admin' ; ↵
```

例 4-20　若数据库 mygdb 中有一个角色信息表 role，表结构和数据内容如表 4-2 所示。

表 4-2　角色信息表 role

role_id	role_name
0	系统管理员
1	普通用户
2	访客

现要将所有访客的登录次数清零，则更新语句如下：

```
mygdb=# UPDATE login_users a
        SET logined_times = 0
        FROM role b
        WHERE a.role_id = b.role_id AND b.role_name = ' 访客' ; ↵
```

执行结果：

```
UPDATE 1
```

例 4-20 中的更新语句使用了两个数据表，其中一个数据表是主更新数据表，即实际被更新的数据表，另一个数据表是用于约束更新条件的数据，这种更新方式称为多表联合更新。

(四) 数据删除

数据删除的基本语法如下：

```
DELETE FROM <table_name> [ [ AS ] alias ]
    [ USING from_item [, ...] ]
    [ WHERE condition];
```

其中，table_name 为要删除数据的数据表名称；USING 子句中的 from_item 可以是数据表、视图、子查询块等；WHERE 控制删除数据的条件。当删除语句中没有 WHERE 从句时，将删除所有数据。

例 4-21 删除 login_users 中名称为“test”的账号，语句如下：

```
mygdb=# DELETE FROM login_users
        WHERE name = 'test'; ↵
```

例 4-22 删除 login_users 中所有角色名为“访客”的数据记录，语句如下：

```
mygdb=# DELETE FROM login_users a
        USING role b
        WHERE a.role_id = b.role_id AND b.role_name = '访客'; ↵
```

例 4-23 中的删除语句使用了两个数据表，其中一个数据表是实际要删除数据的数据表，另一个数据表是用于约束删除条件的数据表，这种删除方式称为多表联合删除。

4.2.3 连接查询语句

根据关系数据库的理论，几乎所有的应用系统数据库都是由多个相互关联的数据表组成的。当我们需要从多个表中检索数据时，连接查询就必不可少。连接查询是指连接两个或两个以上数据表，并从这些表中检索满足条件的组合数据的操作过程。PostgreSQL 支持多种连接查询方式，包括自然连接、WHERE 条件连接、内连接和外连接等。

(一) 自然连接

自然连接是根据参与连接的多个表的相同字段的等值条件建立的隐式连接。PostgreSQL 的自然连接语法如下：

```
SELECT <* |字段列表> FROM <T1>[[AS] A1]
    NATURAL [INNER|LEFT|RIGHT] JOIN <T2> [[AS] A2]
    [NATURAL [INNER|LEFT|RIGHT] JOIN <T3> [[AS] A3] ...];
```

其中，T1 和 T2 是参与连接的两个表，T1 和 T2 必须存在相同的字段名称，且将相同字段值相等的记录通过笛卡儿积组合生成查询结果，即 PostgreSQL 将自动匹配两表中相同字段相同值的记录；AS 是定义表别名的子句。自然连接还可以是 INNER JOIN、LEFT JOIN 或 RIGHT JOIN 等连接方式。如果没有指定连接方式，PostgreSQL 将使用默认的 INNER JOIN 方式，并且参数以两个表中所有同名列作为关联条件。如果在 SELECT 中使用了星号 *，且当两个表存在相同名称的字段时，仅取其中一个字段。

例 4-23 若要查询用户名称及角色名称，则要将 login_users 表和 role 表进行连接，语句如下：

```
mygdb=# SELECT name, role_name
        FROM login_users NATURAL JOIN role;    ↵
```

查询结果如下：

```
name          | role_name
-----------+-------
  dba         | 管理员
  admin       | 管理员
  ligq        | 普通用户
  test        | 普通用户
```

```
guest        | 访客
(5 rows)
```

从例 4-23 可以看出，使用自然连接查询 login_users 表和 role 表时，DBMS 自动利用两个表的 role_id 同名字段进行匹配并进行笛卡儿积计算，然后选择要显示的字段列表。

(二) WHERE 条件连接

WHERE 条件连接是将满足 WHERE 条件的两个或多个表进行笛卡儿积运算从而得到查询结果的连接方式，语法如下：

```
SELECT <* |字段列表> FROM <T1> [[AS] A1],<T2> [[AS] A2] [,...]
WHERE [T1|A1].column <比较运算符> [T2|A2].column
        [OR|AND [T1|A1].column <比较运算符> [T2|A2].column] [...]
```

其中，T1、T2 为参与连接操作的数据表，WHERE 子句定义的匹配条件。

例 4-24　使用 WHERE 条件连接语句实现例 4-23 的查询，语句如下：

```
mygdb=# SELECT a.name, b.role_name
        FROM login_users AS a, role b
        WHERE a.role_id = b.role_id; ↵
```

查询结果：

```
name        | role_name
-----------+-------
dba         | 管理员
admin       | 管理员
ligq        | 普通用户
test        | 普通用户
guest       | 访客
(5 rows)
```

(三) 内连接

内连接查询返回两个表之间完全满足匹配条件的记录，语法如下：

```
SELECT <* |字段列表> FROM <T1>[[AS] A1]
    INNER JOIN <T2> [[AS] A2]
    ON <T1|A1>.column <比较运算符> <T2|A2>.column <比较运算符>;
```

例 4-25　使用内连接实现例 4-23 的查询，语句如下：

```
mygdb=# SELECT a.name, b.role_name
        FROM login_users AS a
        INNER JOIN role AS b
        ON a.role_id = b.role_id; ↵
```

查询结果：

```
name     | role_name
--------+--------
 dba     | 管理员
 admin   | 管理员
 ligq    | 普通用户
 test    | 普通用户
 guest   | 访客
```

(5 rows)

(四)外连接

外连接又分为左外连接、右外连接和全外连接。

(1)左外连接。

左外连接(left outer join)简称左连接(left join)，这种连接方式显示左表的所有记录，然后使其分别与右表进行笛卡儿积计算。如果右表中没有与左表匹配的行，则结果集中右表字段的值显示为 NULL，语法如下：

```
SELECT <* |字段列表> FROM <T1>[[AS] A1]
    LEFT [OUTER] JOIN <T2> [[AS] A2]
    ON <T1|A1>.column <比较运算符> <T2|A2>.column <比较运算符>;
```

例 4-26 使用左外连接实现例 4-23 的查询，语句如下：

```
mygdb=# SELECT a.name, b.role_name
        FROM login_users AS a
        LEFT JOIN role AS b
        ON a.role_id = b.role_id; ↵
```

查询结果：

```
 name    | role_name
--------+--------
 dba     | 管理员
 admin   | 管理员
 ligq    | 普通用户
 test    | 普通用户
 guest   | 访客
 (5 rows)
```

如果将 role 表中 role_id=2 的记录删除，则例 4-26 的查询结果：

```
 name    | role_name
--------+--------
 dba     | 管理员
 admin   | 管理员
 ligq    | 普通用户
 test    | 普通用户
 guest   | (NULL)
 (5 rows)
```

(2)右外连接。

右外连接(right outer join)简称右连接(right join)，这种连接方式显示右表的所有记录，然后使其分别与左表进行笛卡儿积计算。如果左表中没有与右表匹配的行，则结果集中左表字段的值显示为 NULL，语法如下：

```
SELECT <* |字段列表> FROM <T1>[[AS] A1]
    RIGHT [OUTER] JOIN <T2> [[AS] A2]
    ON <T1|A1>.column <比较运算符> <T2|A2>.column <比较运算符>;
```

例 4-27 使用右外连接查询语句，从 login_users 和 role 两表中查询显示用户名称和用户角色，语句如下：

```
mygdb=# SELECT a.name, b.role_name
          FROM login_users AS a
          RIGHT JOIN role AS b
          ON a.role_id = b.role_id; ↵
```

查询结果：

```
name      | role_name
-------+-------
dba       | 管理员
admin     | 管理员
ligq      | 普通用户
test      | 普通用户
(4 rows)
```

如果 role 表中添加了 role_id=3 和 role_name='测试用户'的记录，则例 4-27 查询结果为：

```
name      | role_name
-------+-------
dba       | 管理员
admin     | 管理员
ligq      | 普通用户
test      | 普通用户
(NULL)    | 测试用户
(5 rows)
```

(3)全外连接。

全外连接(full outer join)简称全连接(full join)，这种连接方式显示左、右表中的所有记录，若左表或右表中存在没有匹配的记录，则结果集对应字段显示为 NULL，语法如下：

```
SELECT <* |字段列表> FROM <T1>[[AS] A1]
    FULL [OUTER] JOIN <T2> [[AS] A2]
    ON <T1|A1>.column <比较运算符> <T2|A2>.column <比较运算符>;
```

例 4-28　使用全外连接查询语句，从 login_users 和 role 两表中查询显示用户名称和用户角色，语句如下：

```
mygdb=# SELECT a.name, b.role_name
          FROM login_users AS a
          FULL JOIN role AS b
          ON a.role_id = b.role_id; ↵
```

查询结果：

```
name      | role_name
-------+-------
dba       | 管理员
admin     | 管理员
ligq      | 普通用户
test      | 普通用户
(NULL)    | 测试用户
guest     | (NULL)
(6 rows)
```

4.2.4 嵌套查询语句

嵌套查询是在一个 SELECT 查询语句中嵌入其他的 SELECT 查询语句。

例 4-29 查询所有角色名称为“管理员”的用户名称，查询语句如下：

```
mygdb=# SELECT name
          FROM login_users
          WHERE role_id IN
            (
              SELECT role_id
              FROM role
              WHERE role_name = '管理员'
            ); ↵
```

查询结果如下：

```
name
----
admin
dba
(2 rows)
```

或者使用下列语句实现例 4-29 中的查询要求：

```
mygdb=# SELECT name
          FROM login_users a,
            (
                SELECT role_id FROM role
                WHERE role_name = '管理员'
            ) foo
          WHERE a.role_id = foo.role_id; ↵
```

上述示例括号里的 SELECT 语句均为嵌入的子查询块，子查询块既可以嵌入 WHERE 查询条件，也可以作为被查询对象。需要注意：①如果将子查询块嵌入 IN 控制的查询条件，那么子查询块的查询结果只能包括与 IN 前面表达式相匹配的单个字段。例如例 4-29 中 IN 前面的字段为 role_id，在子查询块中是从 role 表里查询 role_id，二者是同一类型的字段。②当子查询块嵌入被查询对象时，需要定义子查询的别名，否则主查询将无法访问子查询结果。例如上例中“(…) foo”的 foo 就是子查询别名。

嵌套查询不仅用于 SELECT 查询语句，也可以用于 UPDATE 和 DELETE 语句，实现多表联合更新和多表联合删除操作。

例 4-30 将例 4-22 改为嵌套删除语句，语句如下：

```
mygdb=# DELETE FROM login_users
          WHERE role_id IN
            (
                SELECT role_id FROM role WHERE role_name = '访客'
            ); ↵
```

4.3　PSQL 常用运算符和函数

4.3.1　PSQL 运算符

PostgreSQL 的 SQL 语法表达式运算符包括算术运算符、字符运算符、日期时间运算符、比较运算符和逻辑运算符等，如表 4-3 所示。

表 4-3　PostgreSQL 常见运算符

<table>
<tr><th>类别</th><th>运算符</th><th>描述</th><th>实例</th></tr>
<tr><td rowspan="10">算术运算符</td><td>+</td><td>加</td><td>2+3 结果为 5</td></tr>
<tr><td>-</td><td>减</td><td>2-3 结果为 -1</td></tr>
<tr><td>*</td><td>乘</td><td>2 * 3 结果为 6</td></tr>
<tr><td>/</td><td>除</td><td>3/2 结果为 1</td></tr>
<tr><td>%</td><td>模(取余)</td><td>3%2 结果为 1</td></tr>
<tr><td>^</td><td>指数</td><td>2^3 结果为 8</td></tr>
<tr><td>|/</td><td>平方根</td><td>|/ 25.0 结果为 5</td></tr>
<tr><td>||/</td><td>立方根</td><td>||/ 27.0 结果为 3</td></tr>
<tr><td>!</td><td>阶乘</td><td>5 ! 结果为 120</td></tr>
<tr><td>!!</td><td>阶乘</td><td>!! 5 结果为 120</td></tr>
<tr><td>字符运算符</td><td>||</td><td>字符串连接</td><td>'Hello ' || ' CSU' 结果为"Hello CSU"</td></tr>
<tr><td rowspan="2">日期时间运算符</td><td>+</td><td>日期时间加</td><td>date '2023-06-28' + integer '7' 结果为 2023-07-05</td></tr>
<tr><td>-</td><td>日期时间减</td><td>date '2023-06-28' - integer '7' 结果为 2023-06-21</td></tr>
<tr><td rowspan="7">比较运算符</td><td>=</td><td>等于</td><td>(1 = 2)为 false</td></tr>
<tr><td>! =</td><td>不等于</td><td>(1 ! = 2) 为 true</td></tr>
<tr><td><></td><td>不等于</td><td>(1 < > 2)为 true</td></tr>
<tr><td>></td><td>大于</td><td>(1 > 2)为 false</td></tr>
<tr><td><</td><td>小于</td><td>(1 < 2)为 true</td></tr>
<tr><td>>=</td><td>大于等于</td><td>(1 >= 2)为 false</td></tr>
<tr><td><=</td><td>小于等于</td><td>(1 <= 2)为 true</td></tr>
<tr><td rowspan="3">逻辑运算符</td><td>AND</td><td>逻辑与运算符</td><td>(1>2) AND(3>4)为 false</td></tr>
<tr><td>NOT</td><td>逻辑非运算符</td><td>NOT (1>2)为 true</td></tr>
<tr><td>OR</td><td>逻辑或运算符</td><td>(1>2) OR (3<4) 为 true</td></tr>
</table>

(1)算术运算符：+、-、*、/、%、^、|/、! 等，分别表示加、减、乘、除、模(取余)、指数、平方根、阶乘等。

(2)字符运算符：|| 表示字符串连接操作，如'Hello'||'CSU'。

(3)日期时间运算符：+、-等，如 date '2024-01-01' + integer '7'。

(4)比较运算符：>、<、>=、<=、=、< >或！=，分别表示大于、小于、大于等于、小于等于、等于、不等于。

(5)逻辑运算符：OR、AND、NOT，分别表示逻辑或、逻辑与、逻辑非。

4.3.2 常用函数

PostgreSQL 提供的函数包括聚合函数、数学函数、三角函数、字符函数、日期函数、类型转换函数等。

(一)常用的聚合函数

(1)count(*)函数：计算数据表记录数，其中“*”也可以使用数字表示，如 count(0)。

(2)max(x)函数：查询指定字段 x 的最大值。

(3)min(x)函数：查询指定字段 x 的最小值。

(4)avg(x)函数：计算指定数值型字段 x 的平均值。

(5)sum(x)函数：计算指定数值型字段 x 所有值的和。

(6)var_pop(x)函数：计算指定数值型字段 x 的总体方差。

(7)variance(x)函数或 var_samp(x)函数：计算指定数值型字段 x 的样本方差。

(8)stddev_pop(x)函数：计算指定数值型字段 x 的总体标准差。

(9)stddev(x)函数或 stddev_samp(x)函数：计算指定数值型字段 x 的样本标准差。

(10)array[x]函数：将 x 作为元素添加到数组。

(二)常用的数学函数

(1)abs(x)函数：计算 x 的绝对值。

(2)ceil(x)函数：向上取整，即计算不小于 x 的最小整数。

(3)degrees(x)函数：把弧度 x 转换为角度数。

(4)exp(x)函数：计算 x 的自然指数。

(5)floor(x)函数：向下取整，即计算不大于 x 的最大整数。

(6)ln(x)函数：计算 x 的自然对数。

(7)mod(x, y)函数：计算 x 除以 y 的余数。

(8)power(x, y)函数：计算 x 的 y 次幂。

(9)random( )函数：计算 0~1.0 的随机数。

(10)round(x, n)函数：计算 x 保留 n 位小数的四舍五入结果。

(11)sqrt(x)函数：计算 x 的平方根。

(三)常用的三角函数

(1)acos(x)函数：计算 x 的反余弦值。

(2)asin(x)函数：计算 x 的反正弦值。

(3)cos(x)函数：计算 x 的余弦值。

(4)sin(x)函数：计算 x 的正弦值。

(5)cot(x)函数：计算 x 的余切值。

(6)tan(x)函数：计算 x 的正切值。

（四）常用的字符函数

（1）lower(x)函数：返回 x 的全部小写字母字符串。

（2）position(x in y)函数：返回子串 x 在 y 字符串中的位置，当 x 不在 y 中时，返回 0，如 position('CSU' in 'Hello CSU') 返回 7。

（3）substring(x from i for n)函数：返回字符串 x 从第 i 位置开始长度为 n 的子字符串，如 substring('Hello CSU' from 7 for 3) 返回“CSU”。

（4）trim(x)函数：返回去除字符串 x 起始和尾部的空格、回车等非打印字符后的字符串。

（5）upper(x)函数：返回 x 的全部大写字母字符串。

（6）ascii(x)函数：返回 x 第 1 个字符的 ASCII① 值。

（7）chr(x)函数：返回 ASCII 值为 x 的字符。

（8）length(x)函数：返回字符串 x 的长度。

（9）md5(x)函数：返回 x 的 MD5 密文。

（10）repeat(x, n)函数：返回 x 重复 n 次的字符串。

（11）replace(x, y, z)函数：用字符串 z 替换 x 中所有 y 子串并返回，如 replace('Hello CSU', 'CSU', 'GIS')返回“Hello GIS”。

（12）split_part(x, y, i)函数：返回用 y 分隔 x 生成的第 i 个子串，如 split_part('Hello CSU&GIS', '&', 2)返回“GIS”。

（13）strpos(x, y)函数：返回字符串 y 在字符串 x 中的位置，当 y 不在 x 中时，返回 0，如 strpos('Hello CSU', 'CSU')返回 7。

（14）substr(x, i [, n])函数：从字符串 x 的第 i 位置开始抽取子字符串。当给定参数 $n>0$ 时，抽取 n 个字符；如果 n 未给定，则返回从第 i 位置开始的所有后续字符。如 substr('Hello CSU', 7)返回“CSU”，substr('Hello CSU', 7, 1)返回“C”.

（15）to_hex(n)函数：返回数值 n 对应的十六进制数值，如 to_hex(256)返回 100。

（五）常用的日期函数

（1）current_date 函数：返回当前日期。

（2）current_time 函数：返回当前时间。

（3）current_timestamp 函数：返回当前时间戳。

（4）date_part(f, x)函数：根据 f 指定的域类型返回时间戳 x 的子域，如 date_part('hour', timestamp '2023-06-08 09：38：40')返回 9。

（5）make_date(y, m, d)函数：返回由 y、m 和 d 三个整数构建的年月日日期。

（6）make_time(h, m, s)函数：返回由整数 h、m 和数值 s 构建的时分秒时间。

（7）make_timestamp(y, m, d, h, mm, s)：返回由整数 y、m、d、h、mm 和数值 s 构建的年月日时分秒时间戳。

（8）now( )函数：返回当前时间戳。

（六）常用的转换函数

（1）to_char(t, fmt)函数：将时间戳 t 转换为 fmt 指定格式的字符串，如 to_char(now( ), 'HH24：MI：SS')返回当前时间“15：32：40”。

---

① ASCII（American Standard Code for Information Interchange）：美国信息交换标准代码。

(2)to_char(n, fmt)函数：将整型 n 转换为 fmt 指定格式的字符串，如 to_char(125, '99999.99')返回"␣␣125.00"，其中"␣"表示空格。

(3)to_char(d, fmt)函数：将双精度 d 转换为 fmt 指定格式的字符串，如 to_char(125.8::real, '99999D99')返回"␣␣125.80"。

(4)to_char(n, fmt)函数：将数字 n 转换为 fmt 指定格式的字符串，如 to_char(-125.8, 'S99999D99')返回"␣-125.80"。

(5)to_date(x, fmt)函数：将字符串 x 按 fmt 指定的格式转换为日期，如 to_date('2023 Jun 09', 'YYYY Mon DD')返回"2023-06-09"。

(6)to_number(x, fmt)函数：将字符串 x 按 fmt 指定的格式转换为数字，如 to_number('125.80', '999.99')返回数字"125.80"。

(7)to_timestamp(x, fmt)函数：将字符串 x 转换为 fmt 指定时间格式的时间戳。

(8)cast(x as type)函数：将变量或字段 x 转换为 type 类型，如 cast('2023-06-09' as date)。

在转换函数中，cast 函数称为强制转换函数，可以将多种类型表达式转换为指定的类型。此外，PostgreSQL 还有一种强制转换运算符"::"，可以将"::"前的表达式强制转换为"::"后指定的类型。如'2023-06-09 10: 12: 22':: timestamp 将字符串强制转换为 timestamp 类型。

4.4 空间结构化查询语言

4.4.1 空间结构化查询语言概述

空间结构化查询语言(spatial structured query language, SSQL)是一种满足空间目标查询要求的数据库查询语言，能够查询、分析和处理空间对象相关的数据。

(一)空间结构化查询语言特点

(1)SSQL 是一种标准化的空间数据查询语言，可以与其他标准化的数据库查询语言集成和交互。

(2)SSQL 遵循一定的规范，支持多种空间数据库管理系统的多种空间数据类型，如点、线、面、多边形等。

(3)SSQL 的操作对象是空间数据和空间关系，因此 SSQL 支持丰富的空间运算，除 SQL 支持的交、并、差、包含等以外，还可以实现空间数据的空间关系计算和空间分析等功能。

(4)SSQL 提供多种空间度量计算和空间分析函数，如距离函数、面积函数、长度函数等度量计算函数，以及缓冲区计算、空间相交计算等空间分析函数。

(5)SSQL 支持多种空间索引，如 R 树索引、四叉树索引、格网索引等，能够提高查询效率和空间数据处理的速度。

(6)SSQL 能够应用于多种空间应用场景，如地理信息系统、位置服务、无人驾驶、物联网等领域。

(二)空间结构化查询语言发展历程

空间结构化查询语言的发展与地理信息技术的发展和应用密切相关，二者相互促进，推动了 SSQL 不断创新和发展。SSQL 的主要发展历程包括：

(1)SSQL 萌芽阶段(20 世纪 80 年代中期到 20 世纪 90 年代初期)。

1986 年，美国地质调查局(USGS)提出了一种空间数据查询语言(spatial data query language, SDQL)。1992 年，美国地球物理学学会(AGU)提出了名为 SQL/2 的标准化关系数据库查询语言扩展，用于处理空间数据。

(2)SSQL 标准化阶段(20 世纪 90 年代)。

1993 年，开放地理空间信息联盟成立，开始在 ISO-SQL/MM 标准基础上制定 OGC 空间数据和空间数据查询语言标准(OGC-SQL/MM)，并于 1999 年发布了空间数据结构化查询标准。

(3)SSQL 进一步发展阶段(21 世纪以来)。

2001 年，OGC 发布了 OGC Simple Feature Access(SFA)标准，其中包括 OGC SFA SQL 的空间查询语言规范。2003 年，PostGIS 发布了 PostGIS Extended SQL(ESQL)空间查询语言。2005 年，OGC 发布了 OGC (Simple Feature Specification, SFS)标准和 OGC SFS SQL 空间查询语言。2012 年，ESRI 发布了 ArcGIS SQL 空间数据查询语言，支持多种空间操作和函数。

4.4.2　OGC 扩展的 SQL/MM

随着空间数据库技术的不断发展，ISO 标准 *Information technology - Database languages - SQL multimedia and application packages - Part 3: Spatial*(简称 ISO-SQL/MM, ISO/IEC 13249-3)定义了一组用于处理空间数据的类型、空间数据索引、空间查询优化、函数和操作符等规范。OGC 在 ISO-SQL/MM 标准基础上，制定了 *Implementation Standard for Geographic information - Simple feature access - Part 2: SQL option* 规范，简称 OGC SFA 规范(OGC 06-104r4)，该规范定义了具体的空间数据处理与分析的相关函数，对 ISO-SQL/MM 标准进行了扩展，形成了一套标准化的 OGC 空间查询语言。

OGC 扩展的 SQL/MM 进一步提升了空间数据查询语言的标准化程度，可以与 SQL-92 标准兼容，同时支持地理坐标系和投影坐标系，为处理空间数据提供了丰富的语法和功能。OGC 的扩展 SQL/MM 语言还能够处理多种空间数据类型，如点、线、面、多边形等，提供了丰富的空间分析函数。OGC 的 SFA 规范提出以后，空间数据库开发组织开始在空间数据库管理系统中引入空间数据处理与分析的相关函数，使得空间数据库的功能不断增强，具有以下几点意义：

(1)有助于空间数据管理人员快捷方便地实现专题属性与空间几何图形的一体化计算与分析，分担了 GIS 平台空间数据处理与分析的工作。

(2)有助于改善用户使用空间数据处理与分析功能的环境与条件，解决了 GIS 平台安装与配置相关空间分析组件的困难，用户只需输入结构化查询语句就能快速完成相关的处理与分析工作。

(3)将功能强大的空间数据处理与分析功能集成在空间数据库中，方便前端 GIS 的并发调用，能够减少 GIS 管理员的维护负担。

4.4.3　空间结构化查询示例

OGC 扩展的空间结构化查询语言兼容关系数据库的结构化查询语法，可以在传统 SQL 中引入空间查询、计算、分析等函数，直接操作空间数据对象。本小节以湖南省行政区划空间数据库为例，简要介绍空间数据查询常用的语法，更多空间计算、分析函数及其使用的内容将在第 5 章详细讲解。

(一)示例空间数据库概况

本示例使用的湖南省行政区划空间数据库测试数据来自互联网，数据表包括省界数据表 province、市界数据表 city、区县界数据表 county、办事处和乡镇界数据表 town、行政村位置数据表 village，除了行政村位置数据表存储了点状几何图形数据外，其余表存储的几何图形均为多边形。数据库各表均采用 WGS-84 坐标系(SRID = 4326)。表结构及部分数据分别见表 4-4~表 4-8，市界与区县界空间数据可视化结果如图 4-1 所示。测试服务器为阿里云云服务器(4 CPU、8 G 内存、100 G 云盘)，操作系统为 CentOS 8.5，空间数据库为 PostgresSQL 14.4 和 PostGIS 3.2。

表 4-4　省界数据表结构及数据

字段名称	id	geom	prov_code	prov_name
字段类型	int	geometry	int 8	varchar(50)
字段说明	id 号	几何字段	省份编码	省份名称
数据	1	略	430000	湖南省

表 4-5　市界数据表结构及数据

字段名称	id	geom	prov_code	city_code	city_name	population
字段类型	int	geometry	int8	int8	varchar(50)	int4
字段说明	id 号	几何字段	省份编码	市编码	市名称	人口数
数据	186	略	430000	430100	长沙市	10047914
	187		430000	430200	株洲市	3902738
	188		430000	430300	湘潭市	2726181
	189		430000	430400	衡阳市	6645243
	190		430000	430500	邵阳市	6563520
	191		430000	430600	岳阳市	5051922
	192		430000	430700	常德市	5279102
	193		430000	430800	张家界市	1517027
	194		430000	430900	益阳市	3851564
	195		430000	431000	郴州市	4667134
	196		430000	431100	永州市	5289824
	197		430000	431200	怀化市	4587594
	198		430000	431300	娄底市	3826996
	199		430000	433100	湘西土家族苗族自治州	2488105

注：表中人口数据引自湖南省统计局公布的第七次全国人口普查结果(https://tjj.hunan.gov.cn/hntj/m/tjgb_1/202105/t20210519_19079329.html)

表 4-6　区县界数据表结构及部分数据（记录数 122）

字段名称	id	geom	city_code	cnty_code	cnty_name	cnty_type
字段类型	int	geometry	int8	int8	varchar(50)	varchar(6)
字段说明	id 号	几何字段	所属市编码	区县编码	区县名称	类型
部分数据	103	略	430100	430102	芙蓉区	市辖区
	29		430100	430121	长沙县	县
	30		430100	430122	望城区	市辖区
	31		430100	430124	宁乡市	县级市
	105		430100	430181	浏阳市	县级市
	27		430200	430201	荷塘区	市辖区
	...		...	...	...	

表 4-7　办事处和乡镇界数据表结构及部分数据(记录数 2415)

字段名称	id	geom	cnty_code	town_name
字段类型	int	geometry	int8	varchar(50)
字段说明	id 号	几何字段	所属区县编码	办事处/乡镇名称
部分数据	15469	略	430102	湘湖街道
	15471		430102	马坡岭街道
	15583		430102	东湖街道
	14801		430102	朝阳街街道
	13030		430103	赤岭路街道
	14312		430103	金盆岭街道
	...		...	...

表 4-8　行政村位置数据表结构及部分数据(记录数 387068)

字段名称	id	geom	vill_name
字段类型	int	geometry	varchar(50)
字段说明	id 号	几何字段	行政村名称
部分数据	9	略	木溪
	10		岩脚
	11		下大沟
	12		虎头寨
	13		大坪
	14		长冲村
	...		...

图 4-1 市界与区县界空间数据可视化结果

(二)空间结构化查询示例

例 4-31 查询并显示所有市界名称及面积，语句如下：

```
SELECT city_name, St_Area(geom) FROM city; ↵
```

例 4-32 查询地市的平均面积，语句如下：

```
SELECT avg(St_Area(geom)) FROM city; ↵
```

例 4-33 查询面积最大和最小的地市名称及其面积，语句如下：

```
--查询面积最大的地市名称及面积
SELECT city_name,St_Area(geom) FROM city
WHERE St_Area(geom) = (SELECT max(St_Area(geom)) FROM city); ↵
--查询面积最小的地市名称及面积
SELECT city_name, St_Area(geom) FROM city
WHERE St_Area(geom) = (SELECT min(St_Area(geom)) FROM city); ↵
```

以上示例中的 St_Area(geometry)为 PostGIS 的几何图形面积计算函数。

例 4-34 查询与长沙市邻接的地市，语句如下：

```
SELECT city_name
FROM city a
WHERE St_Touches(geom,
                    (SELECT geom FROM city WHERE city_name='长沙市')
                );  ↵
```

或者使用下列语句：

```
SELECT a.city_name
```

```
FROM city a,
     (SELECT geom FROM city WHERE city_name='长沙市') b
WHERE St_Touches(a.geom, b.geom);
```

其中，St_Touches(geom1，geom2)为 PostGIS 的空间邻接关系判断函数。

例 4-35 查询每个地市的行政村数量，语句如下：

```
WITH foo AS(
     SELECT v.gid, c.city_name
     FROM village v
     JOIN city c
     ON St_Within(v.geom, c.geom)
)
SELECT city_name, count(0) village_count
FROM foo
GROUP BY city_name;
```

其中，St_Within(geom1，geom2)为 PostGIS 的"在其中"空间关系判断函数，即判断 geom1 是否在 geom2 中。上述语句中的 WITH 子句定义了查询结果集 foo，并以临时视图形式参与 SELECT 语句的查询。

4.5 空间结构化查询优化

4.5.1 结构化查询优化

(一)查询优化概述

在关系数据库中，结构化查询过程包括查询分析、查询检查、查询优化和查询执行 4 个环节(王珊等，2014)。查询分析是通过扫描查询语句，分析查询语句的词法和语法，判断查询语句是否符合 SQL 语法规则。查询检查是检查合法的查询语句操作的对象是否存在，包括要查询的数据表或视图是否存在，以及要选取的字段是否存在。查询优化是选择一个高效执行查询语句的处理策略，使查询执行更高效。查询执行是根据优化后的查询策略和执行计划，由代码生成器生成执行查询计划的代码并加以执行，最后将执行结果发送给执行主体。

结构化查询优化(structured query optimization，SQO)是优化关系数据库系统的 SQL 查询语句，选择高效的处理策略和执行计划，以提高 SQL 语句执行性能和响应时间。简单地说，结构化查询优化的目标是选择优化的查询计划，使查询操作执行得更快，并且消耗更少的系统资源。

数据库的许多因素都影响查询执行效率，包括查询 SQL 语句涉及的数据表大小、是否创建索引、查询过滤条件和多表的连接方式等。因此，为了优化查询性能，通常要综合使用多种优化技术，包括查询重写、创建索引、优化连接顺序、优化表扫描过程等。其中，索引技术是查询优化最重要的技术之一，因为索引提供了快速访问数据的方式，避免扫描整表。除了索引之外，查询优化还包括数据分区存储、数据压缩、缓存等技术。

(二)SQL 语句的优化

除了上述查询优化技术以外，编写 SQL 语句的策略也尤为重要。下面给出 SQL 语句优化示例。

例 4-36 查询优化示例。

在 4.4.3 小节示例空间数据库中，要查询每个地市的办事处/乡镇数量，有以下几种查询方案：

方案 1：首先建立市界、区县界、办事处/乡镇界三个数据表的连接，然后在连接结果中统计每个地市的办事处/乡镇数量。语句如下：

```
WITH foo as
(
     SELECT a.city_name, c.id
     FROM city a,  county b, town c
     WHERE a.city_code = b.city_code
              AND b.cnty_code = c.cnty_code
)
SELECT city_name, count(0) town_count
FROM foo
GROUP BY city_name;
```

执行时长：105 ms。

方案 2：首先建立区县界、办事处/乡镇界数据表的连接，然后在连接查询结果中，利用 city_code 字段分组统计每个地市的办事处/乡镇数量，最后与市界数据表连接，显示地市名称及其办事处/乡镇数量。语句如下：

```
WITH foo as
(
     SELECT c.city_code,c.cnty_code,t.id
     FROM county c,town t
     WHERE c.cnty_code = t.cnty_code
),
bar AS
(
     SELECT city_code,count(0) cnty_count
     FROM foo
     GROUP BY city_code
)
SELECT c.city_name,b.cnty_count
FROM city c,bar b
WHERE c.city_code = b.city_code;
```

执行时长：87 ms。

方案 3：首先建立区县界、办事处/乡镇界数据表的连接，然后在连接查询结果中，利用 cnty_code 分组统计每个区县的办事处/乡镇数量，最后将统计结果与市界数据表连接，统计每个地市的办事处/乡镇数量。语句如下：

```
WITH foo as
(
    SELECT c.city_code,c.cnty_code,t.id
    FROM county c,town t
    WHERE c.cnty_code = t.cnty_code
),
bar AS
(
    SELECT max(city_code) city_code,cnty_code,count(0) town_count
    FROM foo
    GROUP BY cnty_code
)
SELECT max(c.city_name),sum(b.town_count)
FROM city c, bar b
WHERE c.city_code = b.city_code
GROUP BY c.city_code;
```

执行时长：64 ms。

方案 4：首先嵌套子查询块查询每个区县的办事处/乡镇数量，然后与市界数据表连接，统计每个地市的办事处/乡镇数量。语句如下：

```
WITH foo as
(
    SELECT city_code,cnty_code,
            (selectcount(0) FROM town t WHERE t.cnty_code = a.cnty_code) cnt
    FROM county a
)
SELECT max(c.city_name),sum(f.cnt)
FROM city c,foo f
WHERE c.city_code = f.city_code
GROUP BY c.city_code;
```

执行时长：3470 ms。

上述查询方案均使用了多表连接查询，执行效率相差较大，主要原因在于连接操作的执行顺序。因此，在编写 SQL 查询语句时，需要注意以下事项：

(1) SELECT 语句中应尽量避免使用“ * ”(表示查询所有字段)，因为在查询时 SQL 解释器要将“ * ”解析为数据表全部字段，增加查询成本。查询语句最好仅列出所需字段，减少不必要的字段。例如，在 PSQL 中执行下列分析语句：

```
EXPLAIN ANALYZE SELECT *  FROM town;                          --执行时长 34 ms
EXPLAIN ANALYZE
 SELECT id,geom,town_name,cnty_code,town_code from town;   --执行时长 31 ms
```

上述语句中的 EXPLAIN ANALYZE 为分析谓词，即分析后续执行 SQL 语句的资源消耗。

(2)SELECT 查询中尽量不要使用字段或数据表别名，尽管别名可以增强程序可读性，但是 SQL 解释器解析别名会增加资源开销。

(3)尽量避免导致索引失效而扫描全表的语句。导致索引失效的语句主要是在 WHERE 从句中使用“!”“=”或“< >”比较运算符、OR 逻辑运算符，LIKE 子句使用了前置“%”“NOT IN”或“IN”，“=”前使用了字段表达式或函数运算(如 WHERE num/2 >100)、判断是否为空或不为空(如 WHERE num is NULL)等。

(4)尽可能限制使用连接查询，或者尽量减少连接查询的数据表数量；在连接时要“以小驱大”，即在 JOIN 前使用记录数较小的数据表，后面使用较大的数据表。例如：

```
EXPLAIN ANALYZE
SELECT *  FROM county JOIN town ON county.cnty_code = town.cnty_code;
                                                          --执行时长 42 ms
EXPLAIN ANALYZE
SELECT *  FROM town JOIN county ON county.cnty_code = town.cnty_code;
                                                          --执行时长 46 ms
```

(5)在复杂的 SQL 语句(如多重嵌套或多重连接)中，尽可能使查询代价小的子查询块先执行。

4.5.2 空间结构化查询优化

空间结构化查询优化是指在空间数据库中针对空间查询进行优化的过程。这种优化方法旨在提高空间数据查询性能，减少查询时间。与结构化查询一样，影响空间结构化查询的因素较多，一些常见的空间结构化查询优化方法包括：

(1)创建空间索引是最常用的优化方法之一，使用特定的数据结构组织和管理空间数据，能够提高执行和响应空间查询的效率。

(2)空间分区是将空间数据划分为不同的存储区域，每个区域包含一组或一类空间对象。通过使数据分布在不同的分区，能够减少查询时扫描的数据量。常见的空间分区方法包括网格分区和基于距离的分区。

(3)空间聚集是按照空间邻近规则将空间数据分簇存储，以减少查询的磁盘 I/O 操作。常见的空间聚集方法包括空间填充曲线(如 Hilbert 曲线)方法和空间网格方法。

(4)查询优化器能够根据查询的代价模型和统计信息选择最优的查询执行计划，这也是空间数据库管理系统提供的优化方法。

(5)空间预处理和缓存技术是在空间查询执行之前对空间数据进行预处理和暂存处理结果的方法，目的是减少空间查询时的计算开销。

4.5.3 空间结构化查询优化策略

空间结构化查询是对结构化查询的扩展，所以空间结构化查询语句在优化时既需要遵循 SQL 语句优化的策略，也要考虑以下几种优化规则。

(1)对于复杂或嵌套空间查询语句，应尽可能先执行非空间运算。例如，查询与长沙市相邻接且人口数大于 200 万人的地级市，可以采用以下方案：

--方案 1:

```
  EXPLAIN ANALYZE
      SELECT a.city_name, a.population
      FROM city a, city b
      WHERE b.city_name = '长沙市'
            AND st_touches(b.geom, a.geom)
            AND a.population > 2000000;
--方案 2:
  EXPLAIN ANALYZE
  SELECT b.city_name, b.population
  FROM
      (SELECT geom FROM city WHERE city_name = '长沙市') a,
      (SELECT city_name, population, geom FROM city WHERE population>2000000) b
  WHERE St_touches(a.geom, b.geom);
```

方案 1 执行时长为 79 ms，方案 2 执行时长为 72 ms。方案 1 同时执行了空间相邻计算和属性条件筛选，而方案 2 先进行属性条件筛选，然后对筛选结果进行空间计算，所以后者执行效率较高。

(2)尽量避免引起空间索引失效的空间查询语句，例如在 WHERE 条件从句中尽量不要使用空间运算的判断，如 WHERE St_Area(geom)>2000000。在可能的情况下，可以先对计算结果进行缓存，然后用缓存数据进行空间运算和判断。例如，查询与“长沙县”邻接且面积超过 20 km^2 的区县时，可以在区县界数据表中添加面积字段，计算每个县区面积并存入该字段，在所有需要使用面积数据的 SQL 语句中，均可以直接查询该字段，从而加快查询速度。

(3)在满足空间精度要求的前提下，尽可能将空间计算转换成简单的代码运算或比较运算。例如，在判断指定位置 P(111.707929, 27.610110)附近 1000 m 范围内的行政村时，通常做法是搜索所有被 P 点 1000 m 缓冲区覆盖的行政村位置点，可以使用下列方案：

```
--方案 1:
SELECT name FROM village
WHERE St_within(
      st_transform(geom, 3857),
      st_buffer(
            st_transform(
                  st_setsrid(st_makepoint(111.707929, 27.610110), 4326), 3857),
            1000)
      );
--方案 2:
SELECT name FROM village
WHERE
  abs(
        st_x(st_transform(geom, 3857))-
```

```
            st_x(st_transform(st_setsrid(st_makepoint(111.907929, 27.910110), 4326), 3857))
        )<=500
and abs(
            st_y(st_transform(geom, 3857))-
            st_y(st_transform(st_setsrid(st_makepoint(111.907929, 27.910110), 4326), 3857))
        )<=500;
--方案 3:
SELECT name FROM village
WHERE
    st_distance(st_transform(geom, 3857),
                st_transform(st_setsrid(st_makepoint(111.907929, 27.910110), 4326), 3857)
                )<=1000;
```

方案 1 执行时长为 214 ms，方案 2 执行时长为 163 ms，方案 3 执行时长为 260 ms。方案 2 将空间关系计算改成了比较运算，执行效率有较大提升，但是查询结果与期望有一定偏差。方案 3 执行了空间距离计算，同时执行了比较运算，所以执行时间较长。st_transform(geom，srid)为坐标系转换函数，即将 geom 转换为 srid 坐标系。

(4)尽可能减少空间计算的次数。例如上例中，在查询指定位置附近的要素时，既可以使用指定的位置缓冲区覆盖分析行政村要素的方法，也可以通过计算得出每个行政村要素的缓冲区是否覆盖了指定位置。后一种方案语句如下：

```
SELECT name FROM village
WHERE
    st_contains(st_buffer(st_transform(geom, 3857), 1000),
                st_transform(st_setsrid(st_makepoint(111.707929, 27.610110), 4326), 3857)
               );
```

该方案执行时长为 2944 ms，执行效率远低于上例的方案 1。

4.6 空间索引技术

4.6.1 数据库索引

在计算机科学中，索引是一种加快数据访问速度的特定数据结构，由一组指向存储在计算机内存或外存的数据指针组成，有助于数据快速定位和查询所需的数据。数据库索引是一种在数据库中存储的加快数据查询速度的特殊数据表，由一系列指向数据库表记录的指针组成，能够在查询记录时快速定位所需的记录。可以看出，索引技术可以帮助数据库系统更快地查找和定位所需的记录，避免全表扫描操作，从而提高数据查询操作的性能。

在管理数据库索引时，需要选择索引的字段或字段组合。通常，数据库管理员可以将查询频率较高和查询条件筛选频率高的字段或其组合列为索引字段。当前，数据库索引技术有多种类型，常用的索引类型包括：

(1)B 树索引。

B 树索引是常见的数据库索引类型之一，支持范围查询和排序。B 树索引是平衡树结构，高效支持数据的查找和插入。B 树索引适用于大型数据库表，能够显著提高查询操作效率。

(2)哈希索引。

哈希索引适用于等值查询，能够快速地定位数据记录。哈希索引使用哈希函数将索引列的值转换为哈希值，然后使哈希值与数据记录的物理地址关联。

(3)全文索引。

全文索引适用于文本全文搜索的优化，可以快速定位包含指定单词或短语的文档。例如，在文章中查找指定的关键词。全文索引使用的算法和数据结构与其他索引类型不同，需要使用特定的全文索引引擎来实现。

(4)空间索引。

空间索引适用于空间数据操作的优化，详细内容在 4.6.2 小节介绍。

4.6.2 空间索引概念

由于空间数据具有空间位置和空间形态等特征，所以空间数据索引技术有别于结构化数据索引技术。原因包括：

(1)空间数据存储结构不同于传统数据，结构化特性不明显，甚至没有结构化，难以直接使用结构化数据索引技术创建空间数据索引。

(2)空间数据的查询不仅包括结构化属性数据的筛选，还包括空间几何图形的查询和空间运算。这些操作不同于结构化数据，算法更复杂，难度更高。

(3)空间关系计算通常与空间要素的空间范围相关，按照空间位置建立空间索引也是空间数据索引的重要特点。

因此，空间数据索引不能直接引用结构化数据索引技术，需要在借鉴结构化数据索引技术的基础上，发展适应空间特性的索引技术。空间数据索引简称空间索引，是一种用于处理具有地理空间位置信息的相关数据的索引技术，通过构建面向空间查询和运算操作的特定数据结构，在查询和操作空间数据时能够快速定位所需的地理空间数据。空间索引的核心思想是将空间数据划分为多个空间区域，然后根据空间区域构建数据结构，从而在查询或计算空间关系时，根据空间索引快速读取所需的空间要素，减少空间关系计算的数据量，避免全表搜索，降低磁盘 I/O 操作频率。

4.6.3 空间索引方法

根据空间索引技术的空间区域划分方式和数据结构的不同，可以将空间索引划分为以下几种。

(一)R 树和 R+树空间索引

R 树(R-Tree)是一种常见的空间索引数据结构，支持空间查询的高效操作。R 树空间索引是将空间范围递归地划分为多个矩形子区域，并将这些子区域构建为一棵树状结构。树的每个节点代表一个矩形区域，一个矩形区域包含一个或多个空间要素。R 树的根节点代表整个空间范围，叶子节点包含具体的空间对象，中间节点代表一个矩形区域。在查询时，可以通过遍历 R 树快速定位包含查询范围的矩形区域，从而找到所有满足条件的空间对象。R 树的查询效率与树的高度、节点的大小及查询区域的大小等因素有关。通常情况下，R 树的高度越低，查询效率越高。

R+树空间索引的原理与 R 树相似，即将空间范围递归地划分为多个子区域，并将这些子区域构建为一棵树状结构。与 R 树不同的是，R+树在节点中增加了一个“超级节点”，用于存储该节点所代表的所有矩形区域的最小外包矩形(MBR)。这种设计可以减少 R 树中一些节点的重叠和冗余，提升查询效率。

(二)网格空间索引

网格(grid)空间索引将空间范围划分为多个网格，并为每个网格分配一个唯一标识符，进而将每个网格覆盖的空间要素指针存储在网格节点中。在空间查询时，网格空间索引通过匹配查询区域与网格的交集，快速定位所有满足条件的空间要素。网格空间索引方法使用的网格大小可以根据实际场景进行调整，为了适应不同空间尺度的空间操作，还可以建立多级空间网格，从而构成层次网格索引。

网格空间索引的数据结构类似于网格，易于理解和实现，对于查询区域较小的情况效果甚佳。网格空间索引可以动态地调整网格大小，具有较好的可扩展性。但是网格大小设置不当时，会影响空间查询效率。

(三)KD 树空间索引

KD 树(k-dimensional tree)空间索引将空间范围划分为多个超矩形区域，并将这些区域构建为一棵二叉树。树的每个节点代表一个超矩形区域，在每个节点上存储超矩形区域覆盖的空间要素指针。在空间查询时，可以通过遍历 KD 树快速定位包含查询区域的超矩形区域，从而找到所有满足条件的空间要素。查询过程可以采用“最近邻搜索”算法，从叶子节点开始向上回溯，依次计算每个节点的超矩形区域与查询区域的距离，选择距离最小的节点作为当前最优解，并继续向上回溯到根节点。

KD 树空间索引的节点较少，索引结构较简单，比较适合处理较小的数据集。KD 树空间索引对于动态地添加和删除空间要素具有较好的可扩展性。但是，KD 树空间索引不适用于空间数据分布不均匀的场景，而且当数据维度较高时，会出现“维度灾难”问题，影响查询效率。

(四)四叉树空间索引

四叉树(qsuadtree)空间索引使用层次递归四分的方式划分空间范围，即四叉树索引首先将空间区域平均划分为四个正方形区域，然后将四分的每个区域再平均划分为四个正方形区域，依此递归划分，直到每个子区域中只包含一个空间要素为止。四叉树空间索引的数据结构类似于四叉树，每个节点包含四个子节点，分别代表当前区域的四个子区域，节点中记录每个区域所覆盖的空间要素指针。四叉树的深度取决于空间要素的分布情况和精度要求，可以根据实际情况进行调整。在查询时，通过遍历四叉树快速定位包含查询区域的正方形区域，找到所有满足条件的空间要素。

由于四叉树空间索引将空间数据划分为多个正方形区域，因此它对于处理规则空间分布的要素非常有效，还可以更好地利用空间资源。但是，四叉树空间索引对于具有复杂空间形状的数据，有时需要递归地划分多个子区域，导致索引结构变得过于复杂。

(五)BSP 树空间索引

BSP 树(binary space partitioning tree)空间索引使用层次递归二分方式划分空间范围，然后将划分的子区域构建为一棵二叉树。树的每个节点代表一个子区域，节点存储子区域覆盖的空间要素指针。在构建 BSP 树时，选择一条直线作为分割界线，将数据集分为两个子集，分别递归构建左子树和右子树。在查询时，通过遍历 BSP 树来快速定位包含查询区域的平面，从而找到所有满足条件的空间对象。查询过程中，从根节点开始遍历 BSP 树，依次计算每个节点的子区域与查询区域的关系，选择与查询区域相交或包含的节点作为当前最优解，并继续向下遍历直到叶子节点。

BSP 树空间索引适用于处理大型空间数据集，还适用于构建三维场景中的地理空间要素。但是 BSP 树空间索引依赖于分割直线或平面的选择，不同的划分方式可能会产生不同的树结构，影响空间索引的稳定性。

(六)填充曲线空间索引

填充曲线是一种连续、无缝、无交叉的曲线，可以将多维空间中的点按照一定的顺序映射为一维空间中的点，填充曲线(peano curve)空间索引就是将多维空间数据映射到一维空间。在构建填充曲线时，可以采用递归的方式，将多维空间划分为多个小区域，并按照一定的顺序将小区域映射到一维空间。在查询时，将查询区域映射到一维空间，通过一维空间的覆盖关系，实现多维空间数据的查询。查询过程中，可采用二分查找等常见算法快速定位包含查询区域的数据点，找到所有满足条件的空间对象。

填充曲线空间索引可以高效地支持高维空间数据的索引和查询操作，还可以将多维空间数据映射到一维空间，实现数据压缩和存储优化。但是，填充曲线空间索引将多维空间数据映射到一维空间时，可能会出现数据映射不均匀、数据损失等问题。

(七)GiST 空间索引

GiST(generalized search tree)是一种通用的索引结构，适用于各种类型的数据，包括空间数据。GiST 空间索引通过构建一棵多叉树表示空间数据，每个节点包含一个空间要素和对应的 BBox(bounding box)。在构建 GiST 时，可以采用层次递归方式，将空间数据划分为多个子数据集，然后选择合适的分割对象作为分割点，从而递归地构建 GiST。在查询时，通过遍历 GiST 快速定位包含查询区域的节点，并找到所有满足条件的空间对象。查询过程中，从根节点开始遍历 GiST，依次计算每个节点的 BBox 与查询区域的关系，选择与查询区域相交或包含的节点作为当前最优解，并继续向下遍历直到叶子节点。

GiST 空间索引适用于空间数据、文本数据、图像等多种类型数据，支持高效的空间查询操作，还可以灵活组合使用多种空间索引技术，例如 R 树、quadtree、KD 树等。但是，GiST 空间索引树构建过程比较复杂，需要选择合适的分割点、分割对象等，构建成本较高。

(八)BRIN 空间索引

BRIN(block range index)是一种基于块的索引方式，BRIN 将相邻块中空间要素的范围信息存储在索引中，而不是存储每个空间要素的位置信息。BRIN 空间索引将整个空间范围分成若干个块，然后记录每个块中要素的空间范围，当进行与空间范围有关的查询或操作时，BRIN 空间索引可以快速确定哪些块中的数据可能与查询范围有交集，从而减少需要检索的数据量。

在空间数据库中，BRIN 空间索引可用于二维或三维空间要素的范围查询，适用于空间数据分布稠密且有序的情况，能够显著减少索引的存储空间和维护成本。但是，BRIN 空间索引不适用于数据分布过于随机的情况，以及需要精确查询的操作。

4.7 PostGIS 空间索引管理

4.7.1 PostgreSQL 管理索引

(一)创建索引

PostgreSQL 创建索引的基本语法如下：

```
CREATE [UNIQURE] INDEX [IF NOTEXISTS]<index_name>
  ON <table_name>
  [ USING <method> ] (<column_name | expression> [ASC|DESC] [,...]);
```

其中：

①UNIQURE：可选项，创建唯一值索引，不允许索引列存在重复值。

②index_name：索引名称，在同一数据库中不允许重名。

③table_name：创建索引的数据表名称。

④USING method：指定使用的索引方法，可选的方法有 btree、hash、gist、spgist 和 gin，默认方法是 btree。

⑤column_name | expression：要创建索引的字段名称或字段表达式。

⑥ASC | DESC：索引列使用升序或降序排序。

例 4-37 为数据表 city 的 city_name 列创建索引，语句如下：

```
CREATE INDEX idx_city_name ON city(city_name); ↵
```

或者使用下列语句创建 hash 索引：

```
CREATE INDEX idx_city_name ON city USING hash(city_name); ↵
```

(二)查看索引

查看 PostgreSQL 创建的索引，可以使用下列两种方法。

(1)PSQL 命令。

在 PSQL 命令行里，输入\d <table_name> ↵，显示 table_name 数据表的所有索引信息。

例 4-38 使用\d 命令查看 city 数据表的索引，命令如下：

```
\d city ↵
```

输出结果:

```
   Column    |            Type              | Collation | Nullable  |  Default
-------------+------------------------------+-----------+-----------+-----------
 id          | integer                      |           | not null  |
 geom        | geometry(MultiPolygon, 4326) |           |           |
 objectid    | bigint                       |           |           |
 prov_code   | bigint                       |           |           |
 city_code   | bigint                       |           |           |
 city_name   | character varying(50)        |           |           |
 city_type   | character varying(50)        |           |           |
 population  | integer                      |           |           |
Indexes:
      "city_boundary_pkey" PRIMARY KEY, btree (id)
      "idx_city_name" hash (city_name)
```

输出结果 Indexes 列出了当前数据表创建的所有索引。

(2) SQL 语句。

在 PSQL 里执行下列语句查看数据表索引：

```
SELECT indexname, indexdef
FROM pg_indexes
WHERE tablename = '<table_name>';
```

其中，table_name 为要查看的数据表名称。

例 4-39　使用 SQL 语句查看 city 数据表的索引，语句如下：

```
SELECT indexname, indexdef
FROM pg_indexes
WHERE tablename = 'city'; ↵
```

执行结果如下：

```
   indexname    |                          indexdef
----------------+--------------------------------------------------------------
 city_pkey      | CREATE UNIQUE INDEX city_pkey ON city USING btree (id)
 idx_city_name  | CREATE INDEX idx_city_name ON city USING hash (city_name)
(2 rows)
```

(三) 修改索引

PostgreSQL 修改索引操作包括修改索引名称、表空间、存储参数等，其中修改索引名称的语法如下：

```
ALTER INDEX <index_name> RENAME TO <new_index_name>
```

其中，index_name 为原索引名称，new_index_name 为索引的新名称。

例 4-40　将 city 的索引名称 idx_city_name 修改为 idx_cityname，语句如下：

```
ALTER INDEX idx_city_name RENAME TO idx_cityname; ↵
```

(四) 删除索引

删除索引的语法：

```
DROP INDEX  [ IF EXISTS ] <index_name> [, ...] [ CASCADE | RESTRICT ];
```

其中，index_name 为要删除的索引名称。

例 4-41　删除 city 数据表的 idx_cityname 索引，语句如下：

```
DROP INDEX idx_cityname; ↵
```

4.7.2　PostGIS 管理空间索引

PostGIS 空间数据库支持多种空间索引方法，包括常用的 R 树空间索引、KD 树空间索引、四叉树空间索引、GiST 空间索引、BRIN 空间索引等，最常用的索引为 GiST，其他索引方法已被 GiST 替代。

PostGIS 创建空间索引的语法如下：

```
CREATE INDEX [IF NOT EXISTS] <index_name>
ON <table_name> USING <method>(<geometry_column>);
```

其中，index_name 为索引名称，table_name 为数据表名称，method 为索引方法，geometry_column 为要索引的空间几何字段。

例 4-42 为 city 数据表的 geom 字段创建 GiST 空间索引，语句如下：

```
CREATE INDEX IF NOT EXISTS gidx_citygeom
  ON city USING gist(geom); ↵
```

空间数据索引的修改和删除语句与 PostgreSQL 相同，此处不再赘述。

思考题

1. 什么是结构化查询？结构化查询有哪些特点？

2. 结构化查询语言包括哪些常用的定义语句？

3. 使用 PostgreSQL 结构化查询语句完成 4.4.3 小节示例数据库的下列查询：

①查询显示各地市的名称和人口数。

②查询显示各地市的人口平均数。

③查询显示人口最多的地市名称。

④查询显示人口最多的地市的区县名称。

⑤查询统计每个地市下辖区县的数量。

4. 使用 PostGIS 空间结构化查询语句完成 4.4.3 小节示例数据库的下列空间查询和计算：

①假设空间数据库使用了平面坐标系，查询显示每个地市的名称及其每平方公里的人口密度。

②查询每个区县的名称及其行政村数据。

③查询湖南省中心点所在的区县。提示：多边形中心点计算函数 St_Centroid(geometry)。

5. 结构化查询优化需要注意哪些影响效率的问题？

6. 空间结构化查询优化有哪些策略？

7. 简述数据库索引的概念及其作用。

8. 常用的空间索引方法有哪些？

9. 请写出为 4.4.3 小节中 town 数据表创建名为 gidx_town_geom 的 GiST 空间索引的 SQL 语句。

第 5 章　空间数据处理与分析

空间数据处理与分析既是 GIS 的重要特色，也是空间数据库必备的功能。本章首先介绍空间数据处理与分析的基本概念；其次讲解 OGC 规范定义的空间数据度量、关系计算、空间运算等函数，详细叙述 PostGIS 空间数据处理与分析函数的使用方法；然后介绍空间聚类、网络分析和高级拓扑分析等高级空间分析方法；最后介绍 PostGIS 进行栅格数据处理与分析常用的函数和操作方法。

5.1　概述

空间数据处理与分析、空间数据可视化是地理信息系统的两个重要功能。其中空间数据处理与分析是依据空间关系理论，通过建立目标模型，对空间数据进行处理、分析和模拟的技术，其利用地理计算和空间表示，挖掘空间数据中潜在的空间信息和知识，帮助解决现实世界空间相关的问题，包括空间目标的分布模式、空间目标间的关系、空间目标的发展趋势等内容(刘湘南，2005)。

在空间数据库技术发展的早期，空间数据处理与分析只能通过 GIS 软件实现，或者在 GIS 平台上通过二次开发完成相应的处理分析工作。随着空间数据库技术的不断发展，ISO SQL/MM 标准明确定义了空间数据的操作规范，OGC-SFA 规范定义了具体的空间数据处理与分析的相关函数。此后，空间数据库开发组织开始在空间数据库管理系统中加入空间数据处理与分析的相关函数，使得空间数据库的功能不断增强；有助于空间数据管理人员快捷方便地实现专题属性与几何图形数据的一体化计算与分析，并解决使用 GIS 平台进行空间数据处理与分析工作繁重的问题；有助于改善用户使用空间数据处理与分析功能的环境与条件，用户只需要输入结构化查询语句就可以快速完成相关的处理与分析工作；方便前端 GIS 的并发调用，减少 GIS 管理员的维护负担。

空间数据处理与分析的相关函数大致包括度量函数、空间关系函数、空间运算函数、空间聚类函数、网络分析函数、拓扑处理函数、栅格数据处理与分析函数等。本章以 PostGIS 为例，以 *PostGIS* 3.2.4 *dev Manual*(PostGIS，2022)为参考文献，详细介绍常用的空间数据处理与分析函数。

5.2　度量函数

PostGIS 提供了多边形的面积、周长等度量函数，线串的长度、夹角度数等度量函数，以及几何图形之间的最近点、最近线等度量函数。

5.2.1　多边形度量函数

(一) ST_Area 函数

ST_Area 函数为重载函数，计算几何图形或地理图形的面积，语法如下：

```
float ST_Area(geometry g1);
```

例 5-1　计算多边形几何图形的面积，语句如下：

```
SELECT
    ST_Area(' POLYGON((0 0, 10 0, 10 10, 0 10, 0 0))' ::geometry);
```

返回结果：

```
st_area
- - - - - - - - - - - - - - -
100
```

例 5-2　将 SRID＝4326 的多边形转换为 SRID＝3857 的多边形，并计算该多边形面积，语句如下：

```
SELECT
  ST_Area(ST_Transform(
        ' SRID=4326;POLYGON((112.932150 28.161150, 112.933610 28.160610,
                             112.934490 28.159250, 112.931610 28.159660,
                             112.932150 28.161150))' ::geometry,
        3587));
```

返回结果：

```
st_area
- - - - - - - - - - - - - - -
35485.05653363999
```

(二) ST_Perimeter 函数

ST_Perimeter 函数为重载函数，计算多边形几何图形或地理图形的周长，基本语法如下：

```
float ST_Perimeter(geometry g1);
```

例 5-3　计算多边形的周长，语句如下：

```
SELECT ST_Perimeter(' POLYGON((0 0,  10 0,  10 10,  0 10,  0 0))' ::geometry);
```

返回结果：

```
st_perimeter
- - - - - - - - - - - - - - - -
40
```

5.2.2　线度量函数

(一) ST_Angle 函数

ST_Angle 函数为重载函数，计算两线或两向量夹角，向量可以由三个点或四个点定义。向量夹角为顺时针转过的弧度，两线夹角是两线起止点组成的向量夹角，语法如下：

①float ST_Angle(geometry point1, geometry point2, geometry point3);

②float ST_Angle(geometry point1,

```
                    geometry point2,
                    geometry point3,
                    geometry point4);
```

③float ST_Angle(geometry line1, geometry line2);

参数 point1 ~ point4 代表向量的顶点，语句①计算 point2 指向 point1 向量和 point2 指向 point3 向量的夹角，语句②计算 point1 指向 point2 向量和 point3 指向 point4 向量的夹角；语句③计算两条线串起止点向量夹角。

例 5-4　计算三点形成的向量夹角度数，语句如下：

```
SELECT degrees( ST_Angle(' POINT(0 0)' , ' POINT(10 10)' , ' POINT(20 0)' ) );
```

其中 degrees 函数将弧度转换为角度值。返回结果如下：

```
degrees
------
270
```

例 5-5　计算四点定义的两个向量夹角度数，语句如下：

```
SELECT degrees( ST_Angle( ' POINT (10 10)' , ' POINT (0 0)' ,
                          ' POINT(90 90)' , ' POINT (100 80)'
           ));
```

返回结果：

```
degrees
-----------
269.9999999999999
```

例 5-6　计算两条线串之间的夹角，两条线串如图 5-1 所示。语句如下：

```
SELECT degrees( ST_Angle( ' LINESTRING(0 0, 0.3 0.7, 1 1)' ,
                          ' LINESTRING(0 0, 0.2 0.5, 1 0)'
           ));
```

返回结果：

```
degrees
--------
45
```

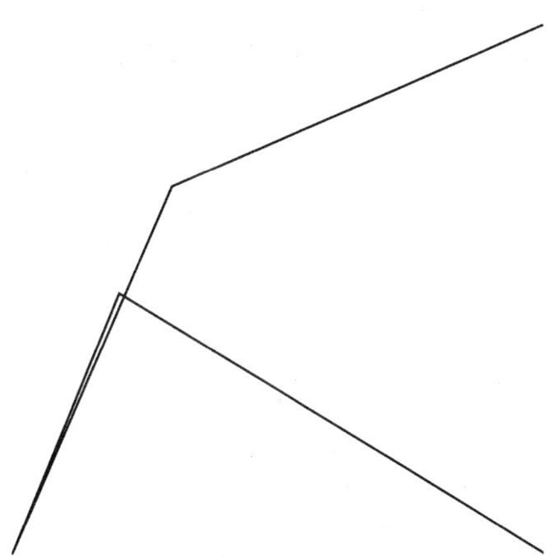

图 5-1　两条线串示意图

(二) ST_Length 函数

ST_Length 函数为重载函数，计算二维线、复合线、曲线、复合曲线等的长度，语法如下：

```
float ST_Length(geometry a_2dlinestring);
```

例 5-7 计算线串的长度，语句如下：

```
SELECT ST_Length(' LINESTRING(0 0,10 10,50 60,100 80)' ::geometry);
```

返回结果：

```
st_length
-----------------
132.02502606940448
```

5.2.3 图形之间度量函数

(一) ST_ClosestPoint 函数

ST_ClosestPoint 函数计算二维几何图形 *g*1 距离 *g*2 最近的点，语法如下：

```
geometry ST_ClosestPoint(geometry g1, geometry g2);
```

例 5-8 计算图 5-2(a)所示线 *L* 上距离点 *P* 最近的点，语句如下：

```
SELECT
      ST_AsText(ST_ClosestPoint(
            ' LINESTRING(10 20, 10 10, 20 10)' ::geometry,
            ' POINT(15 5)' ::geometry));
```

计算结果如图 5-2(b)所示，图中点 *Q* 为计算结果。返回结果：

```
st_astext
----------
POINT(15 10)
```

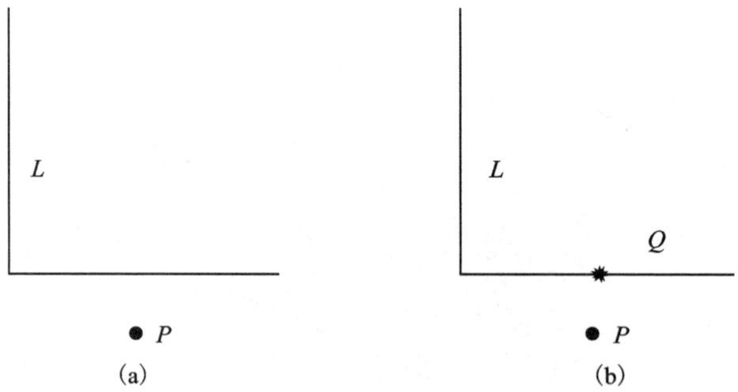

图 5-2 最近点计算图示

(二) ST_Distance 函数

ST_Distance 函数为重载函数，计算地理图形或几何图形的距离计算，基本语法如下：

```
float ST_Distance(geometry g1, geometry g2);
```

例 5-9 计算点到线串的距离，语句如下：

```
SELECT
   ST_Distance(
```

```
        'LINESTRING(10 20, 10 10, 20 10)' ::geometry,
        'POINT(15 5)' ::geometry);
```

返回结果：

```
 st_distance
 --------
 5
```

例 5-10　计算 WGS-84 坐标系的广州市某地(113.247710, 23.136330)到乌鲁木齐市某地(87.576270, 43.844990)的平面距离，语句如下：

```
SELECT ST_Distance(
    ST_Transform(' SRID=4326; POINT(113.247710 23.136330)' ::GEOMETRY,3857),
    ST_Transform(' SRID=4326; POINT(87.576270 43.844990)' ::GEOMETRY, 3857)
);
```

返回结果：

```
 st_distance
 ---------------
 3995912.887008367
```

例 5-11　计算例 5-9 中的地理距离，语句如下：

```
SELECT ST_Distance(
    ' SRID=4326; POINT(113.247710 23.136330)' ::GEOGRAPHY,
    ' SRID=4326; POINT(87.576270 43.844990)' ::GEOGRAPHY,
    true
);
```

返回结果：

```
 st_distance
 ----------------
 3285348.8773899
```

对比分析例 5-10 与例 5-11 的结果，可以看出，当处理或计算空间跨度较大的空间数据时，几何图形的计算结果与地理图形的计算结果存在较大差异。

(三) ST_MaxDistance 函数

ST_MaxDistance 函数计算两个二维几何图形的最远距离，语法如下：

```
float ST_MaxDistance(geometry g1, geometry g2);
```

例 5-12　计算图 5-3 所示两个几何图形之间的最远距离，语句如下：

```
SELECT
    ST_MaxDistance(
            'POLYGON((0 0, 10 0, 10 10, 0 10, 0 0))' ::geometry,
            'LINESTRING(0 20, 20 15, 20 0)' ::geometry
    );
```

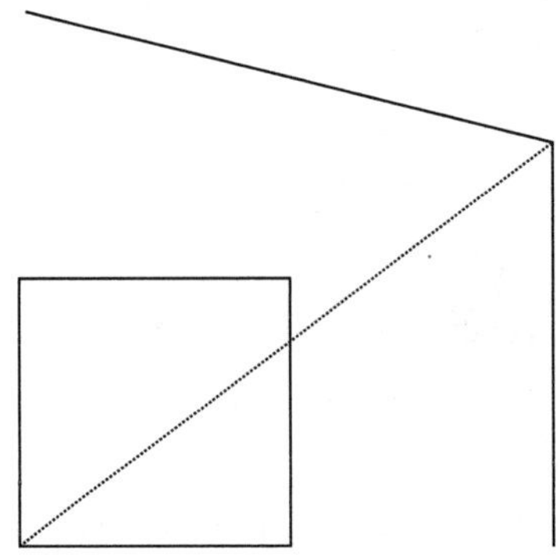

图 5-3　计算两个几何图形的最远距离图示(虚线为最远距离)

返回结果:

```
st_maxdistance
-----------------
25
```

(四) ST_ShortestLine 函数

ST_ShortestLine 函数计算两个二维几何图形之间的最短直线，语法如下：

```
geometry ST_ShortestLine(geometry g1, geometry g2);
```

例 5-13　计算图 5-4 所示的点到矩形的最短直线，语句如下：

```
SELECT ST_AsText(
        ST_ShortestLine(' POLYGON((0 0, 10 0, 10 10, 0 10, 0 0))' ::geometry,
                    ' POINT(15 5)' ::geometry
        ));
```

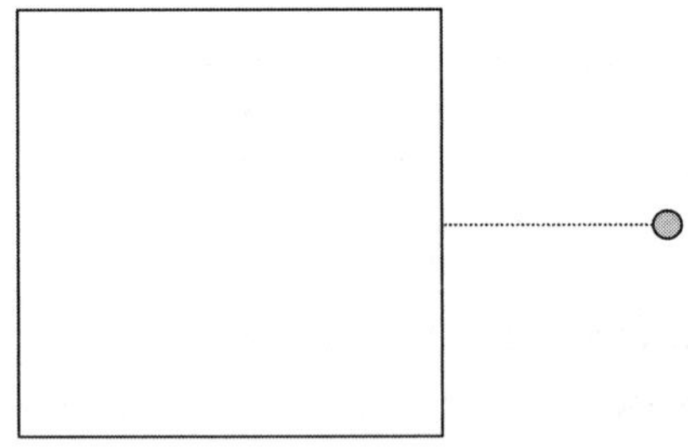

图 5-4　点到矩形的最短直线图示(虚线为最短直线)

返回结果：

```
st_astext
-------------
LINESTRING(10 5,15 5)
```

5.3　空间关系函数

空间关系包括空间拓扑关系、空间距离关系、空间方位关系等(刘湘南等，2005)，ISO SQL/MM 标准和 OGC-SFA 规范都定义了拓扑关系和距离关系，并且对相应函数名称等都做了定义和说明。PostGIS 空间数据库实现了 OGC 规范定义的全部空间关系计算函数，其中常用的拓扑函数有邻接与远离函数、包含与在其中函数、相交与穿过关系函数、相等关系函数、距离关系函数等。

5.3.1　邻接与远离关系函数

(一) ST_Touches 函数

ST_Touches 函数判断几何图形 *A* 与几何图形 *B* 是否邻接。当且仅当 *A* 与 *B* 的共同点存在于 *A* 和 *B* 的边界上时，函数返回真；否则返回假。语法如下：

```
boolean ST_Touches(geometry A, geometry B);
```

例 5-14　判断图 5-5 所示两个多边形是否邻接，语句如下：

```
SELECT
    ST_Touches(' POLYGON((0 0, 0 10, 10 10,  10 5, 5 5, 5 0, 0 0))' ::GEOMETRY,
               ' POLYGON((10 5, 10 10, 20 10, 20 0, 15 0, 15 5, 10 5))' ::GEOMETRY);
```

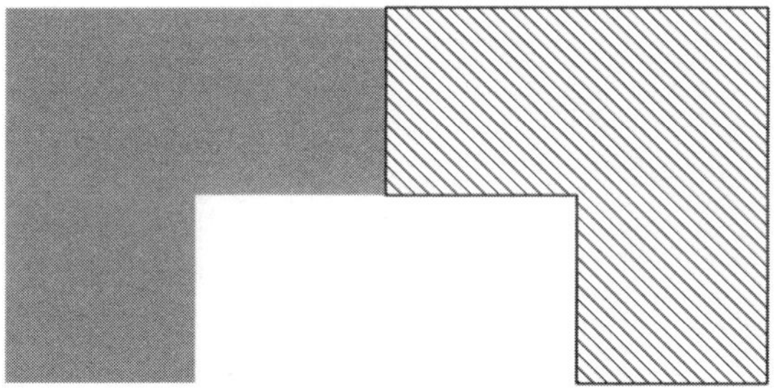

图 5-5　两个多边形邻接图示

返回结果：

```
st_touches
-----------------
t
```

在 PostgreSQL 数据库中，True 表示逻辑真，False 表示逻辑假；在查询结果里，t 表示逻辑真，f 表示逻辑假。

(二) ST_Disjoint 函数

ST_Disjoint 函数判断几何图形 *A* 与 *B* 是否为远离关系。当 *A* 与 *B* 没有共同点时，函数返回真，否则返回假，语法如下：

```
boolean ST_Disjoint( geometry A,  geometry B );
```

例 5-15　判断图 5-5 所示两个多边形是否为远离关系，语句如下：

```
SELECT
    ST_Disjoint(' POLYGON((0 0, 0 10, 10 10,  10 5, 5 5, 5 0, 0 0))' ::GEOMETRY,
```

```
                    'POLYGON((10 5, 10 10, 20 10, 20 0, 15 0, 15 5, 10 5))' ::GEOMETRY);
```

返回结果：

```
st_disjoint
----------------
f
```

5.3.2 包含与在其中关系函数

(一) ST_Contains 和 ST_Within 函数

(1) ST_Contains 函数计算几何图形 *A* 是否包含几何图形 *B*。当且仅当 *B* 没有点在 *A* 外时，函数返回真；否则返回假。语法如下：

```
boolean ST_Contains(geometry geomA, geometry geomB);
```

(2) ST_Within 函数计算几何图形 *A* 是否在几何图形 *B* 内部。当且仅当 *A* 没有点在 *B* 外部时，函数返回真；否则返回假。ST_Within 函数是 ST_Contains 函数的逆函数，语法如下：

```
boolean ST_Within(geometry A, geometry B);
```

例 5-16 判断图 5-6 矩形 *A* 是否包含矩形 *B*，语句如下：

```
SELECT
    ST_Contains(
                'POLYGON((0 0, 10 0, 10 10, 0 10, 0 0))' ::geometry,
                'POLYGON((3 3, 7 3, 7 7, 3 7, 3 3))' ::geometry);
```

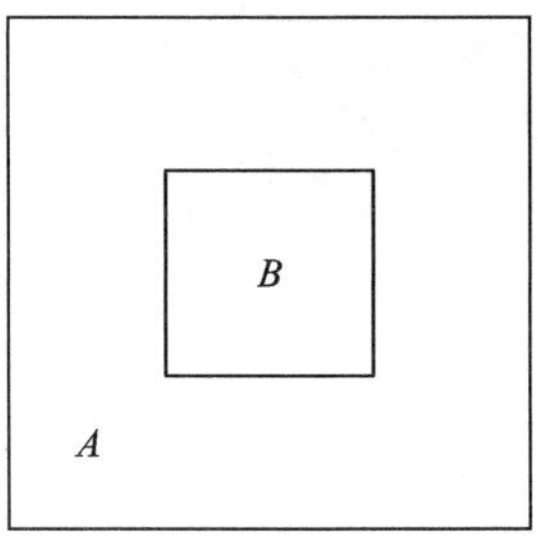

图 5-6 两个矩形空间包含关系

返回结果：

```
st_contains
-------------
t
```

例 5-17 使用 ST_Within 函数判断上例中矩形之间的覆盖关系，语句如下：

```
SELECT
    ST_Within('POLYGON((3 3, 7 3, 7 7, 3 7, 3 3))' ::geometry,
              'POLYGON((0 0, 10 0, 10 10, 0 10, 0 0))' ::geometry);
```

返回结果：

```
st_within
---------------
t
```

(二) ST_Covers 和 ST_CoveredBy 函数

(1) ST_Covers 函数为重载函数，判断几何或地理图形 *A* 是否覆盖几何或地理图形 *B*。当

且仅当 *B* 没有点在 *A* 外时，函数返回真；否则返回假。语法如下：

```
boolean ST_Covers(geometry A, geometry B);
```

例 5-18　判断例 5-16 中矩形 A 是否覆盖矩形 B，语句如下：

```
SELECT
    ST_Covers(' POLYGON((0 0, 10 0, 10 10, 0 10, 0 0))' ::geometry,
              ' POLYGON((3 3, 7 3, 7 7, 3 7, 3 3))' ::geometry);
```

返回结果：

```
st_covers
----------------
t
```

（2）ST_CoveredBy 函数为重载函数，判断几何或地理图形 *A* 是否被几何或地理图形 *B* 覆盖。当且仅当 *A* 没有点在 *B* 外时，函数返回真；否则返回假。ST_CoveredBy 函数是 ST_Covers 函数的逆函数，语法如下：

```
boolean ST_CoveredBy(geometry A, geometry B);
```

例 5-19　判断例 5-16 中矩形 *B* 是否被矩形 *A* 覆盖，语句如下：

```
SELECT
    ST_CoveredBy(' POLYGON((3 3, 7 3, 7 7, 3 7, 3 3))' ::geometry,
                 ' POLYGON((0 0, 10 0, 10 10, 0 10, 0 0))' ::geometry);
```

返回结果：

```
st_coveredby
----------------
t
```

（三）ST_OverLaps 函数

ST_OverLaps 函数判断几何图形 *A* 和 *B* 之间是否存在部分重叠关系。当且仅当 *A* 与 *B* 有共同点集，且共同点集不等于 *A* 也不等于 *B* 时，函数返回真；否则返回假。即当 *A* 与 *B* 相交部分不等于 *A* 也不等于 *B* 时，函数返回真，否则返回假。语法如下：

```
boolean ST_Overlaps(geometry A, geometry B);
```

例 5-20　判断例 5-16 中两个矩形的重叠关系，语句如下：

```
SELECT
    ST_OverLaps(' POLYGON((0 0, 10 0, 10 10, 0 10, 0 0))' ::geometry,
                ' POLYGON((3 3, 7 3, 7 7, 3 7, 3 3))' ::geometry);
```

返回结果：

```
st_overlaps
----------------
f
```

例 5-21　判断例 5-14 中两个多边形的重叠关系，语句如下：

```
SELECT
    ST_OverLaps(' POLYGON((0 0, 0 10, 10 10, 10 5, 5 5, 5 0, 0 0))' ::GEOMETRY,
                ' POLYGON((10 5, 10 10, 20 10, 20 0, 15 0, 15 5, 10 5))' ::GEOMETRY);
```

返回结果：

```
st_overlaps
---------------
f
```

例 5-22 判断图 5-7 所示两个多边形的覆盖关系，语句如下：

```
SELECT
    ST_OverLaps(' POLYGON((0 0, 0 10, 10 10, 10 5, 5 5, 5 0, 0 0))' ::GEOMETRY,
                ' POLYGON((8 5, 8 10, 20 10, 20 0, 15 0, 15 5, 8 5))' ::GEOMETRY);
```

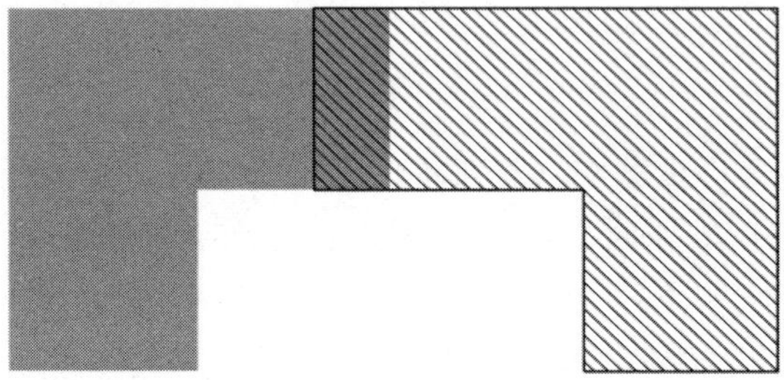

图 5-7 两个多边形覆盖关系图示

返回结果：

```
st_overlaps
---------------
t
```

5.3.3 相交与穿过关系函数

(一) ST_Intersects 函数

ST_Intersects 函数为重载函数，判断几何或地理图形 *A* 是否与几何或地理图形 *B* 相交。当存在 *A* 上的点在 *B* 上时，函数返回真；否则返回假。语法如下：

```
boolean ST_Intersects( geometry A, geometry B );
```

例 5-23 判断图 5-8 所示两条线串是否相交，语句如下：

```
SELECT
    ST_Intersects(' LINESTRING(0 0, 10 10, 20 10)' ::geometry,
                  ' LINESTRING(20 10, 30 3, 35 3)' ::geometry);
```

图 5-8 两条线串相交图示

返回结果：

```
st_intersects
---------------
t
```

例 5-24　判断图 5-9 所示线串与多边形是否相交，语句如下：

```
SELECT
    ST_Intersects(' POLYGON((0 0, 0 10, 10 10, 10 5, 5 5, 5 0, 0 0))' ::geometry,
                  ' LINESTRING(5 7, 15 7)' ::geometry);
```

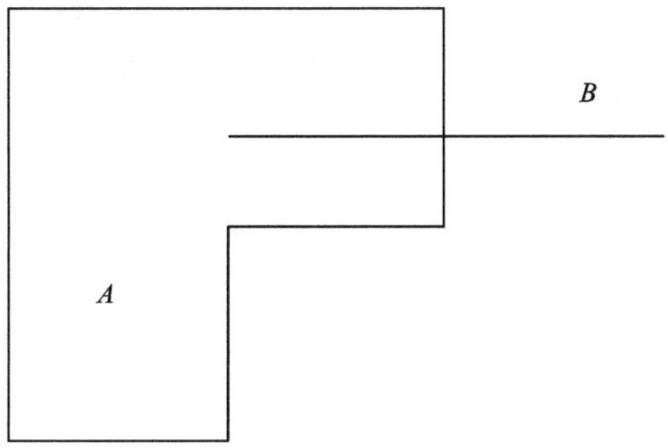

图 5-9　线串与多边形相交图示

返回结果：

```
st_intersects
---------------
t
```

(二) ST_Crosses 函数

ST_Crosses 函数判断两个几何图形 $g1$ 和 $g2$ 是否为穿过或交叉关系。当 $g1$ 和 $g2$ 的交集不为空且交集不等于任一图形全部、交集的维度一定小于两几何图形的最高维度时，函数返回真；否则返回假。图 5-10 所示的几何图形均为穿过关系，即 ST_Crosses 函数均返回真。

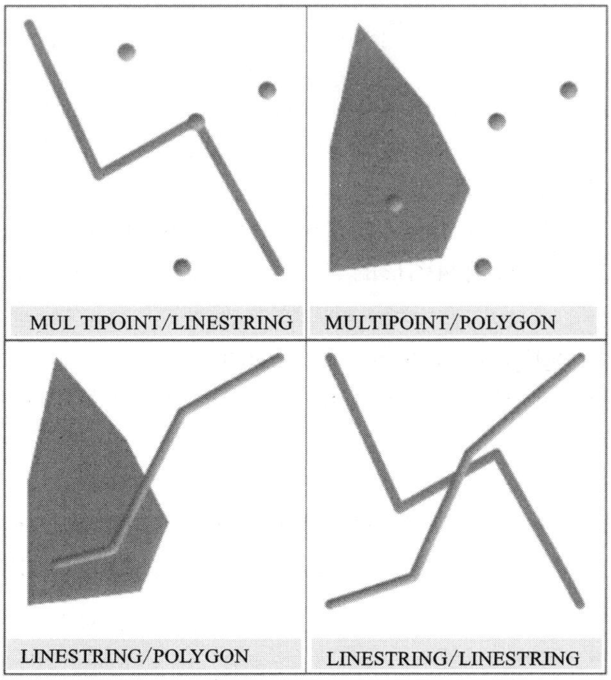

图 5-10　几何图形穿过图示(PostGIS, 2022)

ST_Crosses 函数语法如下：

```
boolean ST_Crosses(geometry g1, geometry g2);
```

例 5-25 判断例 5-24 中线串与多边形是否为穿过关系，语句如下：

```
SELECT
    ST_Crosses(' POLYGON((0 0, 0 10, 10 10, 10 5, 5 5, 5 0, 0 0))' ::geometry,
               ' LINESTRING(5 7, 15 7)' ::geometry);
```

返回结果：

```
st_crosses
---------------
t
```

5.3.4 相等关系函数

(一) ST_Equals 函数

ST_Equals 函数判断两个几何图形 A 和 B 是否相等。当且仅当两图形的点集相等时，函数返回真；否则返回假。或者，当 ST_Within(A, B) = True 且 ST_Within(B, A) = True 时，函数返回真；否则返回假。语法如下：

```
boolean ST_Equals(geometry A, geometry B);
```

例 5-26 判断线串 A=LINESTRING(0 0, 10 10) 与 B=LINESTRING(0 0, 5 5, 10 10) 是否相等，语句如下：

```
SELECT
    ST_Equals(' LINESTRING(0 0, 10 10)' ::GEOMETRY,
              ' LINESTRING(0 0, 5 5, 10 10)' ::GEOMETRY);
```

返回结果：

```
st_equals
---------------
t
```

(二) ST_OrderingEquals 函数

ST_OrderingEquals 函数不是 ISO-SQL/MM 和 OGC SFA 规范定义的函数，是 PostGIS 和 ArcSDE 的自定义函数。当且仅当两图形的点集相等，且顶点顺序均相等时，函数返回真；否则返回假。语法如下：

```
boolean ST_OrderingEquals(geometry A, geometry B);
```

例 5-27 判断线串 A=LINESTRING(0 0, 10 10) 与 B=LINESTRING(0 0, 5 5, 10 10) 是否按序相等，语句如下：

```
SELECT
    ST_OrderingEquals(' LINESTRING(0 0, 10 10)' ::GEOMETRY,
                      ' LINESTRING(0 0, 5 5, 10 10)' ::GEOMETRY);
```

返回结果：

```
st_orderingequals
---------------
f
```

5.3.5　距离关系函数

(一) ST_DWithin 函数

ST_DWithin 函数为重载函数，判断几何或地理图形 *A* 和 *B* 是否在给定的距离范围内。如果输入的两个图形的距离小于给定的距离阈值，函数返回真；否则返回假。语法如下：

```
boolean ST_DWithin(geometry g1,
                   geometry g2,
                   double precisiondistance_of_srid);
```

其中，参数 distance_of_srid 是距离度量阈值。

例 5-28　判断几何图形 *A* = LINESTRING(10.3 5, 20 5)和几何图形 *B* = POLYGON((0 0, 10 0, 10 10, 0 10, 0 0))之间的距离是否小于 0.5，语句如下：

```
SELECT
    ST_DWithin(' LINESTRING(10.3 5, 20 5)' ::geometry,
               ' POLYGON((0 0, 10 0, 10 10, 0 10, 0 0))' ::geometry,
               0.5);
```

返回结果：

```
st_dwithin
---------------
t
```

(二) ST_DFullyWithin 函数

ST_DFullWithin 函数判断几何图形 *A* 和 *B* 是否完全在给定的距离内。当且仅当 *A* 和 *B* 的最大距离小于给定距离阈值时，函数返回真；否则返回假。语法如下：

```
boolean ST_DFullyWithin(geometry g1, geometry g2, double precision_distance);
```

其中，参数 precision_distance 是距离度量阈值。

例 5-29　判断例 5-28 中的两个图形是否完全在 0.5 距离内，语句如下：

```
SELECT
    ST_DFullyWithin(' LINESTRING(10.3 5, 20 5)' ::geometry,
                    ' POLYGON((0 0, 10 0, 10 10, 0 10, 0 0))' ::geometry,
                    0.5);
```

返回结果：

```
st_dfullwithin
---------------
f
```

例 5-30　判断例 5-28 中两个图形是否完全在 21.0 距离内，语句如下：

```
SELECT
    ST_DFullyWithin(' LINESTRING(10.3 5, 20 5)' ::geometry,
                    ' POLYGON((0 0, 10 0, 10 10, 0 10, 0 0))' ::geometry,
                    21.0);
```

返回结果：

```
st_dfullwithin
---------------
t
```

5.4 空间运算函数

空间运算函数是指对输入的几何或地理图形进行处理和分析并产生新图形的函数。ISO-SQL/MM 和 OGC SFA 规范都定义了大量的空间运算函数。这些函数又分为单图形运算函数和多图形运算函数。

5.4.1 单图形运算函数

单图形运算函数是对输入的图形参数进行处理和分析并产生新图形的函数，主要包括 ST_Buffer、ST_Centroid、ST_ConvexHull、ST_OffsetCurve、ST_Polygonize、ST_Simplify、ST_DelaunayTriangles、ST_VoronoiLines、ST_VoronoiPolygons 等函数。

(一) ST_Buffer 函数

ST_Buffer 函数为重载函数，计算给定半径的几何或地理图形的缓冲区多边形，语法如下：

```
geometry ST_Buffer(geometry g1,
                   float radius_of_buffer,
                   text buffer_style_parameters = '');
```

参数说明：

(1) *g*1 是输入的几何或地理图形。

(2) radius_of_buffer 是缓冲区半径，要设置与 *g*1 空间参考系对应的长度值。

(3) buffer_style_parameters 控制缓冲区样式，可选项包括：

①' endcap=round | flat | square'

②' join=round | mitre | bevel'

③' mitre_limit=#.#'

④' side=both | left | right'

参数更多说明可参见 *PostGIS dev mannue*。

例 5-31 计算线 LINESTRING(0 0, 5 5)的半径为 1 的缓冲区，语句如下：

```
SELECT ST_AsText(ST_Buffer(' LINESTRING(0 0, 5 5)' ::geometry, 1));
```

返回结果如下，计算结果如图 5-11 所示。

```
st_astext
-------------------
POLYGON((4.292893 5.707106, ... ..., -0.707106781186548 0.707106, 4.29289 5.707106))
```

(二) ST_Centroid 函数

ST_Centroid 函数为重载函数，计算几何或地理图形的几何中心，语法如下：

```
geometry ST_Centroid(geometry g1);
```

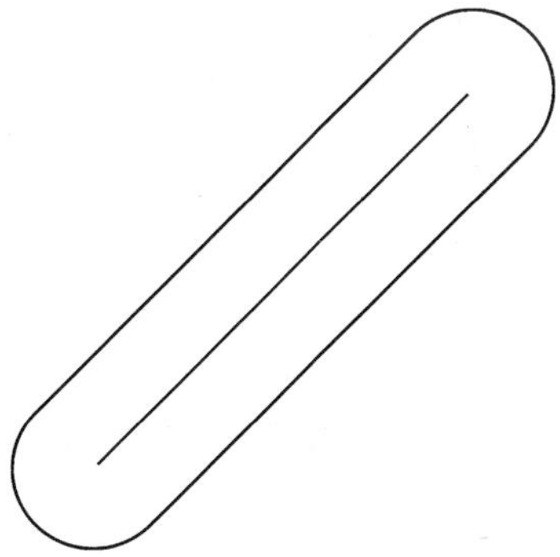

图 5-11　线缓冲区计算结果图示(中间的线段为目标线，外围多边形为缓冲区)

例 5-32　计算图 5-12(a)所示多边形几何中心，语句如下：

```
SELECT
    ST_AsText(
      ST_Centroid(' POLYGON((0 2, - 1 1, 0 0, 0.5 0, 1 0, 2 1, 1 2, 0.5 2, 0 2))' ::geometry));
```

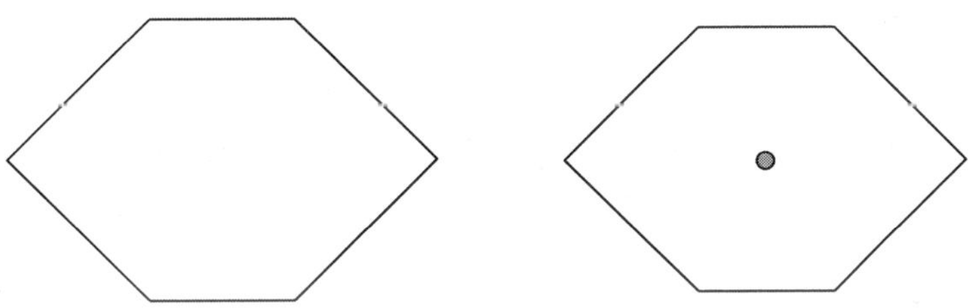

(a)　　(b)

图 5-12　计算多边形的几何中心图示

返回结果如下，计算的几何中心如图 5-12(b)所示。

```
st_astext
------------------
POINT(0.5 1)
```

ST_Centroid 函数不仅可计算多边形的几何中心，还可以计算线、复合点、复合线、复合多边形等图形的几何中心。

例 5-33　计算图 5-13(a)所示线串的几何中心，语句如下：

```
SELECT
    ST_AsText(
      ST_Centroid(
        ' LINESTRING(- 1 0, - 1 2, - 1 3, - 1 4, - 1 7, 0 1, 0 3, 1 1, 2 0, 6 0, 7 8, 9 8, 10 6)' ::
        geometry));
```

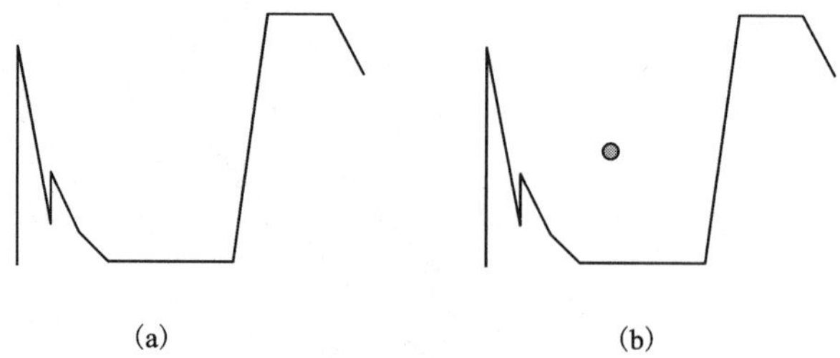

图 5-13　计算线串的几何中心图示

返回结果如下，计算的几何中心如图 5-13(b)所示。

```
st_astext
------------------
POINT(2.821622300042681 3.48007515558522)
```

(三) ST_ConvexHull 函数

ST_ConvexHull 函数计算几何图形的最小凸壳(包)多边形，语法如下：

```
geometry ST_ConvexHull(geometry geomA);
```

例 5-34　计算线串“LINESTRING(0 0, 15 15, 15 5, 20 10)”[图 5-14(a)]的最小凸壳(包)多边形，语句如下：

```
SELECT
    ST_AsText(ST_ConvexHull(' LINESTRING(0 0, 15 15, 15 5, 20 10)' ::geometry));
```

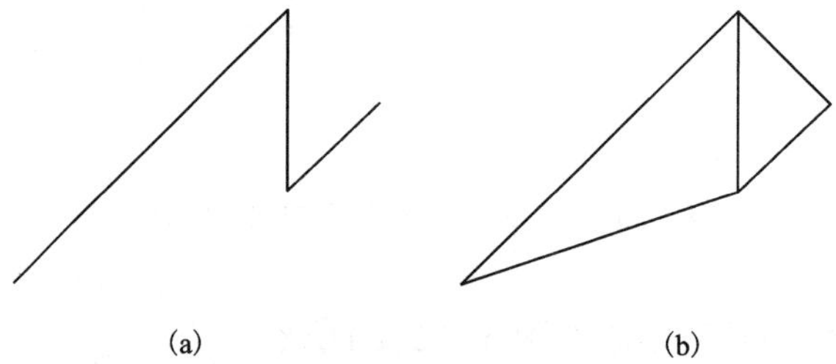

图 5-14　凸壳(包)计算图示

返回结果如下，计算结果如图 5-14(b)所示。

```
st_astext
------------------
POLYGON((0 0, 15 15, 20 10, 15 5, 0 0))
```

(四) ST_OffsetCurve 函数

ST_OffsetCurve 函数构建线串几何图形的平移/平行线串，语法如下：

```
geometry ST_OffsetCurve(geometry line,
                        float signed_distance,
                        text style_parameters='');
```

参数 signed_distance 表示左、右平移距离，负数表示向右平移，正数表示向左平移；参数

style_parameters 表示构建平移线的样式，同 ST_Buffer 函数。

例 5-35　计算例 5-34 中的线串向右平移 0.5 的平行线，语句如下：

```
SELECT
    ST_AsText(ST_OffsetCurve(
            'LINESTRING(0 0, 15 15, 15 5, 20 10)' ::geometry,
            -0.5,
            'quad_segs=4 join=round'
            ));
```

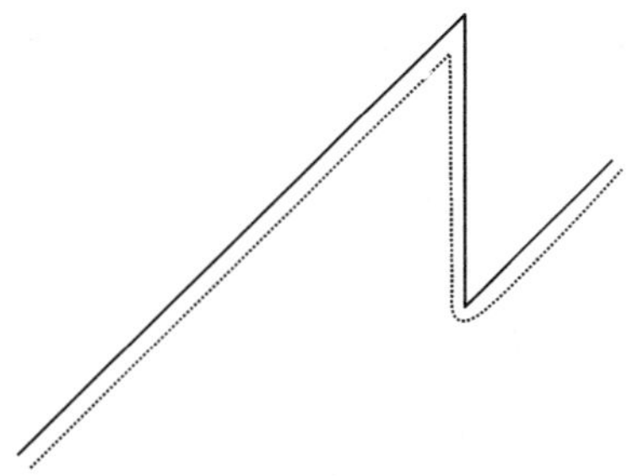

图 5-15　平移线构建图示(虚线为平移线)

返回结果如下，平移结果如图 5-15 中虚线所示。

```
st_astext
-----------------
LINESTRING(20.353 9.646, ... ..., 14.5 5, 14.5 6.719, 14.5 13.792, 0.353 -0.353)
```

(五) ST_Polygonize 函数

ST_Polygonize 函数为重载函数，该函数根据输入的几何图形集合或数组构建多边形，语法如下：

①geometry ST_Polygonize(geometry set geomfield);

②geometry ST_Polygonize(geometry[ ] geom_array);

语句①根据几何图形集合构建多边形，语句②根据几何图形数组构建多边形。

例 5-36　利用图 5-16(a)所示的复合线串生成多边形，语句如下：

```
SELECT
    ST_AsText(
      ST_Polygonize('MULTILINESTRING((0 5, 5 5), (5 5, 10 5), (10 5, 15 5), (0 10, 5
      10), (5 10, 10 10), (10 10, 15 10), (5 0, 5 5), (5 5, 5 10), (5 10, 5 15), (10 0, 10 5),
      (10 5, 10 10), (10 10, 10 15))' ::geometry));
```

返回结果如下，生成结果如图 5-16(b)所示。

```
st_astext
------------------
GEOMETRYCOLLECTION(POLYGON((10 5, 5 5, 5 10, 10 10, 10 5)))
```

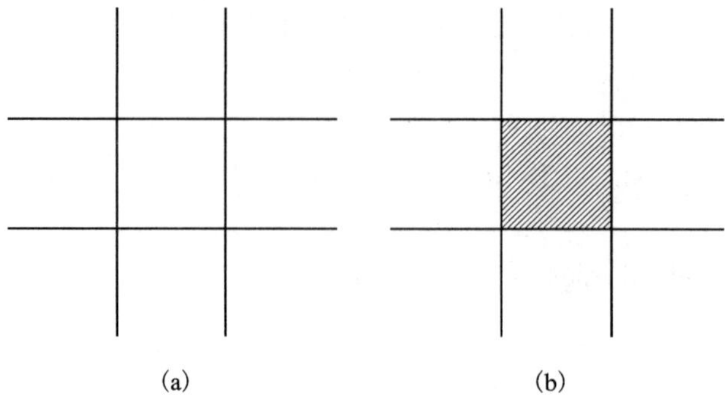

图 5-16 由复合线串构建多边形图示

(六) ST_Simplify 函数

ST_Simplify 函数使用 Douglas-Peucker 算法简化线串或多边形几何图形，语法如下：

```
geometry ST_Simplify(geometry geomA,
                     float tolerance,
                     boolean preserveCollapsed);
```

参数 tolerance 是 Douglas-Peucker 简化约束(Douglas etc., 1973)；preserveCollapsed 是避免因为几何图形长度小于 tolerance 而被忽略的选项，当此参数设置为真时，将保留小于 tolerance 的几何图形。

例 5-37 使用 ST_Simplify 函数简化图 5-17(a)所示的线串，语句如下：

```
SELECT
    ST_AsText(
        ST_Simplify(' LINESTRING(0 0, 5 10, 13 5, 20 10, 30 3)' ::geometry,
            6)
    );
```

返回结果如下，简化结果如图 5-17(b)所示。

```
st_astext
------------------
LINESTRING(0 0, 5 10, 30 3)
```

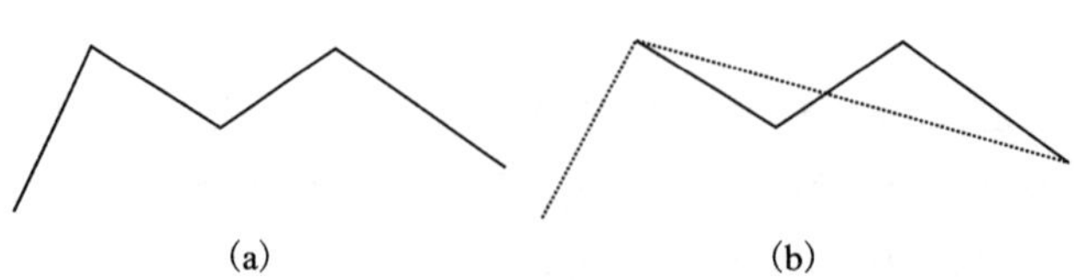

图 5-17 线串简化示例(虚线为简化后的线)

例 5-38 例 5-37 中将参数设置为 10 时，简化结果如图 5-18 所示。

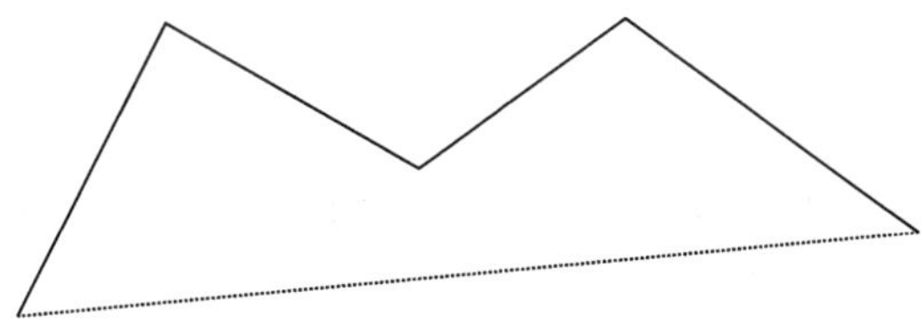

图 5-18　线串简化结果(虚线为简化后的线)

(七) Delaunay 三角网和 Voronoi 多边形函数

(1) ST_DelaunayTriangles 函数。

ST_DelaunayTriangles 函数根据输入的几何图形顶点集构建 Delaunay 三角网，语法如下：

```
geometry ST_DelaunayTriangles(geometry g1, float tolerance, int4 flags);
```

参数 tolerance 控制点集密度，即小于此距离的点将合并为一个点；flags 控制生成的三角网类型，0 表示生成多边形集合(Polygon Collection)，此值为默认值，1 表示生成复合线(MultiLineString)类型，2 表示生成 TIN 类型。

例 5-39　为图 5-19(a)所示的两条线生成 Delaunay 三角网，语句如下：

```
SELECT
        ST_AsText(ST_DelaunayTriangles(ST_Union(
                'LINESTRING(0 0, 5 10, 13 5, 20 10, 30 3)' ::geometry,
                'LINESTRING(0 10, 3 20, 8 15, 15 25, 24 18, 28 23, 30 8)' ::geometry)));
```

返回结果如下，三角网如图 5-19(b)所示。

```
st_astext
---------------------------------------------------------------
GEOMETRYCOLLECTION(POLYGON((3 20, 0 10, 5 10, 3 20)), POLYGON((3 20, 5 10, 8 15, 3 20)), POLYGON((3 20, 8 15, 15 25, 3 20)), ... ..., POLYGON((20 10, 13 5, 30 3, 20 10)), POLYGON((20 10, 30 3, 30 8, 20 10)), POLYGON((20 10, 30 8, 24 18, 20 10)))
```

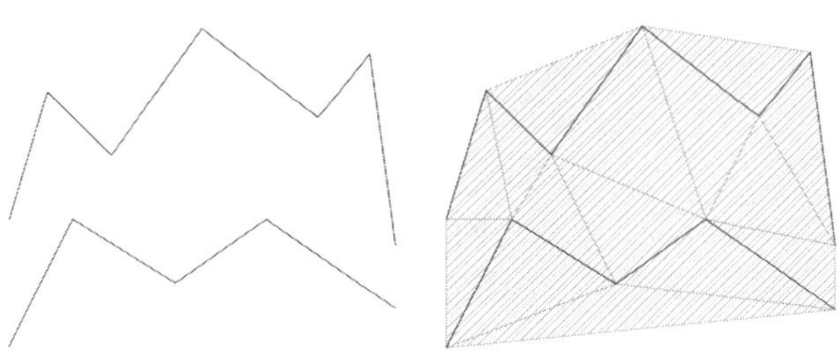

(a)　　(b)

图 5-19　生成三角网示例

(2) ST_VoronoiLines 函数。

ST_VoronoiLines 函数根据输入的 MultiPoint 几何图形生成 Voronoi 图，语法如下：

```
geometry ST_VoronoiLines( geometry g1, float8 tolerance, geometry extend_to );
```

参数 tolerance 同 ST_DelaunayTriangles 函数；extend_to 控制 Voronoi 边线的范围。

例 5-40 为图 5-20(a)所示的点集生成 Voronoi 图，语句如下：

```
SELECT
    ST_AsText(
      ST_VoronoiLines(' MULTIPOINT(3 2, 4 8, 8 6, 6 4)' ::geometry,
                      0.5,
                      ' POLYGON((0 0, 10 0, 10 10, 0 10, 0 0))' ::geometry));
```

返回结果如下，生成结果如图 5-20(b)所示。

```
st_astext
---------------------------------------------------------------------
MULTILINESTRING((9.5 14,5.66666 6.3333333), (5.6666666 6.3333333, 3.125 5.0625),
(3.125 5.0625, -3 6.0833333), (3.125 5.0625, 9.16666668 -4), (14 -2, 5.6666667 6.3333333))
```

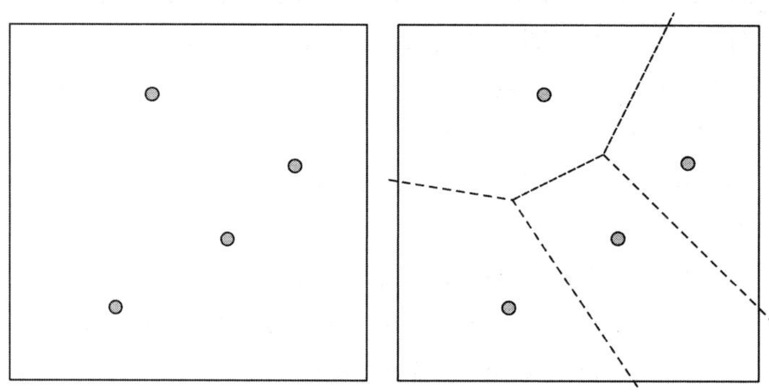

(a) (b)

图 5-20 Voronoi 图生成示例(虚线为 Voronoi 图)

(3)ST_VoronoiPolygons 函数。

ST_VoronoiPolygons 函数和 ST_VoronoiLines 函数相似，都是根据输入的 MultiPoint 点集生成对应的 Voronoi 图，此函数返回 GeometryCollection 类型。语法如下：

```
geometry ST_VoronoiPolygons( g1 geometry,
                             tolerance float8,
                             extend_to geometry );
```

此函数参数与 ST_VoronoiLines 函数相同。

例 5-41 使用 ST_VoronoiPolygons 函数生成例 5-40 中的 Voronoi 图，语句如下：

```
SELECT
    ST_AsText(
        ST_VoronoiPolygons(
            ' MULTIPOINT(3 2, 4 8, 8 6, 6 4)' ::geometry,
            0.5,
            ' POLYGON((0 0, 10 0, 10 10, 0 10, 0 0))' ::geometry));
```

返回结果如下，生成结果如图 5-21 所示。

```
st_astext
--------------------------------------------------------------------
GEOMETRYCOLLECTION(POLYGON((-3 14, 9.5 14, 5.666666667 6.3333333, 3.125 5.0625, -3 6.083333334, -3 14)), POLYGON((-3 -4, -3 6.083333334, 3.125 5.0625, 9.166666668 -4, -3 -4)), POLYGON((14 14, 14 -2, 5.66666667 6.33333333, 9.5 14, 14 14)), POLYGON((14 -4, 9.16666668 -4, 3.125 5.0625, 5.666666667 6.33333333, 14 -2, 14 -4)))
```

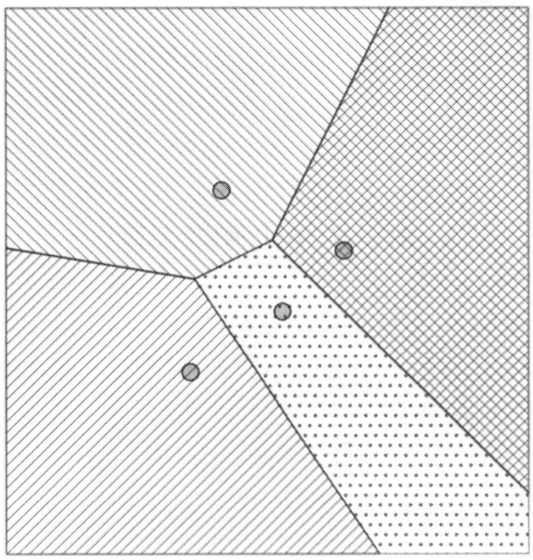

图 5-21 Voronoi 图生成结果示例

5.4.2 多图形运算函数

多图形运算函数是接收两个或以上图形参数，并对其进行处理和分析且产生新图形的函数，主要包括 ST_Difference、ST_Intersection、ST_Split、ST_SymDifference、ST_Union、ST_LineMerge 等函数。

(一) ST_Difference 函数

ST_Difference 函数计算几何图形 *A* 去除与几何图形 *B* 相交点集以后的结果，即 *A* 的点集去除 *A* 与 *B* 共同的点集，表示为 $A-(A\cap B)$，语法如下：

```
geometry ST_Difference(geometry A, geometry B, float8 gridSize = -1);
```

参数 gridSize 控制 *A* 和 *B* 是否向网格靠齐，默认为-1，表示不靠齐。

例 5-42 计算图 5-22(a)所示多边形 *A* 去除 *B* 的结果，语句如下：

```
SELECT
    ST_AsText(
      ST_Difference(
        'POLYGON((0 0, 5 0, 5 4, 10 4, 10 6, 5 6, 5 10, 0 10, 0 0))'::geometry,
        'POLYGON((8 0, 18 0, 18 10, 8 10, 8 0))'::geometry));
```

返回结果如下，生成结果如图 5-22(b)所示。

```
st_astext
--------------------------------------------------------------
POLYGON((5 4, 5 0, 0 0, 0 10, 5 10, 5 6, 8 6, 8 4, 5 4))
```

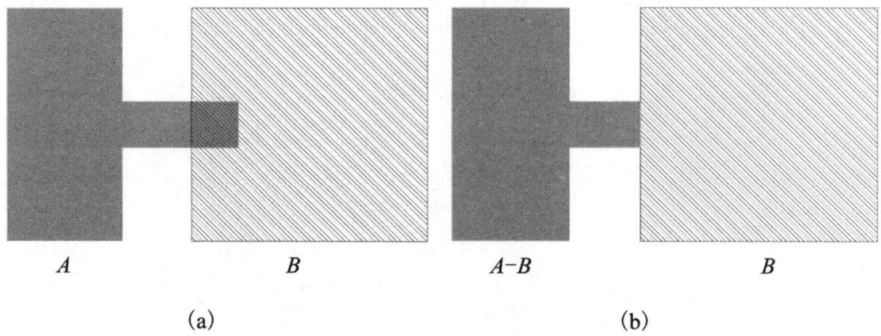

图 5-22　A-B 操作示意图

(二) ST_Intersection 函数

ST_Intersection 函数为重载函数，计算几何或地理图形 *A* 与 *B* 的公共部分，即返回 *A* 与 *B* 的公共点集，表示为 $A \cap B$，语法如下：

```
geometry ST_Intersection( geometry A,  geometry B,  float8 gridSize = -1 );
```

参数 gridSize 同 ST_Difference 函数。

例 5-43　计算图 5-23(a)中两个图形的公共部分，语句如下：

```
SELECT
     ST_AsText(
       ST_Intersection(
         'POLYGON((0 0, 5 0, 5 4, 10 4, 10 6, 5 6, 5 10, 0 10, 0 0))' ::geometry,
         'POLYGON((8 0, 18 0, 18 10, 8 10, 8 0))' ::geometry));
```

返回结果：

```
st_astext
--------------------------------------------------------------
POLYGON((10 6, 10 4, 8 4, 8 6, 10 6))
```

(三) ST_Split 函数

ST_Split 函数计算几何图形 input 被几何图形 blade 分割的结果，语法如下：

```
geometry ST_Split(geometry input,  geometry blade);
```

参数 blade 为线串；input 可以是点、复合点、线串、复合线、多边形、复合多边形。

例 5-44　计算图 5-23(a)中多边形被线分割的结果，语句如下：

```
SELECT
     ST_AsText(
       ST_Split(
         'POLYGON((0 0, 10 0, 10 10, 0 10, 0 0))' ::geometry,
         'LINESTRING(-2 -2, 12 12)' ::geometry));
```

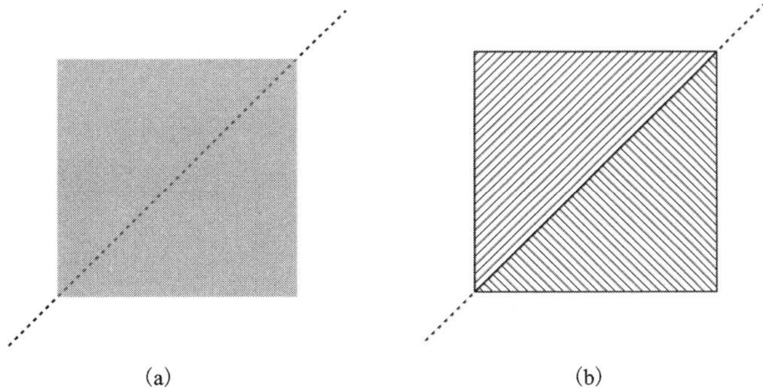

图 5-23　分割示例

返回结果如下，生成结果如图 5-23(b)所示。

```
st_astext
-------------------------------------------------------------
GEOMETRYCOLLECTION(POLYGON((10 10, 10 0, 0 0, 10 10)), POLYGON((0 0, 0 10, 10 10, 0 0)))
```

(四) ST_SymDifference 函数

ST_SymDifference 函数称为对称差函数，计算几何图形 A 与 B 的并集减去交集的结果，表示为 $(A \cup B)-(A \cap B)$，语法如下：

```
geometry  ST_SymDifference(geometry A, geometry B, float8 gridSize = -1);
```

参数 gridSize 同 ST_Difference 函数。

例 5-45　计算图 5-22(a)中两个多边形的对称差，语句如下：

```
SELECT
    ST_AsText(
      ST_SymDifference(
        'POLYGON((0 0, 5 0, 5 4, 10 4, 10 6, 5 6, 5 10, 0 10, 0 0))' ::geometry,
        'POLYGON((8 0, 18 0, 18 10, 8 10, 8 0))' ::geometry));
```

返回结果如下，生成结果如图 5-24 所示。

```
st_astext
-------------------------------------------------------------
MULTIPOLYGON(((5 4, 5 0, 0 0, ... ..., 5 6, 8 6, 8 4, 5 4)), ((10 4, 10 6, ... ..., 18 0, 8 0, 8 4, 10 4)))
```

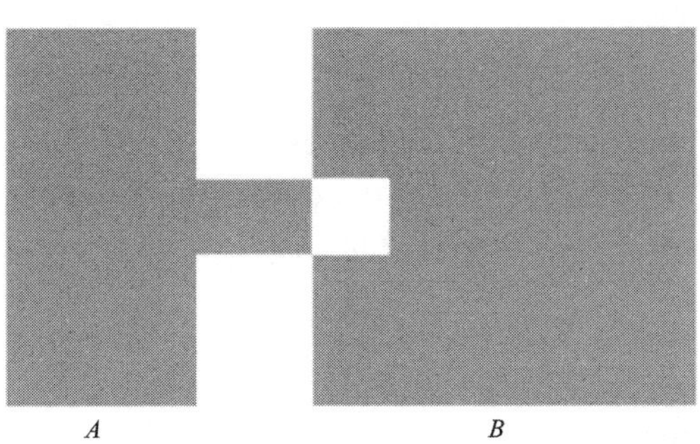

图 5-24　A 与 B 的对称差

(五) ST_Union 函数

ST_Union 函数为重载函数，计算多个几何图形的合并结果，语法如下：

①geometry ST_Union(geometry g1, geometry g2);

②geometry ST_Union(geometry g1, geometry g2, float8 gridSize);

③geometry ST_Union(geometry[ ] g1_array);

④geometry ST_Union(geometry set g1field);

⑤geometry ST_Union(geometry set g1field, float8 gridSize);

参数 gridSize 同 ST_Difference 函数。此函数不仅可以合并输入的多个几何图形，还可以合并空间数据表的几何图形字段里的所有图形。

例 5-46 合并图 5-22(a)中的两个多边形，语句如下：

```
SELECT
      ST_AsText(
        ST_Union(
          'POLYGON((0 0, 5 0, 5 4, 10 4, 10 6, 5 6, 5 10, 0 10, 0 0))' ::geometry,
          'POLYGON((8 0, 18 0, 18 10, 8 10, 8 0))' ::geometry));
```

返回结果如下，生成结果如图 5-25 所示。

```
st_astext
------------------------------------------------------------------
POLYGON((5 4, 5 0, 0 0, 0 10, 5 10, 5 6, 8 6, 8 10, 18 10, 18 0, 8 0, 8 4, 5 4))
```

图 5-25 图形合并示例

例 5-47 合并空间数据表 stable 字段 geom 中的所有几何图形，语句如下：

```
SELECT ST_Union( geom) from stable;
```

(六) ST_LineMerge 函数

ST_LineMerge 函数拼接复合线串几何图形并返回结果，语法如下：

geometry ST_LineMerge(geometry amultilinestring);

参数 amultilinestring 必须为复合线串(MultiLineString)类型的几何图形。

例 5-48 拼接输入的复合线串并返回结果，语句如下：

```
SELECT
      ST_AsText(
        ST_LineMerge(
          'MULTILINESTRING((-29 -27, -30 -29.7, -36 -31, -45 -33), (-45 -33, -46 -32))'
  ));
```

返回结果：

```
st_astext
----------------------------------------------------------------
LINESTRING(-29 -27, -30 -29.7, -36 -31, -45 -33, -46 -32)
```

5.4.3　线性参考函数

线性参考函数是在线性参考系下，对线图形进行各种操作。

(1)ST_LineInterpolatePoint 函数。

ST_LineInterpolatePoint 函数计算线串上距离起点给定比例位置的坐标，语法如下：

```
geometry ST_LineInterpolatePoint(geometry a_linestring, float8 a_fraction);
```

参数 a_linestring 是输入线串；a_fraction 是线上的比例值，取值 0~1。

例 5-49　计算 LineString(0 0, 10 10)上 0.2 比例处的点坐标(图 5-26)，语句如下：

```
SELECT
      ST_AsText(
        ST_LineInterpolatePoint(' LineString(0 0, 10 10)' ::geometry,0.2));
```

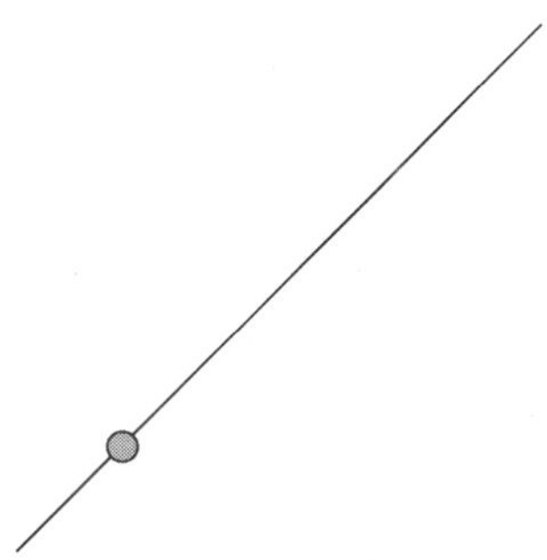

图 5-26　线上指定比例位置坐标

返回结果：

```
st_astext
---------
POINT(2 2)
```

(2)ST_LineInterpolatePoints 函数。

ST_LineInterpolatePoints 按照给定的比例从输入的线串上获取若干个点，返回类型为复合点(MultiPoint)，语法如下：

```
geometry ST_LineInterpolatePoints(geometry a_linestring,
                                  float8 a_fraction,
                                  boolean repeat);
```

参数 a_linestring 为输入的线串；a_fraction 为设定的比例；repeat 控制是否重复截取，默认 True。

例 5-50　使用 ST_LineInterpolatePoints 函数操作例 5-49，语句如下：

```
SELECT
```

```
    ST_AsText(
        ST_LineInterpolatePoints(' LineString(0 0, 10 10)' ::geometry, 0.2));
```

返回结果如下，结果如图 5-27 所示。

```
st_astext
- - - - - - - - - - - -
MULTIPOINT(2 2, 4 4, 6 6, 8 8, 10 10)
```

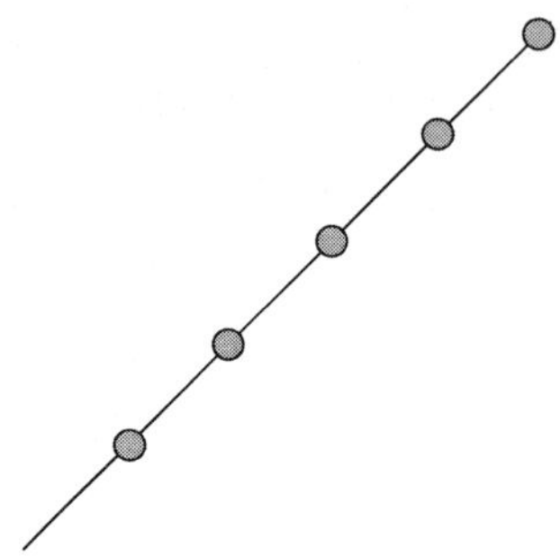

图 5-27　线上重复内插点结果

5.5　空间聚类函数

5.5.1　空间聚类概述

聚类是把一个对象集合按照对象分布规则，分成若干个不同的组别(簇)或者子集(subset)，从而保证同一个组别或子集中的对象都有相似或相近的一些属性，而组别之间的属性差别较为明显。传统的聚类方法设定距离计算函数，通过计算对象之间的距离差异，从上至下将距离超过阈值的对象划分到不同的组别，这种聚类方法称为分裂方法；或者从下至上将距离相近的对象合并到一个组别，这种聚类方法称为凝聚方法。

空间聚类是将空间要素集划分成具有一定意义的若干个簇，使得每个簇内空间要素间具有最大相似度，簇间具有最大差别。空间聚类是空间数据挖掘中较为活跃的技术之一，已经在地理学、制图学、地质学、遥感学、生物学、经济学等诸多领域得到广泛应用(李光强等，2008)。空间聚类方法大致分为基于划分的聚类方法、基于层次的聚类方法(包括凝聚聚类和分裂聚类)、局部聚类方法、基于模糊集的聚类、基于图理论的聚类、混合聚类、基于尺度空间的聚类等。

随着空间聚类方法的不断发展和应用，许多应用领域在空间距离的基础上，开始兼顾专题属性在聚类中的约束作用，于是产生了一系列顾及要素属性的空间聚类方法。这一类空间聚类方法不仅能够挖掘空间要素的空间分布特征，还能揭示空间要素属性在空间上的分布特征。由于空间要素在空间分布上存在疏密相间的自然规律，因此空间聚类也应能够适应这种自然分布规律，这就产生了适应局部空间密度变化的空间聚类方法，从而更加有利于发现要素分布的特殊规律(李光强等，2009)。

PostGIS 空间数据库实现了最为常用的两种经典空间聚类方法，即 k-means 聚类和 DBSCAN 聚类。

5.5.2 *k*-means 聚类

(一)概述

k-means 聚类也称为 *k* 均值聚类算法，是一种迭代求解的分析算法，算法过程：将观测集划分为 *k* 个组，首先随机选取 *k* 个观测对象作为初始的聚类中心，每个聚类中心代表一个组；然后依次计算距离聚类中心最近的对象，并将其分配给该聚类中心所在组；分配到一个对象后，聚类中心要根据当前对象集重新计算聚类中心位置，即计算当前对象集的均值中心。不断重复迭代上述过程，直到满足终止条件。终止条件为全部对象均被分配到一个组中，或者每个聚类中心位置不再发生变化(MacQueen，1967)。

k-means 基本思想：对于已知观测集$\{x_1, x_2, x_3, \cdots, x_n\}$，其中每个观测对象都是一个 d 维实向量，*k*-means 聚类就是要把 n 个观测对象划分到 $k(k \leq n)$ 个子集中，并使得各个子集的平方和最小。

(二)PostGIS 的 *k*-means 聚类

k-means 聚类函数的语法如下：

```
integer ST_ClusterKMeans(geometry set geom,
                         in tegernumber_of_clusters,
                         float max_radius);
```

参数 set geom 是输入的几何图形集，当输入的要素包含 M 属性值时，此函数将 M 值作为权重值参与聚类计算；number_of_clusters 是聚类数量；max_radius 是每个聚类中心之间的最大距离，为可选项。

例 5-51 用 *k*-means 函数对图 5-28(a)所示点集进行聚类，聚类数目 k=10，语句如下：

```
①WITH kmeans AS
②(
③   SELECT
④     ST_ClusterKMeans ( geom, 10 ) OVER ( ) AS cid, ID
⑤   FROM
⑥       points
⑦)
⑧UPDATE points P
⑨SET cid = K.cid
⑩FROM
⑪   kmeans K
⑫WHERE
⑬   P.ID = K.ID;
```

上述语句中，points 是数据库中存在的点状要素数据表，包括 id(int4 主码)、cid(int)和 geom(geometry)3 个字段，cid 为聚类编号；语句行⑧～⑬是将聚类生成的 id 号更新到 points 表的 cid 字段。

聚类结果如图 5-28(b)所示。

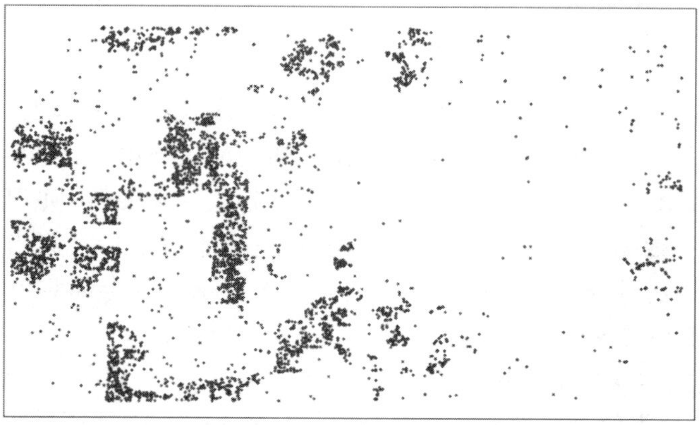

(a)

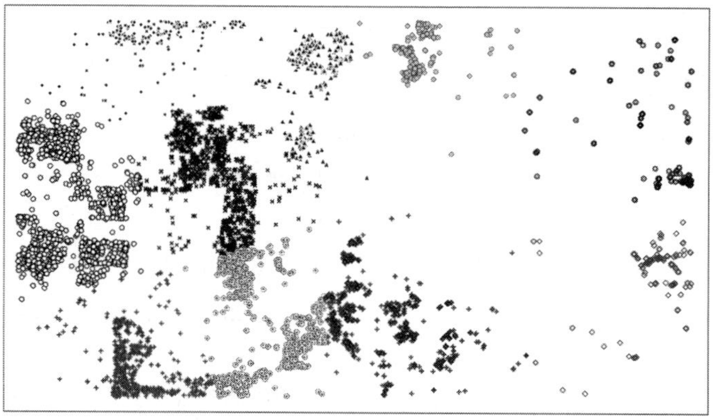

(b)

图 5-28　*k*-means 聚类示例

5.5.3　DBSCAN 聚类

(一)概述

根据设定的点密度阈值，DBSCAN 算法将点集内所有邻接且点密度大于等于密度阈值的点聚为一类。为了定义点密度阈值，DBSCAN 算法设定了两个阈值：eps 表示点之间的距离，minpoints 表示 eps 范围内的最小点数目。利用这两个阈值，对所有 eps 范围内点数量大于等于 minpoints 的点建立可达性(reacheability)，从而将所有密度可达的点聚为一类(Ester etc.，1996)。

DBSCAN 算法的特点：DBSCAN 不需要设定簇类数量，可以发现任意形状的簇类，能够识别出噪声点；DBSCAN 对观测对象的输入/搜索顺序不敏感。

(二)PostGIS 中的 DBSCAN 函数

PostGIS 中的 DBSCAN 函数语法如下：

```
integer ST_ClusterDBSCAN(geometry set geom, float8 eps, integer minpoints);
```

参数 set geom 为要聚类的几何图形集合；eps 为搜索半径；minpoints 为 eps 范围内点数量的最小阈值。

例 5-52 使用 DBSCAN 方法对图 5-28(a)中的点集进行聚类(图 5-29)，语句如下：

```
WITHd bscan AS
(
    SELECT
      ST_ClusterDBSCAN(geom, eps: =0.005, minpoints: =5) OVER ( ) AS cid, ID
    FROM
        points
)
UPDATE points P
  SET cid = D.cid
FROM
        dbscan D
WHERE
        P.ID = D.ID;
```

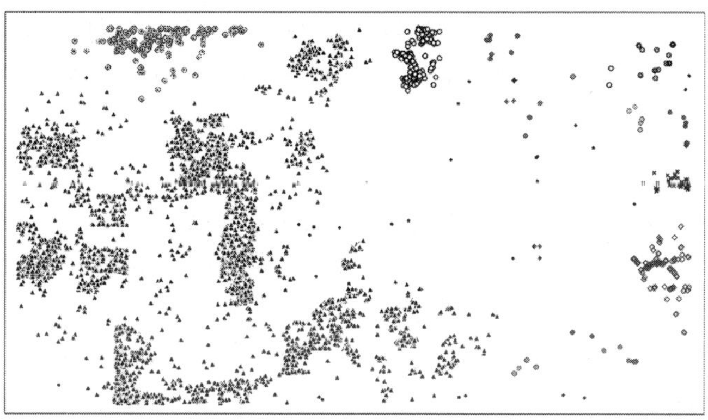

图 5-29 DBSCAN 聚类结果(黑色圆点为孤立点——未归类点)

5.5.4 *k*-means 和 DBSCAN 算法对比

从例 5-51 和例 5-52 聚类结果来看，*k*-means 和 DBSCAN 算法聚类结果具有明显不同，区别主要包括：

(1)聚类数量不同。*k*-means 算法在一开始就需要设定聚类数量 *k*(*k* 必须小于等于样本数量)；DBSCAN 算法不需要设定聚类数量，而是根据聚类参数自动完成聚类。

(2)每个类簇覆盖的空间范围不同。PostGIS 的 *k*-means 算法在样本集中均匀选择聚类种子点，生成的每个类簇覆盖的空间范围大致相同；DBSCAN 算法是将所有密度可达的点聚类为一类，因此每个类簇覆盖的空间范围变化较大。

(3)抗噪性不同。*k*-means 算法是将每个观测对象归并到距离最近的聚类中心，直到所有对象归并完成，所以不会区分(产生)噪声点；DBSCAN 算法是将高密度且密度可达的点聚为一类，而低密度点视为孤立点或噪声点，不会归入任何类簇中，因此具有较强的抗噪性。

(4)聚类稳定性不同。*k*-means 算法在初始化时是随机选择 *k* 个种子点，因此多次聚类的结果有所不同；DBSCAN 算法根据 eps 和 minpoints 阈值完成聚类，每次聚类的结果都相同。

5.6 网络分析函数

5.6.1 网络分析概述

(一)网络分析概念

图论将网络定义为由节点和链路组成且带有环路的图，地理信息系统将网络定义为由空间点要素及其之间连接的线要素组成的数据集，且在连线组成的环路上有资源流动。网络分析是借助图论和计算机算法、最优估计等理论，在地理网络数据集的基础上，对城市基础设施组成的网络进行地理分析和模型优化的过程。通过研究网络状态，模拟和分析资源在地理网络上的流动和分配情况，优化网络结构和资源分配。在现实世界中，地理网络包括道路和设施组成的交通网络、水系组成的河流网络、电力设施组成的电力网络、给排水设施组成的供水网络和排水网络等(刘湘南等，2005)。

根据链路资源的流动方向，网络链路可以分为有向链路和无向链路。有向链路是指资源流动具有一定的方向性，如河流的流向、电力的流向等；无向链路是指资源流动没有明确的方向性，通常可以双向流动的链路。

网络中的点包括：

(1)网络节点是连接网络链路的点要素，如道路交叉点。

(2)障碍点是阻碍网络资源流动的点要素，如交通网络中的重大交通事故。

(3)站点是保有和存储资源的点要素，如货场、仓库等。

(4)用户是接受或分配资源的点要素，如电力用户、自来水用户等。

(二)网络分析应用

网络分析的经典应用场景包括：

(1)最短/快路径分析。在给定起止点和网络约束条件下，计算起点到终点的最短路径，或者最快到达的路径。

(2)最短旅行时间分析。在给定起止点和途经点集的前提下，计算由起点经过所有途经点到达终点的最短时间的路径。

(3)多车送货路径分析。在给定多辆送货车和多个订单的前提下，多车从多个仓库开始完成所有订单货物运输的最短路径。

(4)服务区域分析。在给定时间约束下，从指定位置可以到达的服务区域。例如，分析居民住所 10 min 之内可以到达的所有医疗服务区域。

(5)最近设施分析。在地理网络中，搜索到指定位置网络距离最近的设施。例如，分析城市中距离指定居民住所最近的学校。

(6)连通分析。在给定网络及约束条件下，计算给定的两点是否可通达。

(7)汇聚分析。在有向网络环境下，分析流向指定位置的所有区域。例如，在城市排水管网系统中，分析流向指定排水管点的所有城市区域。

此外，网络分析应用还有成本矩阵分析、资源中断影响区域分析、资源分配分析等。

5.6.2 pgRouting 简介

pgRouting 是 PostGIS 空间数据库网络路由管理与分析的扩展插件，为用户提供网络分析有关的功能(Zurbarán etc, 2018; pgRouting, 2022)。pgRouting 是一套开源程序，不仅可以增强空间数据库管理网络数据的功能，而且方便前端用户共享与调用，能够让用户省去复杂的网络分析相关的开发工作。pgRouting 扩展库包括以下核心算法：

(1) Dijkstra 算法：分析和计算网络上起止点之间的最短路径。

(2) 约翰逊算法(Johnson's Algorithm)：计算全源最短路径问题。全源最短路径问题(All-Pairs Shortest Paths Problem)是单源最短路径问题的推广，即分别以每个顶点作为源顶点，计算至其他顶点的最短距离。

(3) 弗洛伊德-沃沙尔算法(Floyd-Warshall Algorithm)：用于计算任意两点间的最短路径。

(4) A* 算法：是一种图遍历和路径搜索算法。该算法具有完备性、最优性和最优效率，经常被用于计算机科学领域。

(5) 双向 Dijkstra* 算法：是从起点和终点同时开始搜索的 Dijkstra 算法。

在 PostGIS 中使用 pgRouting 扩展库之前，需使用下面的语句安装扩展库：

```
CREATE EXTENSION pgrouting;
```

5.6.3 pgRouting 实例

本节使用 https://docs.pgrouting.org/latest/en/sampledata.html 示例数据介绍 pgRouting 的使用，网络数据如图 5-30 所示。在 PostGIS 创建网络数据表并导入网络数据以后，使用下面的语句创建网络拓扑，将产生 edge_table_vertices_pgr 数据表：

```
SELECTpgr_createTopology(' edge_table' , 0.001);
```

(一) 最短路径查询

例 5-53 查询从节点 2 到节点 3 的最短路径，语句如下：

```
SELECT *  FROM pgr_MaxFlowMinCost(
     ' SELECT id,
     source, target,
     capacity, reverse_capacity,
     cost, reverse_cost FROM edge_table' ,
     2, 3
);
```

返回结果：

```
seq | edge  | source | target | flow |residual_capacity | cost | agg_cost
---+------+-------+------+----+-------------+----+-------
  1 |    4 |      2 |     5 |  80 |               20 |  80 |     80
  2 |    3 |      4 |     3 |  80 |               50 |  80 |    160
  3 |    8 |      5 |     6 |  80 |               20 |  80 |    240
  4 |    9 |      6 |     9 |  80 |               50 |  80 |    320
  5 |   16 |      9 |     4 |  80 |                0 |  80 |    400
(5 rows)
```

查询到的最短路径如图 5-31 所示。

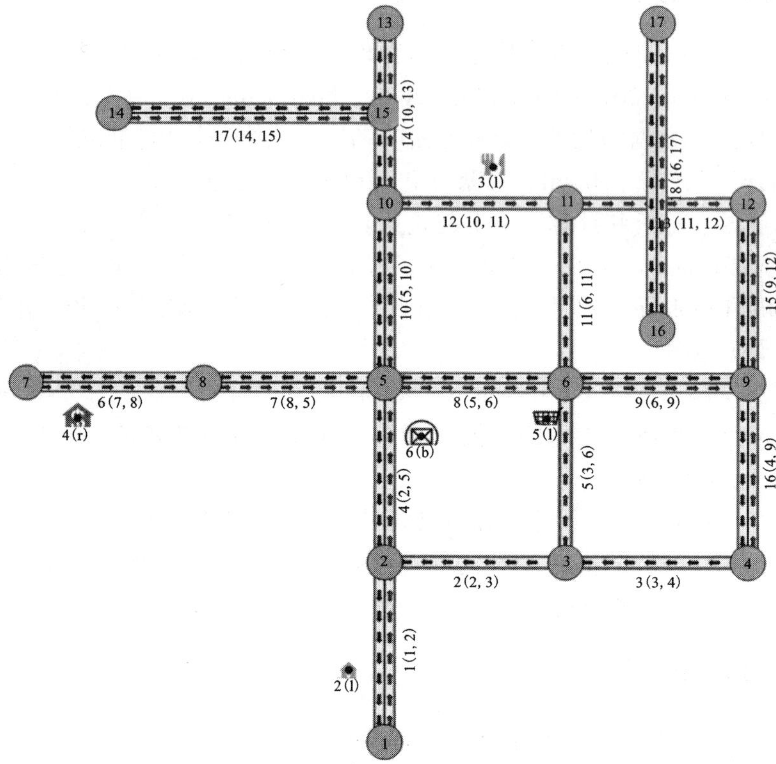

图 5-30　例 5-53 网络数据示意图

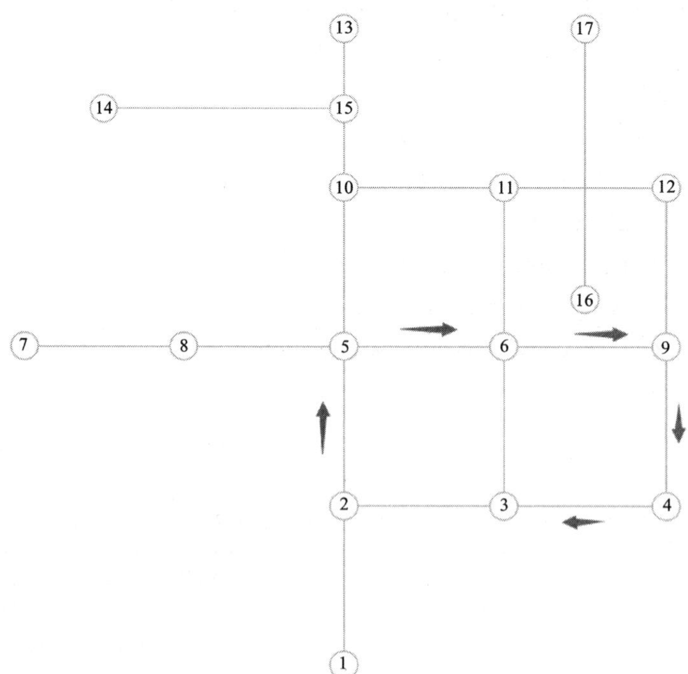

图 5-31　节点 2 到节点 3 的最短路径图示

(二)多途经点问题

例 5-54　查询从节点 13 出发途经节点 7、节点 1、节点 4 的最短路径。语句如下：

```
SELECT *  FROM pgr_MaxFlowMinCost(
    ' SELECT id,
    source, target,
    capacity, reverse_capacity,
    cost, reverse_cost FROM edge_table' ,
    13, ARRAY[7, 1, 4]
);
```

返回结果：

seq	edge	source	target	flow	residual_capacity	cost	agg_cost
1	1	2	1	50	80	50	50
2	4	5	2	50	0	50	100
3	16	9	4	50	30	50	150
4	10	10	5	50	0	50	200
5	12	10	11	50	50	50	250
6	13	11	12	50	50	50	300
7	15	12	9	50	0	50	350
8	14	13	10	100	30	100	450

(8 rows)

查询路径如图 5-32 所示。

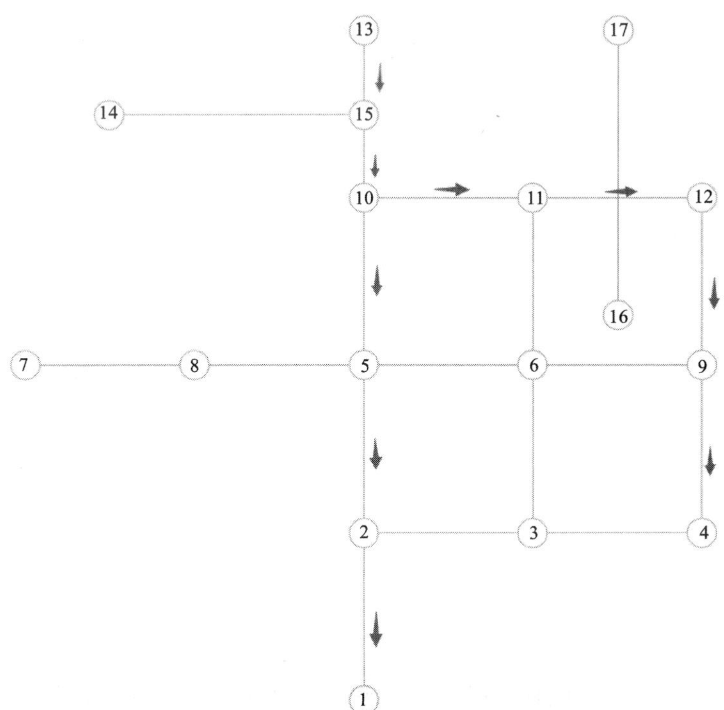

图 5-32　节点 13 到节点[7, 1, 4]的最短路径图示

(三) Dijkstra 方法

例 5-55 使用 dijkstra 算法计算节点 2 到节点 9 的最短路径，语句如下：

```
WITHdijkstra AS (
    SELECT pgr_dijkstra(
      ' SELECT id, source, target, cost, x1, x2, y1, y2
       FROM edge_table' , 2, 9 )
)
SELECT id, source, target, ST_AsText(the_geom)
     FROM edge_table et, dijkstra d
     WHERE et.id = (d.pgr_dijkstra).edge;
```

返回结果：

```
id   | source | target |st_astext
---+-----+-----+---------------
  4 |      2 |      5 |LINESTRING(2 1, 2 2)
  8 |      5 |      6 |LINESTRING(2 2, 3 2)
  9 |      6 |      9 |LINESTRING(3 2, 4 2)
 (3 rows)
```

查询到的路径如图 5-33 所示。

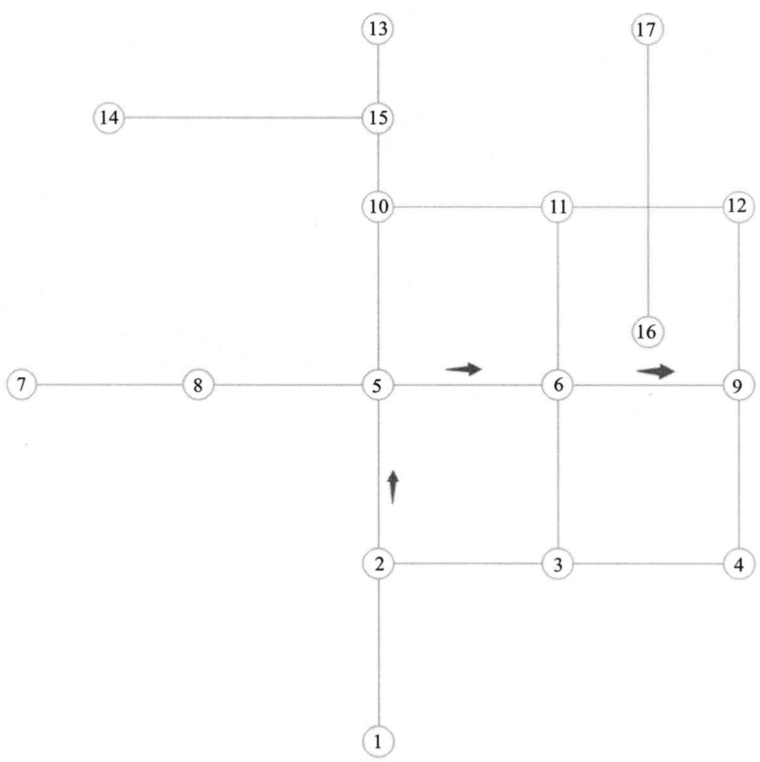

图 5-33 使用 Dijkstra 算法查询到的节点 2 到节点 9 的最短路径图示

5.7　拓扑处理函数

5.7.1　PostGIS 的 topology 工具介绍

在现实生活中，人们多是根据空间目标(要素)的拓扑关系认知世界、存储空间知识，很少独立地观察和记忆空间目标的几何特征。比如，人们经常根据街道的走向、街区的划分、代表性建筑的位置等特征掌握城市的特点。在 GIS 领域，街道可以用线串表示，街区可以用多边形表示。在一张传统地图上，街道一旦绘制完成，街区也就顺理成章地建成了空间多边形，而不必使用更多的数据来表示。因此，街区与街道之间的关系称为拓扑几何(topogeoms)关系。拓扑几何就是使用拓扑模型创建简化的几何图形，并能够保持组成对象之间的连贯性。

在城市宗地管理中，一个城市区域由一系列具有权属的地块组成，地块之间存在“零和土地博弈”规则，即当一个宗地面积变化时，必然存在其相邻地块面积的变化，这是地块之间的相互排斥性决定的。假如我们在存储地块空间信息时没有使用拓扑几何概念，那么宗地将使用相互独立的多边形进行存储。例如，当将地块存为多边形 WKT 文本时，一个地块就是一个 WKT 文本。当修改一个地块时，就必须同步修改相邻地块的 WKT 文本。如果宗地管理系统中没有相应机制和策略进行控制，就很难保证“零和土地博弈”原则。

因此，宗地空间数据库需要定义一组拓扑几何图形，利用简化图形的相互关联规则，才能符合宗地之间的拓扑不相交规则，从而省去宗地编辑的烦琐操作。在拓扑几何模型中，邻接的几何图形的边界是共享的，在数据库中只存储一次，几何图形仅通过链接与共享边界建立关联(Obe etc., 2021)。这种拓扑几何模型与 3.2.3 小节的全关系数据库管理模式相似。

拓扑几何模型具有几个好处：

(1)由于使用了空间单元与共享边界的链接关系，当修改空间单元时，只需修改共享边界就能够保证空间单元之间不出现重叠和空隙等拓扑问题。

(2)拓扑几何模型将几何中的点视为节点，将线串视为边，将多边形视为面。节点、边和面是拓扑基元，用来代替几何图形。这种模型可以节省存储空间。

为了管理拓扑几何模型，PostGIS 提供了拓扑扩展工具——topology。使用该工具之前，需要使用下面语句安装：

```
CREATE EXTENSIONpostgis_topology;
```

安装完以后，在数据库中将建立一个名为 topology 的模式。

5.7.2　建筑物边界线生成建筑物多边形实例

此示例利用已经存储的建筑物边界线，使用拓扑几何工具构建并生成建筑物多边形的操作过程，包括创建拓扑工具、添加建筑物边界线、构建建筑物多边形 3 个步骤。

(一)创建拓扑工具

创建名为“build_topo”的拓扑工具，语句如下：

```
SELECT topology.CreateTopology('build_topo', 4326);
```

在新建的“build_topo”拓扑工具(模式)中，系统创建了 edge_data、face、node 和 relation 4

个数据表(图 5-34)。

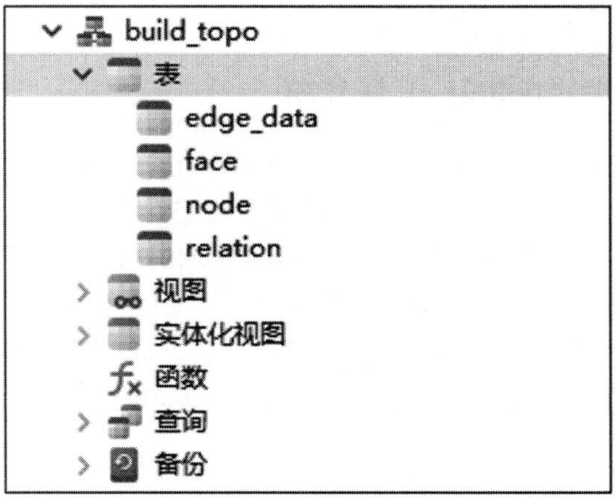

图 5-34　模式中的数据表

(二)添加建筑物边界线

使用下面语句，向“build_topo”拓扑工具(模式)的 edge_data 表中添加建筑物的共享边界线：

```
SELECT topology.TopoGeo_AddLineString(
    'build_topo',
    ST_GeomFromText(
        'LINESTRING(-109.05304 39.195013, -109.05304 41.000889, -104.897461
                40.996484 )',
        4326 ) );
SELECT topology.TopoGeo_AddLineString(
    'build_topo',
    ST_GeomFromText(
        'LINESTRING(-104.897461 40.996484, -102.051744 40.996484, -102.051744
                40.003029 )',
        4326 ) );
SELECT topology.TopoGeo_AddLineString(
    'build_topo',
    ST_GeomFromText(
        'LINESTRING( -102.051744 40.003029, -102.04874 36.992682, -104.48204
                36.992682 )',
        4326 ) );
SELECT topology.TopoGeo_AddLineString(
    'build_topo',
    ST_GeomFromText(
```

```
' LINESTRING(- 104.48204 36.992682, - 109.045226 36.999077, - 109.05304
            39.195013 )',
4326 ) );
```

如果建筑物边界线已存储为空间数据表，则可以使用下面的语句直接将边界表中的线图形导入“build_topo”拓扑工具(模式)中：

```
SELECT
    topology.TopoGeo_AddLineString(
        ' build_topo' ,
        geom     - - 建筑物线表几何字段
        )
FROM
    building_line;  - - 建筑物线表名称
```

(三)构建建筑物多边形

使用下面语句构建建筑物多边形，构建结果如图 5-35 所示。

```
SELECT topology.ST_GetFaceGeometry(' build_topo' , 1);
```

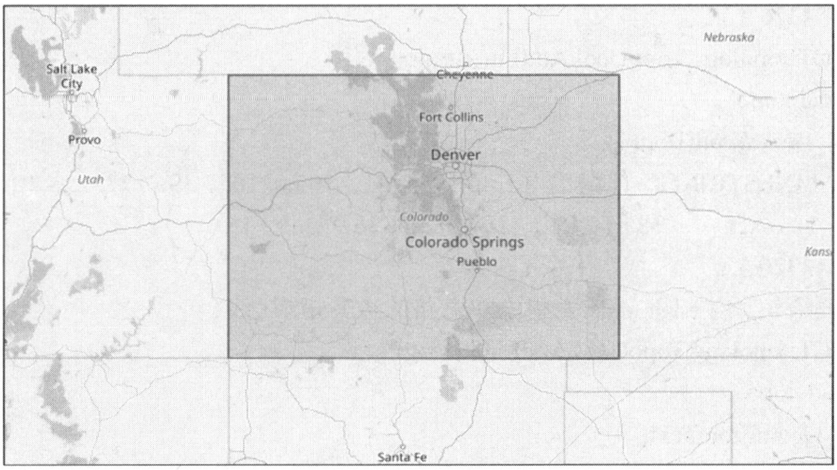

图 5-35　利用拓扑几何工具构建的建筑物多边形

在生成建筑物多边形操作中，如果要保存建筑物多边形数据，则可以使用下面的语句创建并保存建筑物多边形：

```
CREATE TABLE build_polygon   - - build_polygon 为建筑物多边形表名称
  AS
  SELECT
      topology.ST_GetFaceGeometry(' build_topo' , 1) AS geom   - - geom 为几何字段名称
  ;
```

5.7.3 道路生成街区多边形实例

本实例假设道路是以线状要素存储的几何图形，街区是由道路分隔而成的城市空间区域，为面要素。使用道路线生成街区多边形的操作过程与 5.7.2 小节操作相同。

(一)创建拓扑工具

使用下面语句创建 topology 工具：

```
SELECT topology.CreateTopology(' road_topo' , 4326);
```

语句执行成功以后，将创建“road_topo”模式，并在模式中创建 edge_data、face、node 和 relation 4 个数据表。

(二)添加道路数据

执行下面语句，向“road_topo”拓扑工具(模式)的 edge_data 表中添加道路数据：

```
SELECT topology.TopoGeo_AddLineString(
    ' road_topo' ,
    ST_GeomFromText(
        ' LINESTRING(- 109.05304 39.195013, - 108.555908 39.108751, - 105.021057
                39.717751, - 102.051744 40.003029 )' ,
      4326 ) );
SELECT topology.TopoGeo_AddLineString(
    ' road_topo' ,
    ST_GeomFromText(
      ' LINESTRING(- 104.897461 40.996484, - 105.021057 39.717751, - 104.798584
              38.814031, - 104.48204 36.992682 )' ,
      4326 ) );
```

执行下面语句，向 edge_data 表中添加道路的边界矩形(线)：

```
SELECT topology.TopoGeo_AddLineString(
   ' road_topo' ,
   ST_GeomFromText(
      ' LINESTRING(- 109.05304 36.992682, - 109.05304 40.996484, - 102.051744
              40.996484, - 102.051744 36.992682, - 109.05304 36.992682)' ,
   4326 ) );
```

(三)生成街区

执行下面语句，构建街区：

```
SELECT
    face_id, topology.ST_GetFaceGeometry(' road_topo' , face_id) AS geom
FROM
    road_topo.face WHERE face_id > 0;
```

构建的街区如图 5-36 所示。

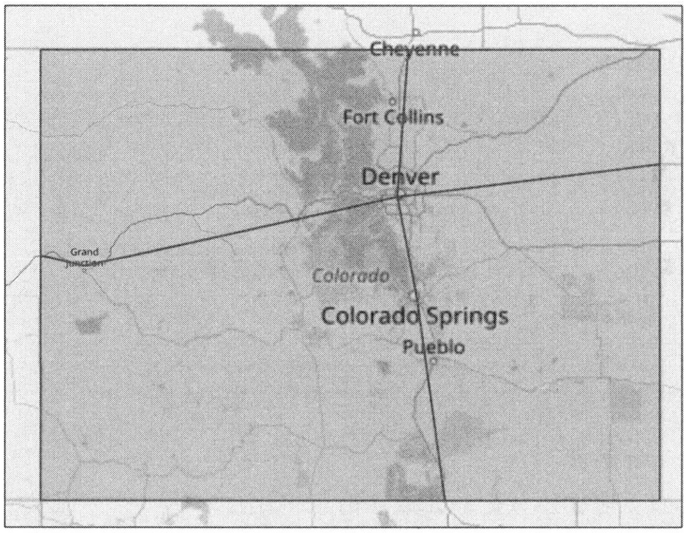

图 5-36　构建的街区

5.8　栅格数据处理与分析函数

PostGIS 空间数据库提供了大量栅格数据处理与分析函数，包括栅格数据信息查询与统计、DEM 数据分析、栅格数据地图代数等函数(Mikiewicz etc.，2017；Zurbarán etc.，2018；Obe etc.，2022)。

5.8.1　栅格数据信息查询与统计

(一)信息显示

例 5-56　查询并显示栅格数据的基本信息，语句如下：

```
SELECT
    r_table_name,
    r_raster_column,
    srid,
    scale_x,
    scale_y,
    blocksize_x,
    blocksize_y,
    same_alignment,
    regular_blocking,
    num_bands,
    pixel_types,
    nodata_values,
    out_db,
```

```
    ST_AsText(extent) AS extent
FROM
    raster_columns
WHERE
    r_table_name ='test';
```

其中'test'为栅格数据表名称。上述语句执行以后的返回结果如表 5-1 所示。

表 5-1　栅格数据基本信息查询结果

r_table_name	r_raster_column	srid	scale_x	scale_y	...	num_bands	extent
test	rast	32628	30	−30	...	6	略

(二) ST_Metadata 函数

ST_Metadata 函数获取栅格数据的元数据信息，语法如下：

```
record ST_MetaData(raster rast);
```

例 5-57　查询并显示栅格数据的元数据，语句如下：

```
SELECT
    rid, (ST_Metadata(rast)).*
FROM
    raster_03.test
LIMIT 1;
```

执行结果如下：

```
rid | upperleftx | upperlefty | width | height | scalex | scaley | skewx | skewy | srid   | numbands
--+------+-------+----+---+----+----+----+-----+----+--------
  0|  739455|   1807605|    68|    68|    30|   -30|      0|     0|32628  |      6
```

(三) ST_BandMetadata 函数

ST_BandMetadata 函数为重载函数，查询栅格数据中指定波段的元数据，语法如下：

①record ST_BandMetaData(raster rast, integer band=1);

②record ST_BandMetaData(raster rast, integer[] band);

参数 band 表示查询给定波段的元数据，当此参数为整数数组时，表示查询数组中所有波段的元数据。

例 5-58　查询波段 1 的元数据，语句如下：

```
SELECT
    rid,
    (foo.md).*
FROM (
    SELECT
        rid,
        ST_BandMetaData(rast, 1) AS md
    FROM raster_03.test
```

```
        WHERE rid=2
    ) As foo;
```

返回结果：

```
rid|pixeltype|nodatavalue|isoutdb|path|outdbbandnum
--+------+-------+-----+---+---------
  2|8BUI   |           0|f     |    |
```

(四) ST_SummaryStats 函数

ST_SummaryStats 函数为重载函数，统计栅格数据中指定波段的基本信息，包括数量、合计、均值、标准差、最大值和最小值等，语法如下：

```
①summarystats ST_SummaryStats(raster rast,
                              boolean exclude_nodata_value);
②summarystats ST_SummaryStats(raster rast,
                              integer nband,
                              boolean exclude_nodata_value);
```

参数 exclude_nodata_value 控制统计时是否排除空白区域，nband 控制统计的波段序号。

例 5-59　统计栅格数据的基本信息，语句如下：

```
SELECT
    rid, band, ( stats ).*
FROM
(
    SELECT
        rid, band, ST_SummaryStats ( rast, band ) AS stats
    FROM
        raster_03.test
    CROSS JOIN generate_series ( 1, 3 ) AS band
    WHERE
        rid = 2
) AS foo;
```

查询结果如下：

```
rid |band|count |    sum    |     mean     |    stddev    | min |max
--+---+----+-------+--------+--------+----+---
  2|    1|  4624|   3693059| 798.6719...| 173.6041...|   367|2033
  2|    2|  4624|   8081215|1747.6676...| 264.3921...|  1039|3336
  2|    3|  4624| 13111549|2835.5426...| 358.7695...|  1854|4422
(3 rows)
```

(五) ST_Histogram 函数

ST_Histogram 函数为重载函数，统计格栅直方图信息，语法如下：

```
SETOF record ST_Histogram(raster rast,
                          integer nband=1,
                          boolean exclude_nodata_value=true,
```

```
                    integer bins=autocomputed,
                    doubleprecision[ ] width=NULL,
                    boolean right=false);
```

例 5-60 统计栅格数据的直方图信息，语句如下：

```
SELECT
    band, ( stats ).*
FROM
(
    SELECT
        rid,band, ST_Histogram ( rast, band ) AS stats
    FROM
        raster_03.test
    CROSS JOIN generate_series ( 1, 3 ) AS band
    WHERE
        rid = 2
) AS foo;
```

返回结果如下：

```
band|     min      |      max      | count |      percent
---+------------+------------+-----+------------------
   1|          367|          486|    36|  0.00778546712802768
   1|          486|          605|   397|   0.0858564013840830
   1|          605|          724|  1004|    0.217128027681660
   1|          724|          843|  1792|    0.387543252595155
   1|          843|          962|   752|   0.162629757785467
   1|          962|         1081|   382|   0.0826124567474048
   1|         1081|         1200|   125|   0.0270328719723183
   1|         1200|         1319|    64|   0.0138408304498269
   1|         1319|         1438|    28|  0.00605536332179930
   1|         1438|         1557|    18|  0.00389273356401384
   1|         1557|         1676|    13|  0.00281141868512110
   1|         1676|         1795|     6|  0.00129757785467128
   1|         1795|         1914|     5|  0.00108131487889273
   1|         1914|         2033|     2| 0.000432525951557093
   2|         1039| 1203.0714285|    22|  0.00475778546712802
   2| 1203.0714285| 1367.1428571|   225|   0.0486591695501730
   2| 1367.1428571| 1531.2142823|   609|   0.131704152249134
... ....
   (42 rows)
```

(六) ST_Quantile 函数

ST_Quantile 函数为重载函数，统计栅格数据的四分统计信息，语法如下：

```
SETOF record ST_Quantile(raster rast,
                    integer nband=1,
                    boolean exclude_nodata_value=true,
                    double precision[ ] quantiles=NULL);
```

例 5-61　统计栅格数据的四分统计信息，语句如下：

```
SELECT
    (ST_Quantile(rast, 1)).*
FROM
    raster_03.test
WHERE
    rid = 54;
```

统计结果如下：

```
quantile| value
-----+-----
       0|    396
    0.25|    739
     0.5|    819.5
    0.75|    906
       1|    1378
(5 rows)
```

5.8.2　DEM 数据分析

PostGIS 提供了 DEM 数据分析的常用函数，包括 ST_Slope、ST_Aspect、ST_Hillshade 等。

(一) ST_Slope 函数

ST_Slope 函数为重载函数，计算 DEM 数据的坡度，语法如下：

```
raster ST_Slope(raster rast,
                integer nband=1,
                text pixeltype=32BF,
                text units=DEGREES,
                double precision scale=1.0,
                boolean interpolate_nodata=FALSE);
```

例 5-62　计算 DEM 数据的坡度，语句如下：

```
WITH foo AS (
    SELECT ST_SetValues(
        ST_AddBand(
            ST_MakeEmptyRaster(5, 5, 0, 0, 1, -1, 0, 0, 0), 1, '32BF', 0, -9999),
        1, 1, 1, ARRAY[
            [1, 1, 1, 1, 1],
            [1, 2, 2, 2, 1],
            [1, 2, 3, 2, 1],
            [1, 2, 2, 2, 1],
            [1, 1, 1, 1, 1]
        ]::double precision[][]
    ) AS rast
```

```
)
SELECT
    ST_DumpValues(ST_Slope(rast, 1, '32BF'))
FROM
    foo;
```

返回结果如下：

```
    st_dumpvalues
-----------------------------------------------------------------
(1,"{{10.0249881744385,21.5681285858154,26.5650520324707,21.5681285858154,
10.0249881744385},{21.5681285858154,35.2643890380859,36.8698959350586,
35.2643890380859,21.5681285858154},{26.5650520324707,36.8698959350586,
0,36.8698959350586,26.5650520324707},{21.5681285858154,35.2643890380859,
36.8698959350586,35.2643890380859,21.5681285858154},
{10.0249881744385,21.5681285858154,26.5650520324707,21.5681285858154,
10.0249881744385}}")
```

例 5-63 对 DEM 栅格数据表进行坡度分析，语句如下：

```
SELECT
    rid, ST_Slope(rast::raster,
                '1'::int,
                '32BF'::text,
                'DEGREES'::text,
                '111120'::double precision
      ) AS rast
FROM
    ch05.dem WHERE rid='4';
```

返回结果如下：

```
rid | raster
--+-------------------------------------
4   |0100000010000000000000000394000000......
```

(二) ST_Aspect 函数

ST_Aspect 函数为重载函数，计算 DEM 数据的坡向，语法如下：

```
raster ST_Aspect(raster rast,
               integer band=1,
               text pixeltype=32BF,
               text units=DEGREES,
               boolean interpolate_nodata=FALSE);
```

例 5-64 计算栅格数据的坡向，语句如下：

```
WITH foo AS (
    SELECT ST_SetValues(
        ST_AddBand(
            ST_MakeEmptyRaster(5, 5, 0, 0, 1, -1, 0, 0, 0), 1, '32BF', 0, -9999),
        1, 1, 1, ARRAY[
```

```
            [1, 1, 1, 1, 1],
            [1, 2, 2, 2, 1],
            [1, 2, 3, 2, 1],
            [1, 2, 2, 2, 1],
            [1, 1, 1, 1, 1]
        ]::double precision[][]
        ) AS rast
)
SELECT
    ST_DumpValues(ST_Aspect(rast, 1, '32BF'))
FROM
    foo
```

返回数据如下：

```
st_dumpvalues
--------------------------------------------------------
(1, "{{315, 341.565063476562, 0, 18.4349479675293, 45}, {288.434936523438, 315, 0, 45, 71.5650482177734}, {270, 270, -1, 90, 90}, {251.565048217773, 225, 180, 135, 108.434951782227}, {225, 198.434951782227, 180, 161.565048217773, 135}}")
```

(三) ST_Hillshade 函数

ST_Hillshade 函数为重载函数，计算山体阴影数据，语法如下：

```
raster ST_HillShade(raster rast,
                    integer band=1,
                    text pixeltype=32BF,
                    double precision azimuth=315,
                    double precision altitude=45,
                    double precisionmax_bright=255,
                    double precision scale=1.0,
                    boolean interpolate_nodata=FALSE);
```

例 5-65　计算 DEM 数据的山体阴影，语句如下：

```
WITH foo AS (
    SELECT
        ST_SetValues(
        ST_AddBand(
            ST_MakeEmptyRaster(5, 5, 0, 0, 1, -1, 0, 0, 0), 1, '32BF', 0, -9999),
            1, 1, 1, ARRAY[
                [1, 1, 1, 1, 1],
                [1, 2, 2, 2, 1],
                [1, 2, 3, 2, 1],
                [1, 2, 2, 2, 1],
                [1, 1, 1, 1, 1]
```

```
            ]::double precision[ ][ ]
        ) AS rast
)
SELECT
    ST_DumpValues(ST_Hillshade(rast, 1, '32BF'))
FROM foo
```

返回数据如下：

```
st_dumpvalues
-------------------------------------------------
(1, "{{NULL, NULL, NULL, NULL, NULL}, {NULL, 251.32763671875, 220.749786376953, 147.224319458008, NULL}, {NULL, 220.749786376953, 180.312225341797, 67.7497863769531, NULL}, {NULL, 147.224319458008, 67.7497863769531, 43.1210060119629, NULL}, {NULL, NULL, NULL, NULL, NULL}}")
```

5.8.3 栅格数据地图代数和重采样

PostGIS 提供的栅格数据地图代数函数有 ST_MapAlgebra、ST_Rescale、ST_MapAlgebraExpr、ST_MapAlgebraFct 和 ST_MapAlgebraFctNgb 等。下面介绍常用的 ST_MapAlgebra 和 ST_Rescale 两个函数。

(一) ST_MapAlgebra 函数

ST_MapAlgebra 函数为重载函数，语法如下：

```
raster ST_MapAlgebra(raster rast,
                     integer nband,
                     text pixeltype,
                     text expression,
                     double precisionnodataval=NULL);
```

例 5-66 对栅格数据进行代数操作，比较操作前后的数据状态。语句如下：

```
WITH stats AS (
SELECT
    'before' AS STATE, ( ST_SummaryStats ( rast, 1 ) ).*
FROM
    raster_03.test
WHERE
    rid = 2
    UNION ALL
SELECT
    'after' AS STATE,
    ( ST_SummaryStats (
          ST_MapAlgebra ( rast, 1, '32BF','([rast]* 9/5)+32', - 9999 ), 1 ) ).*
FROM
    raster_03.test
```

```
WHERE
    rid = 2
)
    SELECT
        STATE, COUNT,
        round( SUM::NUMERIC, 2 ) AS SUM,
        round( mean::NUMERIC, 2 ) AS mean,
        round( stddev::NUMERIC, 2 ) AS stddev,
        round( MIN::NUMERIC, 2 ) AS MIN,
        round( MAX::NUMERIC, 2 ) AS MAX
    FROM
    stats
    ORDER BY
    STATE DESC;
```

返回结果如下：

```
state  | count |    sum     |  mean   | stddev |   min  | max
------+------+----------+--------+-------+--------+-------
before |  4624 | 3693059.00 |  798.67 | 173.60 | 367.00 | 2033.00
after  |  4624 | 6795474.20 | 1469.61 | 312.49 | 692.60 | 3691.40
```

(二) ST_Rescale 函数

ST_Rescale 函数为重载函数，调整栅格数据的分辨率，即对栅格数据进行重采集，语法如下：

```
raster ST_Rescale(raster rast,
                  double precisionscalexy,
                  text algorithm=NearestNeighbor,
                  double precisionmaxerr=0.125);
```

例 5-67　对比重采集前后数据的像素大小，语句如下：

```
--重采样前
  SELECT
      ST_PixelWidth(
          ST_AddBand(
              ST_MakeEmptyRaster(100, 100, 0, 0, 0.001, -0.001, 0, 0, 4269),
      '8BUI'::text, 1, 0)) width;
```

返回结果：

```
  width
  ------
  0.001
```

```
--重采样后
  SELECT
      ST_PixelWidth(
```

```
        ST_Rescale(
            ST_AddBand(
                ST_MakeEmptyRaster(100, 100, 0, 0, 0.001, -0.001, 0, 0, 4269),
        '8BUI'::text, 1, 0), 0.0015)) width;
```

返回结果：

```
width
-----
0.0015
```

思考题

1. 常用的矢量数据处理与分析操作有哪些？试举例说明。
2. PostGIS 提供的矢量数据度量函数有哪些？试举例说明。
3. PostGIS 提供的矢量数据计算函数有哪些？试举例说明。
4. 试给出 PostGIS 计算两个几何图形 *g*1 和 *g*2 之间距离的语句。
5. 试给出 PostGIS 计算几何图形 *g*1 上距离几何图形 *g*2 最近的点的语句，并显示为 WKT 文本。
6. PostGIS 提供了哪些空间拓扑关系的函数？
7. 要判断几何图形 *g*1 和 *g*2 之间是否存在相交、覆盖、穿过关系，写出 PostGIS 对应语句。
8. 简要叙述空间聚类的概念，试给出 PostGIS 空间聚类操作的函数名称。
9. 常用的网络分析方法有哪些？
10. 在空间数据库中使用拓扑几何模型有什么作用？
11. PostGIS 提供了哪些栅格数据代数计算函数？
12. 试写出 PostGIS 计算 DEM 坡度、坡向的语句。
13. 试写出 PostGIS 进行栅格数据重采样的语句。

第 6 章　空间数据库设计与建设

空间数据库设计是空间数据库建设的关键工作，直接影响空间数据库的可靠性。空间数据库建设是将空间信息资料转换并存入数据库的过程，空间数据质量控制是保证空间数据质量的关键措施，决定着空间数据库的可用性。本章首先叙述空间数据库设计内容、原则及主要过程，然后介绍空间数据库的设计方法和设计工具，最后以实例形式讲解空间数据库的设计与建设过程。

6.1　空间数据库设计概述

空间数据管理是地理信息系统项目的基础性工作，其中空间数据库设计是空间数据管理的关键步骤，设计成果直接影响上层应用软件的体系结构等。空间数据库的设计既具有传统数据库设计的特点，又具有空间数据独有的特征（李光强等，2021；崔铁军等，2016）。

6.1.1　数据库设计

（一）数据库设计概念

数据库设计是软件设计的组成要件之一。广义上讲，数据库设计是对整个数据库系统的规划，包括数据库相关的软件、硬件、应用环境等的设计。狭义地讲，数据库设计是对数据库自身结构的规划，包括数据库模式目录、数据表命名与结构、功能行为等的设计。具体来说，数据库设计是面向业务主题并在给定应用环境约束下，为业务系统规划合理的数据模型与处理功能，确定数据库存储结构与存储方法的物理设计，使之满足业务管理需要的信息管理和数据操作等功能（赵永霞等，2013；王珊等，2014）。

（二）数据库设计的目标与内容

数据库设计的目标首先是满足业务信息管理的需要，然后分析业务系统涉及的信息实体及其联系，为业务系统提供高效存取、空间节约、处理快捷可靠、安全稳定的数据管理环境。

数据库设计的内容包括：

（1）结构设计。结构设计是对数据库模式、信息实体结构及其联系的规划，包括概念结构设计和逻辑结构设计。

（2）功能设计。功能设计是在业务系统体系结构的约束下，对数据库行为的设计，包括数据库查询、约束条件、事务处理、函数和存储过程等的设计。

（3）物理设计。物理设计是在特定的数据库管理系统环境中，实现数据库结构和功能行为的过程。

数据库设计的步骤包括需求分析、结构和功能设计、物理设计、设计验证、建设和运行维护等环节，其中前 5 个步骤不断重复迭代，直至验证通过以后，方能进入数据库建设和运行维护阶段。

6.1.2 空间数据库设计概念

空间数据库的设计是在地理信息项目总需求目标的指引下，依据项目设计的要求，分析业务系统用户的数据现状，归纳项目需要管理的数据内容和类型，遵循国家相关标准和规范，同时在一定的软件、硬件环境约束下，构造合理且能满足地理信息业务应用与性能要求的数据库模型，该数据库模型是能在特定的数据库管理系统中实现的物理模型。

(一)空间数据库设计目标

空间数据库设计的目标是在遵循相关标准和规范的前提下，规划能够满足地理信息系统需求的数据模型和功能特性。其具体设计目标包括：

(1)依据地理信息系统管理的详细目标和任务，归纳、概括数据库建设的内容和类型，并设计数据库模型。数据库模型要覆盖地理信息系统目标规定的全部数据内容，并能为地理信息系统提供数据存取和处理分析支持。

(2)空间数据库设计人员要细化和分解地理信息系统需求目标，设计出满足当前需求目标规定的数据内容，也要设计需求目标没有规定但必需的数据内容。

(3)设计的空间数据库模型要具有良好的数据完整性、数据安全性和最佳的访问性能。

(二)空间数据库设计内容

根据空间数据库的设计目标，数据库设计的内容可以归纳为以下几点(李光强等，2021；兰小机等，2020；程昌秀，2012)：

(1)数据库结构设计首先要描述和定义地理信息系统涉及的数据实体及其关系，然后定义数据表的字段结构。

(2)数据库行为设计是指施加在数据库上的动态操作的设计，也是地理信息系统功能在数据管理层的映射。空间数据库的功能设计主要包括表触发器、自定义函数和存储过程等内容。

(3)数据库安全设计也是空间数据库设计的重要内容，包括数据并发访问控制和数据操作日志、数据恢复等的规划。数据并发访问控制是多用户同时访问数据时，在保证数据安全的前提下能够独立工作。

(4)确定每类空间要素的类型、空间维度和表现形式，依据这些要素的特征选择合适的表示方式和表示模型。

(5)确定专题图层对应的空间数据表，并为每个专题图层设计适当的数据表。

总之，空间数据库设计是一项复杂的工作，设计人员不仅要具有计算机和数据库基本知识，还要精通地理信息领域知识。在设计过程中，还应兼顾空间数据库的结构设计和功能设计，两者互相参照、互相补充。

6.1.3 空间数据库设计原则

(一)数据库设计规范化要求

空间数据库的设计应遵循关系数据库设计的规则，同时兼顾空间数据的特殊要求。根据关系理论的相关定义，一个关系模式只要其分量都是不可分的数据项，就可称其为规范化的关系。而这种关系原则仅仅是关系理论中最基本的规范，满足基本规范的关系结构并不一定合理。数据库设计的基本目的是使数据库结构合理，消除存储异常，数据冗余尽量小，方便进行数据插入、删除和更新等操作。关系理论中规范化的基本原则就是遵循独立性，一个关系只描述一个实体或者实体间的联系。若一个关系描述的实体有两个或以上时，就要将其分解开来，以降低同一关系中各分项的依赖关系。因此，规范化实质上是概念的单一化，即一个关系只表示一个实体或实体间的联系。规范化理论用来改造关系模式，通过分解关系模式，消除其中不合适的数据依赖，以解决数据冗余更新异常、插入异常和删除异常等问题（王珊等，2014）。

（1）数据冗余。数据冗余指同一数据被重复存储的情况。例如，在城市排水管线空间数据库中，如果将窨井管点和管线存储在一个空间数据表中，由于一个窨井管点是多个管线的控制点，所以窨井会重复存储。

（2）更新异常。数据冗余不仅导致存储空间的浪费和潜在数据不一致问题，还会为数据更新带来麻烦。例如，上例中，在修改窨井管点信息时，需要重复修改所有窨井管点信息，这种修改方式容易产生错改和漏改问题；另外，如果空间数据库中未存储管线信息，则窨井管点信息也无法存储。

（3）插入异常。插入异常指应该插入的数据不能直接插入的情形。例如，上例中，单纯插入窨井管点数据时，由于没有管线数据，则窨井管点数据就不允许被插入。

（4）删除异常。数据的删除异常指不应该删除的数据被删除的情形。在上例中，删除某一管线数据时，与之关联的窨井管点数据也会被一并删除。

（二）关系范式

由于数据实体之间存在许多复杂的依赖关系，为了规范结构模型的表示形式，解决各种数据操作异常问题，关系理论提出了一系列规范化规则。因此，关系数据库的设计需要遵循一定的规范化规则，即关系范式。关系范式是关系模式满足不同程度规范化要求的标准，对关系模式属性间的函数依赖加以不同的限制，就形成了不同级别的范式，包括第 1 范式（1NF）、第 2 范式（2NF）、第 3 范式（3NF）、BC 范式（BCNF）、第 4 范式（4NF）和第 5 范式（5NF）。

（1）1NF 是对关系的最基本定义，只要关系中各分量是独立的，就满足 1NF 要求的关系。

（2）对 1NF 进行投影，消除原关系中非主属性对键的部分函数依赖，将 1NF 转换成若干个 2NF。

（3）对 2NF 进行投影，消除原关系中非主属性对键的传递函数依赖，将 2NF 转换成若干个 3NF。

（4）对 3NF 进行投影，消除原关系中主属性对键的部分函数依赖和传递函数依赖，也就是说，使决定因素都包含一个候选键，得到一组 BCNF。

（5）对 BCNF 关系进行投影，消除原关系中非平凡且非函数依赖的多值依赖，得到一组 4NF。

（6）对于 4NF，如果不包含任何连接依赖关系并且连接是无损的，则得到 5NF。即当所有表都被分成尽可能多的表以避免冗余时，满足 5NF。

虽然关系规范化规则要求数据库的设计遵循更高的范式要求，但是当数据库满足较高的范式要求时，也会对数据库的查询、更新、删除性能带来一定的影响。理论上，数据库设计满足的范式级别越高，数据库结构越严谨，越节省存储空间，越能保持数据的一致性。但是在实际应用中，范式越高意味着数据表的划分越细，原本相关联的数据就需要分配到多个表中存储，造成数据表之间的关联更加复杂。这种复杂的数据表关联关系又会引起大量的表连接操作，多个表的连接操作会耗费巨大的计算机资源，尤其是海量的空间数据表连接操作将严重降低系统运行性能。因此，在设计空间数据库概念模型时，并不一定要遵循更高级别的范式要求，而是要在范式级别选择和数据访问性能之间做好权衡。

6.1.4 空间数据库设计过程

空间数据库设计过程包括需求分析、概念设计、逻辑设计、物理设计、验证设计等步骤。

（一）需求分析

在具体的地理信息系统项目中，虽然已进行了前期的项目调研、需求分析，甚至系统设计工作，但是空间数据库设计阶段仍需要调查地理信息系统所涉及的数据现状、管理和使用现状，主要包括前期设计文档、数据存储格式、数据之间的关系、数据使用方式及频度等。

（二）概念设计

空间数据库的概念设计是进一步分类和概括前期分析获取的数据类型和实体，建立抽象的概念数据模型的过程。概念数据模型是所有数据实体在信息世界中的映射，不仅能表示数据实体的特性结构，而且能够反映其在 GIS 业务应用中的流动状况、信息之间的制约关系。空间数据库的概念数据模型具有独立性，与具体的数据库管理系统无关，是设计人员与用户之间交流的模型语言。

（三）逻辑设计

空间数据库逻辑设计是将概念数据模型映射为特定数据库管理系统支持的数据模型的过程，也就是使用特定数据库管理系统的数据模型、数据类型，详细定义概念模型中的实体及其属性特征。

（四）物理设计

空间数据库的物理结构是指数据库在物理设备上的存储结构、文件类型、索引结构、存取方法等。物理模型依赖于特定的数据库管理系统，所以物理设计是逻辑模型转换成合适的物理结构的过程。简而言之，空间数据库的物理设计就是选择合适的、高性能的空间数据管理模式，完成空间数据库的建立。

（五）验证设计

验证设计是组织专家组评审、检验空间数据库设计方案，以确定设计方案能否满足地理信息系统目标需求的过程。验证方法包括文档评审和测试验证。文档评审是专家组利用空间数据库理论和相关经验知识，检查设计文档定义的数据模型是否覆盖了地理信息系统的全部数据内容，以及是否满足了数据库安全性、高性能并发访问、高效率空间计算等要求。测试验证是按照设计方案创建空间数据库，使用测试数据检验方案的数据读写能力、并发访问能力、安全指标等。

6.2 空间数据标准

6.2.1 空间数据标准化历程

随着信息技术、遥感技术、全球定位系统、互联网和云计算、数据挖掘与大数据分析等高新技术的迅猛发展，空间数据的应用与共享也越来越受到关注。为了规范空间数据的建设、管理和使用，一系列空间数据标准和规范也随之发布。

经过几十年的空间数据标准化建设历程，国际和国内已发布了一系列空间数据标准。国际标准化组织成立的地理信息标准技术委员会(ISO/TC211)是目前最具国际权威性的地理信息标准化组织，已制定了空间数据管理、采集、处理、分析、查询、表示等方面的标准体系，集成了数字信息技术标准与地理信息应用标准，建立了地理信息参考模型和结构化参考模型，制定了地理数据集成和地理信息服务等方面的标准。利用这些标准，可以推进地理信息的访问、集成和共享，提高地理信息的实用性。

开放地理空间信息联盟(OGC)由 490 多个来自世界各地的商业组织、政府机构、非盈利组织和研究性机构组成，长期致力于发展和执行地理信息的开放式标准，规范地理空间数据的内容和服务。OGC 制定的标准包括空间数据模型标准、空间数据处理标准、空间数据共享标准和空间服务模型标准等。

为了推进我国地理信息产业的发展和应用，我国在 1997 年 12 月成立了全国地理信息标准化委员会(CSBTS/TC230)。CSBTS/TC230 负责我国地理信息国家标准的立项建议、协调组织、编写及上报审查，提出国家地理信息标准化的政策、方针、技术措施，制定和修订我国地理信息国家标准、地理信息领域行业标准。

6.2.2　空间数据标准的作用

当前，地理信息领域发布了一系列与空间数据内容、模型和管理相关的国家、地方和行业标准或规范，这些标准、规范是空间数据库设计必须遵循的准则。空间数据库设计遵循标准化原则具有以下优点：

(1)标准、规范凝聚了大量空间数据管理相关的知识，是经过长期验证的经验，能够指导空间数据库设计人员快速、准确地掌握空间数据结构。

(2)直接借鉴和遵循现有的标准、规范，能够节省项目资料调研的时间，有利于设计人员快速形成数据库设计文档。

(3)在数据库实施的各阶段，各部门都严格遵循标准、规范，有利于数据库设计人员之间的协调和合作，有助于设计文档的验证和检测，从而提高数据库设计的质量。

(4)在数据库设计阶段遵循相关标准、规范，有利于后期数据的发布、共享和使用，有助于后期数据维护工作的开展。

最后值得注意的是，空间数据库设计方案没有唯一性，同一个项目需求，不同的设计人员设计出的数据库模型也不尽相同；空间数据库设计方案没有最优解，只有合理解，方案只要满足地理信息系统功能和性能需求就是可行的。

6.3　空间数据库设计

空间数据库设计包括结构设计、功能设计和物理设计，结构设计又包括概念设计、逻辑设计。本节主要介绍概念设计、逻辑设计和物理设计。

6.3.1　概念设计

空间数据库的概念设计是将地理信息系统的空间实体抽象为信息世界结构模型的过程，

常使用实体-关系模型表示数据对象之间的关系。

(一)实体-关系模型

实体-关系模型(entity-relationship model, E-R 模型)是一种不受数据库管理系统约束的、面向用户业务管理的表示模型，广泛应用在数据库概念设计中。E-R 模型由实体、属性和联系三种元素构成，表示方法如下：

(1)实体用矩形框表示，矩形框内写上实体名。

(2)实体的属性用椭圆框表示，框内写上属性名，并用无向连线与实体矩形框相连。

(3)实体间的联系用菱形框表示，联系以适当的含义命名，联系名称写在菱形框中，用无向连线将参加联系的实体矩形框分别与菱形框相连，并在连线上标明联系的类型，即 $1:1$、$1:n$ 或 $m:n$。

与传统信息系统不同，空间数据库的实体带有“空间图形”属性。在设计空间数据库概念模型时，为了体现“空间图形”属性及要素之间的空间操作关系，一些学者提出了面向空间数据库设计的“扩展实体-关系模型”(Calkins, 2000)。使用“扩展实体-关系模型”设计空间数据库增加了空间数据库概念设计的复杂性，且现有的数据库设计工具不支持扩展实体-关系模型，因此在设计空间数据库概念模型时，可以简单地将“空间图形”定义为实体的一个属性，空间关系可以通过空间数据库的运算获得，而无须体现在空间数据库设计环节。

例如，城市的快递物流管理系统里，整个城市有一个投递局，一个投递局包括多个投递部，一个投递部包括多个投递道段，一个投递道段负责揽投多个客户快递业务。根据描述，快递物流数据库的 E-R 图如图 6-1 所示。

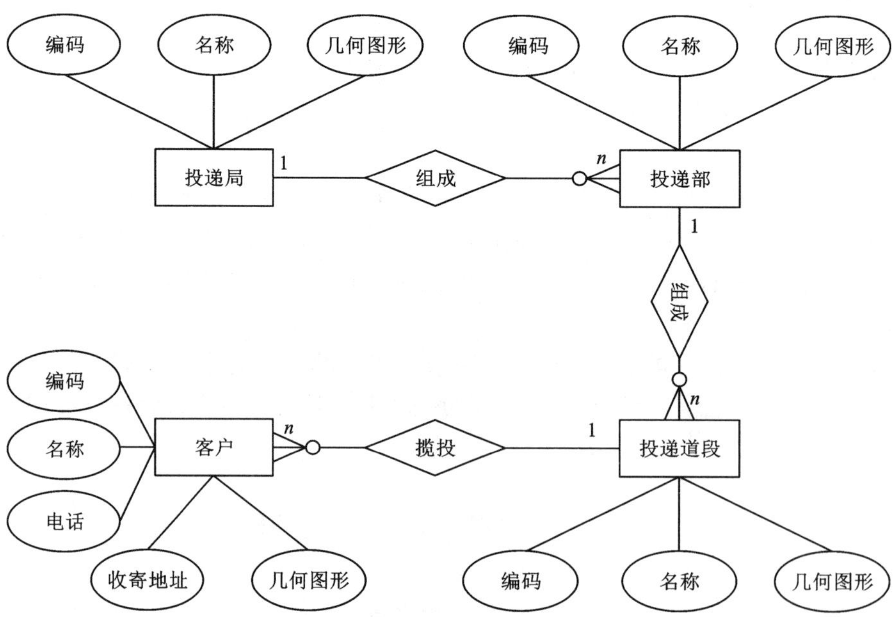

图 6-1 快递物流数据库的 E-R 图

E-R 模型的实体通常使用名词表示，如上例中的投递局、投递部、投递道段和客户；关系描述了两个或更多实体间的相互关联，常使用动词表示，如组成、揽投。

(二)概念设计步骤

概念设计的步骤包括：

(1)确定所有的实体集合。设计人员在收集和确定实体时，需要从系统需求文档和设计文档中分析需要管理的数据实体，得到数据库的实体集。

(2)选择实体集应包含的属性，以及空间图形类型。实体属性可以直接继承设计文档数据字典的属性描述，或者类的属性，还可以参考国家或行业的相关标准，直接引用规范中的图层名称及其字段定义。

(3)确定实体集之间的联系。可以将设计文档描述的数据流连接映射为实体-关系，也可以根据实际应用场景中客观地物之间的关系确定实体-关系。

(4)确定实体集的键(key)，用下划线标出键的属性组合。

(5)确定联系的类型，用线将表示联系的菱形框连接到实体上，在线上注明联系的类型。

概念模型的设计可以采取自底向上、分层制作的策略，也就是先分层设计各个子系统的 E-R 图，再将其合并成整个系统的 E-R 图。在合并的过程中，设计人员需要消除重复的实体或属性，解决“冲突”问题。“冲突”包括属性冲突、命名冲突和结构冲突。属性冲突是指同一属性在不同 E-R 图中的类型、取值范围不同。命名冲突是指同一个意义的名称表述不同，或者同一名称在不同 E-R 图中表示的意义不同。结构冲突是指同一实体在一个 E-R 图中表示实体，而在另一个 E-R 图中可能表示属性，或者同一个实体在不同 E-R 图中的属性不同，或者不同 E-R 图中相同实体间的联系不同。

6.3.2　逻辑设计

逻辑设计的主要任务是将概念模型转换为特定数据库管理系统支持的数据模型，也就是把概念设计阶段的 E-R 图转换为选定 DBMS 支持的逻辑结构。转换内容主要是将 E-R 图中的实体、实体属性和实体间的联系转换为关系模式，即数据表。

(一)E-R 图向逻辑模型转换的原则

E-R 图向逻辑模型转换的原则主要有：

(1)一个实体转换为一个数据表。

(2)一个 1∶1 联系可以转换为一个独立的数据表，也可以作为任意一端对应关系模的属性。

(3)一个 1∶n 联系可以转换为一个独立的数据表，也可以作为 n 端对应的数据表属性。

(4)一个 m∶n 联系转换为一个数据表，数据表的属性是与该联系相连的各实体的码及联系本身的属性。

(5)三个或三个以上实体间的多元联系转换为一个数据表，表的属性是与该多元联系相连的各实体的码及联系本身的属性。

(6)同一实体集的实体间的联系可以转换成一个关系模式，也可以在实体中引入联系属性。

(7)具有相同码的数据表可以合并。

例如，图 6-1 中的投递部和投递道段两个实体要转换成逻辑模型的投递部和投递道段两个数据表，实体之间的“组成”关系可以单独设计成数据表，也可以归入投递道段表。逻辑结构有两种方案。第一种方案包括以下数据表：

①投递部数据表(编号、名称、几何图形);

②投递道段数据表(编号、名称、几何图形);

③投递部—道段组成表(部编号、道段编号)。

第二种方案包括以下数据表:

①投递部数据表(编号、名称、几何图形);

②投递道段数据表(编号、名称、所属投递部编号、几何图形)。

假设城市投递局有多辆货运车负责从投递局中心仓库运送快递到各个投递部,车辆与投递部之间的关系为:一辆货运车负责多个投递部的物流运输,一个投递部有多辆货运车负责运输,则投递部与车辆之间为多对多($m:n$)关系。对于这种多对多关系,需要单独创建“运输”数据表,该数据表包括车辆编号、投递部编号、装货时间、送达时间等属性。

(二)模型的优化

为了提高数据库管理性能,还应适当地修改、调整数据模型的结构,这就是进行数据模型的优化。关系数据模型的优化通常以规范化理论为指导,优化方法包括:

(1)确定数据依赖。根据需求分析阶段所得到的语义,分别写出每个数据表各属性之间的数据依赖,以及不同数据表属性之间的数据依赖。

(2)消除冗余的联系。对各个数据表之间的数据依赖进行极小化处理,消除冗余的联系。

(3)确定所属范式。按照数据依赖的理论对数据表逐一进行分析,考察是否存在部分函数依赖、传递函数依赖、多值依赖等,确定各数据表分别属于第几范式。

(4)按照 GIS 业务对数据操作的要求,确定是否合并或分解数据表。

6.3.3 物理设计

空间数据库的物理设计是选择合适的存储结构、存取路径,设计合理的索引结构,完成数据库内模式的转换。物理模型设计的目的是合理规划数据存储模式、有效利用存储空间,保证地理信息系统能够高效地访问空间数据。空间数据库的物理设计包括以下步骤:

(1)分析空间数据库服务器的安装环境,熟悉服务器用途、负荷、并发访问数、磁盘性能等,掌握所选 DBMS 的功能、性能参数、安全控制等特点,针对其空间数据量大、更新快、性能要求高的特点,合理设计数据库文件结构和存储策略。例如,在进行物理设计时,根据空间数据访问性能要求、频繁程度等的不同,数据库管理员可以把不同类别的数据文件放置在不同的硬盘上,从而提高数据并行读/写效率。

(2)分析数据表的存储结构,综合考虑空间数据的存取时间、存储空间利用率和维护代价等因素。在设计物理结构时,可以引入数据冗余机制来减少磁盘的访问次数,以提高检索效率。虽然这种做法不完全符合关系理论的范式原则,但在特定情况下是提升空间数据处理效率的最好选择,也是“用空间换时间”准则的实际应用。

(3)合理规划数据索引。空间数据库除了业务属性字段的索引以外,还需要设计几何图形字段的索引。值得注意的是,空间索引虽然可以有效提高空间计算速度,但也会消耗大量存储空间,甚至影响空间数据的编辑和写入性能,所以需要权衡空间索引方案。

(4)编写数据库脚本。空间数据库脚本是数据库创建的快捷方式,在综合考虑和分析各种因素的前提下,将逻辑模型转换成 SQL 脚本,以便直接在 DBMS 中执行并快速生成数据库。程序 6-1 给出了 PostGIS 的数据表 SQL 脚本示例。

程序 6-1　数据表 SQL 脚本示例

```
DROP TABLE IF EXISTSPS_Polyline;
/* ==================================================* /
/*  Table: PS_Polyline* /
/* ==================================================* /
CREATE TABLE PS_Polyline (
    Cod     evarchar(20)    primary key,
    Typ     evarchar(50)    not null,
    Owner   varchar(20)     not null,
    Geom    geometry        not null
);
```

6.3.4　空间数据库设计报告

数据库设计人员在完成数据库的概念模型、逻辑模型和物理模型设计以后，需要将设计说明和各类模型归档并编写成数据库设计报告。数据库设计报告包括以下内容。

(1)前言。介绍项目背景和目标、文档编写目的、文档引用的参考文献、报告中使用的术语等内容。

(2)数据库环境说明。叙述项目选用的数据库管理系统名称及版本，以及数据库安装环境，如服务器配置、操作系统及版本等信息；说明本次数据库设计使用的设计工具、编制方法等。

(3)数据库命名规则。完整并且清楚地说明本数据库的命名规则，如果数据库的命名规则与相关规范不一致，需要做出说明和解释。

(4)数据库的概念设计。分层叙述数据库 E-R 图，并详细说明图中的实体和联系。

(5)数据表清单及表结构字典。使用表格列出数据库设计的数据表名称及其意义，并详细定义每个数据表的结构。

(6)安全性设计。设计人员为提高数据访问的安全性而设计的数据管理和数据访问的安全策略，包括防止非法操作数据库而采用的数据库管理账号和密码设置规则；在应用程序中控制数据库操作人员的角色及其权限。

(7)数据库管理与维护说明。在设计数据库时，及时给出管理与维护数据库的方法，有助于将来撰写出正确完备的用户手册。

6.4　空间数据库建设

6.4.1　空间数据库建设概述

根据空间要素语义的不同，地理信息领域将空间要素划分成不同应用主题的要素类别，再根据要素的几何维度，进一步将其划分为不同的要素类。要素类是同一主题、同一几何维度的一类空间要素。例如，控制点要素类、道路设施点要素类、道路线要素类、道路面要素类、水系点要素类、水系线要素类、水系面要素类、居民地面要素类等。

空间数据库以要素类为存储单元，将每个要素类存储为一个数据表，每个空间要素存储为一条记录。当前，虽然一些空间数据库支持同一个数据表以异构列模式存储不同类型的图形数据，但是许多标准和规范规定同一类型的图形数据要单独存储为一个数据表，即一个数据表仅存储一种几何维度的空间要素类。

空间数据库建设是按照应用语义类型和几何维度类型划分空间要素类别、为每个要素类创建数据表、向数据表录入相应空间数据的过程。因此，空间数据库建设的内容包括：收集和整理 GIS 业务管理所需的数据、图件、文档等资料，按照相关规范要求，将资料分类处理、加工、转换、存入数据库，对存入的数据进行质量检查和验收。

(一) 建设目标与任务

空间数据库建设的目标是按规范要求将相关资料存入空间数据库，建设任务包括：

(1) 建立空间数据库建设规范，约束数据库建设人员的操作流程，保证数据入库质量。

(2) 利用数据库设计方案创建数据库，建立数据表，定义数据表的结构。

(3) 为数据库建立统一的空间参考系统和高程基准，保证入库空间要素的完整性，方便空间数据的查询、检索和分析计算。

(4) 检查入库数据的质量，保证数据库的准确性和有效性，为地理信息系统提供准确的数据保障。

(5) 建立数据库的安全保障措施，设置用户访问权限，控制数据访问的安全策略。

(二) 建设原则

空间数据库建设要坚持以下原则：

(1) 实用性原则：要求数据库建设首先立足地理信息系统应用需求，其次突出空间数据库的特点。

(2) 标准化原则：要求数据库建立、资料处理、转换入库、数据格式及编码等操作均遵循国际标准、国家标准和行业规范。

(3) 数据独立性原则：要求地理信息系统和数据存储结构分离、各数据表(要素类)相互独立，数据库的访问不能依赖具体的应用系统，数据表的访问尽可能减少连接查询。

(4) 数据完整性原则：要求空间数据库建立一套数据约束规则，保证数据的逻辑一致性、正确性、有效性和相容性。

(5) 动态更新和可扩展原则：要求空间数据库能根据现实世界的变化而做出快速修改，保持空间数据的现势性。

(6) 一致性原则：要求数据库的表名称、属性名称、术语在整个数据库中保持一致，避免二义性。

(三) 空间数据库建设流程

由于空间数据库建设工作量大、任务艰巨、人员多、用时长，因此在建库工作开始之前要认真规划，做好建库方案，然后按照计划稳步实施。数据库建设流程可以划分为前期准备、数据入库和后期质检总结 3 个阶段、12 个步骤。

(1) 前期准备阶段。

①确定数据库建设目标。数据建库人员要认真分析地理信息系统的需求，确定数据库建设的目标与要求，确定建设内容，确定入库资料清单。

②制定建库方案。确定数据表清单、数据库管理系统和建库技术路线，制定数据建库的

工作方案，明确各阶段工作时间、工作内容、工作方法、工作工具、质量标准等内容。

③编制建库规范。数据建库人员要收集和整理相关标准，编制数据入库的操作规范和质量评价体系。

④资料收集和预处理。收集所需资料，分类归档并建立资料目录，标明资料类型、名称、用途等内容，空间数据资料还要标注存储格式、空间参考系、比例尺、空间范围等信息项；然后对收集的资料进行入库前的预处理，包括前期质量检查、坐标系转换、属性数据归整等。

(2)数据入库阶段。

①建立数据库。根据数据库设计的物理模型建立数据库，设置数据库各项参数，优化数据库配置。

②数据入库是将前期预处理的数据转换并存入数据库。此阶段工作强度大、技术要求高。

③建立元数据库。根据空间元数据标准描述和定义数据表的空间信息，并存入元数据表。

④制作专题图。专题图是数据入库完成以后呈现数据成果的最好形式之一，专题图也是检查空间数据成果质量的重要方法。

(3)后期质检总结阶段。

①质量检查评审。质量检查是对入库成果质量进行把控的过程，即按照相关标准和规范逐项检查各项指标，评估数据库成果的质量。

②完善数据库。根据数据库质量评审意见，建库人员对数据库进行补充、修改和完善，使得数据库成果符合质量要求。

③数据库测试。依据数据库建设目标、内容、规范，测试人员利用 SQL 脚本或高级语言编写数据访问测试程序，对数据库进行正确性测试、性能测试、压力测试和破坏性测试等，以验证数据库各项指标是否符合建设目标和规范。

④总结报告与验收。编写数据库建设工作的总结报告，内容包括建库目标和内容、技术方案和工具、入库流程、入库成果清单、质量评估、测试结果、存在的问题、成果评价等。

6.4.2　数据入库

数据入库可以分为两类：一是数据转换入库，二是数据直接入库。

(一)数据转换入库

数据转换入库是将源数据转换为中间数据格式，再由数据库管理软件将中间数据格式文件导入数据库。数据转换入库一方面是为了解决数据库管理系统不兼容源数据，无法直接将空间数据导入数据库的问题；另一方面是为了对入库数据进行重新编辑和检查数据质量，避免在入库过程中丢失数据，所以在入库前要对入库数据进行转换、处理再入库。例如，在使用 AutoCAD 软件或其二次开发的软件(如 CASS)制作的数字地图 DWG 文件入库时，由于 PostGIS 无法直接读取 DWG 文件，所以需要使用 QGIS 或其他 GIS 软件将其转换为 SHP 文件，再将 SHP 文件导入空间数据库。

（二）数据直接入库

数据直接入库是将数据库兼容的数据格式直接导入数据库。例如，PostGIS 软件支持 SHP 文件、EXCEL 文件、CSV 文件的读取和导入。下面以城市地下管线数据为例，介绍数据直接入库的操作过程。

（1）数据说明。

在城市地下管线探查项目中，管线的外业调查数据和探查数据均存储为 EXCEL 文件，表 6-1 和表 6-2 给出了排水管点和排水管段的示例数据。

表 6-1　排水管点示例数据

点号 ExpNo	*X*	*Y*	地面高程 SurfH	埋深 DeepH	管点类型 PCode	附属物 Subs	…
WS304	76218	4208.813	146.25	142.15	WS	检修井	…
WS001	76236	4208.953	145.83	141.12	WS	检修井	…
WS022	76446	4183.373	133.07	129.19	WS	检修井	…
WS023	76486	4183.374	134.42	130.5	WS	检修井	…
WS024	76563	4183.376	136.65	132.8	WS	检修井	…
WS025	76605	4183.378	137.97	133.92	WS	检修井	…
YS073	76647	4183.406	139.39	135.59	WS	检修井	…
WS026	76685	4183.402	140.51	136.81	WS	检修井	…
WS028	76797	4183.373	142.38	138.63	WS	检修井	…

表 6-2　排水管段示例数据

线号 FID	起点 S_Point	终点 E_Point	管线类型 PCode	管线敷设类型 DType	材质 Material	管径 DSize/mm	…
1	WS022	WS072	WS	直埋	混凝土	600	…
2	WS023	WS022	WS	直埋	混凝土	600	…
3	WS024	WS023	WS	直埋	混凝土	600	…
4	WS025	WS024	WS	直埋	混凝土	600	…
5	YS073	WS025	WS	直埋	混凝土	600	…
6	WS026	YS073	WS	直埋	混凝土	600	…
7	WS028	WS026	WS	直埋	混凝土	600	…
8	YS075	WS028	WS	直埋	混凝土	600	…
9	WS030	WS075	WS	直埋	混凝土	600	…
10	WS031	WS030	WS	直埋	混凝土	600	…
11	WS032	WS031	WS	直埋	混凝土	600	…

续表6-2

线号 FID	起点 S_Point	终点 E_Point	管线类型 PCode	管线敷设类型 DType	材质 Material	管径 DSize/mm	…
12	WS034	WS032	WS	直埋	混凝土	600	…
13	WS035	WS034	WS	直埋	混凝土	600	…

(2)导入 EXCEL 文件。

上述 EXCEL 文件可以使用 PostgreSQL 数据库管理软件按点信息、线信息、面信息的顺序依次直接导入空间数据库，然后在空间数据库中使用 SQL 语句，分别生成点空间数据表、线空间数据表和面空间数据表。

(3)生成空间数据表。

在完成排水管点和管段 EXCEL 文件导入后，可以在 PostGIS 数据库中使用 SQL 语句生成管点几何图形数据和管段几何图形数据。操作步骤如下：

①生成管点几何图形数据。

首先给管点数据表(ws_point)添加几何图形字段，语句如下：

```
ALTER TABLE ws_point
    ADD COLUMN geom geometry(POINT, 4490);
```

生成管点几何图形数据，语句如下：

```
UPDATE ws_point
    SET geom=ST_SetSRID(ST_MakePoint(x, y), 4490);
```

②生成管段几何图形数据。

首先给管段数据表(ws_line)添加几何图形字段，语句如下：

```
ALTER TABLE ws_line
    ADD COLUMN geom geometry(LINESTRING, 4490);
```

生成管段几何图形数据的语句如下：

```
UPDATE
    ws_line A
SET
    geom =ST_SetSRID( ST_MakeLine ( b.geom,  C.geom ), 4490)
FROM
    ws_point b,
    ws_point C
WHERE
    A."S_Point" = b."ExpNo"
    AND A."E_Point" = C."ExpNo";
```

经过以上各步骤操作后，生成的排水管点、管段几何图形数据如图 6-2 所示。

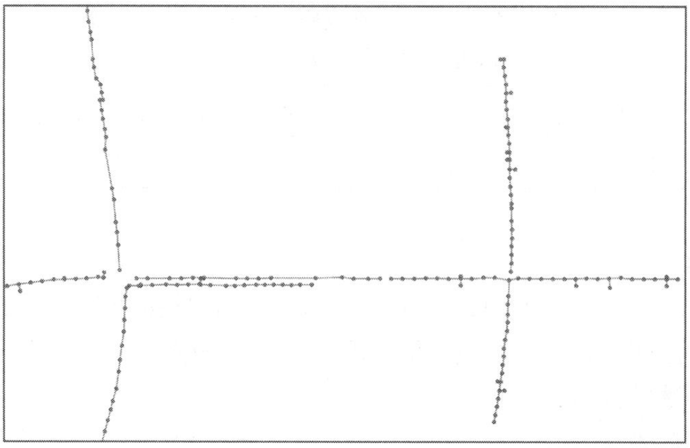

图 6-2　排水管点、管段几何形数据

6.4.3　空间数据库质量控制

(一)空间数据库质量

空间数据质量是指空间数据在表达空间位置、专题属性、时间属性等信息方面的准确性、一致性、完整性等特性。空间数据库的数据质量是一个相对的和动态的概念,空间数据质量标准都是在特定时代针对特定应用领域制定的,因此同一类型的数据在不同的应用领域、不同时代的质量定义和标准也会不同。

为了保证空间数据质量,空间数据库建设人员要在需求分析、数据库设计、数据预处理、建库入库等环节实施质量保证措施。这些措施包括:

(1)空间数据库需求分析阶段的质量保证措施。

①要准确把握建设单位建设数据库的目的和要求,数据库建设的目的是以满足用户使用需求为基础,也是数据质量的最低要求。

②完成数据库需求分析后,要组织专家评审需求分析文档,确保需求分析的正确性。

③要确保资料收集的准确性、全面性、一致性,尤其是原始地图资料的空间参考系、比例尺、地图定向、存储方式、测量时间、制图方法等信息。

(2)数据库设计阶段的质量保证措施。

①概念模型要能准确表达业务中的概念、实体及其关系,还要对照数据流图和数据字典,或者面向对象的类图/对象图,检查是否有实体遗漏、实体类型是否准确等。

②逻辑模型既要满足业务领域对数据精度、完整性、一致性等的要求,又要选择合适的数据表达方式,设置数据项的约束性。

③物理模型要考虑数据库管理系统的稳定性,选择的存储介质要能满足文件存储量的变化,还要确认承载介质的质量可靠性等。

(3)数据预处理过程中的质量保证措施。

①首先要整理、清绘原始地图、表格等资料,对于质量不高的数据源,可以收集一些参考和对照数据,使用数据内插、融合等方法尽可能提高数据精度。

②坐标转换过程要选取高精度的控制点计算转换参数，选用高精度的转换算法，提高转换计算精度。

③数据格式转换过程要注意转换算法精度，保持空间拓扑关系的一致性等。

④图幅接边既要选择合适的接边规则控制接边精度，还要合并图幅边缘同一要素的属性，保证属性的一致性。

(4)建库入库过程的质量保证。

①在建立数据库时，一定要保证建库操作的准确性，确认图层或数据表名称、数据字段的类型和精度等与设计文档保持一致。在使用 GIS 软件创建和修改图层时，要注意数学基础的准确性，比如设置坐标系时，要注意坐标系代号、各数学参数的正确性。在建立数据集时，要保证数据集坐标系参数、拓扑规则等的正确性。

②在数据入库环节，一定要保证空间图形不发生变形、偏移，以及空间关系的一致性；还要保证属性数据精度不产生损失。

③入库完成后，要检查空间要素是否全部转换入库，每个空间要素的属性是否全部入库等。

(5)数据质量评估。

数据库建设完成后，要依据相关标准或规范检查和评估数据库的质量，组织建设单位人员和相关专家对数据质量进行评审、评定。

(二)空间数据质量检查实例

本小节以 6.4.2 小节中城市排水管线入库数据为例，介绍空间数据质量检查方法与操作过程。

(1)市政管线数据质量检查。

数据入库完成以后，需要根据项目要求，建立数据质量检查表(表 6-3)。这些检查内容宜采用人工检查方式，检查工具使用 GIS 软件，如 QGIS。

表 6-3　市政管线空间数据检查表

大项	小项	检查要求
雨水管线	管点	图面符号符合《城市综合地下管线信息系统技术规范》(CJJ/T 269—2017)
	管线段	同上，管线段上必须标明流向
	注记	注记要符合项目规范，要有辅助线指示
污水管线	管点	图面符号符合《城市综合地下管线信息系统技术规范》(CJJ/T 269—2017)
	管线段	同上，管线段上必须标明流向
	注记	注记要符合项目规范，要有辅助线指示
其他管线	管点	图面符号符合《城市综合地下管线信息系统技术规范》(CJJ/T 269—2017)
	管线段	同上
	注记	只需标注管点

(2)空间拓扑关系检查。

检查内容包括：

①是否存在重合管点。

②是否存在孤立管点。

③是否存在重合管线。

④管线是否存在起止管点。

⑤管点是否存在重复编号。

⑥管线是否存在重复编号。

⑦管线是否为悬挂管段。

可采用空间结构化查询语句进行检查。

例 6-1 检查管点是否存在重合的情况，语句如下：

```
SELECT COUNT(0),COUNT(DISTINCT(ST_AsText(geom))) FROM ws_point;
```

上述语句中，如果两个 COUNT 结果不相等，且后者小于前者，则说明数据库中存在重合的管点。

例 6-2 检查是否存在孤立管点，语句如下：

```
SELECT
    *
FROM
  ws_point
WHERE
  "ExpNo" NOT IN ( SELECT "S_Point" FROM ws_line )
  AND "ExpNo" NOT IN ( SELECT "E_Point" FROM ws_line );
```

例 6-3 检查是否存在悬挂管线，即管线的起始点或终止点不存在，语句如下：

```
SELECT
    *
FROM
    ws_line
WHERE
    "S_Point" NOT IN ( SELECT "ExpNo" FROM ws_point )
    OR "E_Point" NOT IN ( SELECT "ExpNo" FROM ws_point );
```

(3)属性质量检查。

检查内容见表 6-4，宜采用数据库脚本检查，辅以人工检查。

表 6-4　属性检查内容

图层	检查项	完整性检查	约束
管点图层	物探点号	是否符合项目规范中的命名规则	M
	附属物	必填其中一项	M
	特征		
	地面高程	取(0, 20)区间的有效数字	M
	X 坐标	必须在市行政区划范围	M
	Y 坐标	必须在市行政区划范围	M
	可见性	取值：0—明显点，1—隐蔽点	M
	井盖材质		M
	井盖规格	取值：无井、圆井、方井	M
	井盖大小	格式必须为长×宽(长、宽必须均为有效数字)，或者直径(有效数字)	M
	符号角度	取值 0~360	M
	井底深	附属物为雨水篦、污水篦、检查井、入孔、手孔、××井时，必填	C
	所在道路		M
	管线类型	符合《城市综合地下管线信息系统技术规范》(CJJT 269-2017)	M
	权属单位	单位名称，且该单位名称明显不符为异常	M
管线图层	埋设年代	4 位有效整数，取值>1960	M
	探测日期	格式 yyyy-MM-dd	M
	起始物探点号	当起始点为测量点时必填	C
	终止物探点号	当终止点为测量点时必填	C
	管线材质	实际材质或空管	M
	流向	取值：0—起点流向终点，1—终点流向起点，管线类型为 PS/WS/DL/RQ 时必填	C
	管径	格式必须为长×宽(长、宽必须均为有效数字)，或者直径(有效数字)	M
	所在道路		M
	管线类型	符合《城市综合地下管线信息系统技术规范》(CJJT 269-2017)	M
	权属单位	单位名称，且该单位名称明显不符为异常	M

注：M 表示必填约束，C 表示有条件的约束。

例 6-4 检查管点是否在行政区划(数据表为 district)内，语句如下：

```
SELECT
    *
FROM
    ws_point a, district b
WHERE
    ST_Within(a.geom, b.geom);
```

(4)逻辑一致性检查。

检查内容见表 6-5，检查方法可以采用人工检查或 SQL 程序检查。

表 6-5 管点、管线逻辑一致性检查内容

检查项	检查内容或方法
雨水和污水管的埋深与流向	①同一管线的起、终点标高减去埋深值，为管点的底板标高。 ②根据起、终点底板标高判断流程：当起点底板标高>终点底板标高时，流向为 0，否则为 1。 ③检查管线流向是否和②判断结果一致
编码与类型	根据管点物探点号的编号规则判断是否和管点类型一致
管点可见性与附属	管点附属物为雨水篦、污水篦、检查井、入孔等时，管点应为可见
井盖规格与大小	①无井盖时，大小为空。 ②矩形时，格式为长×宽(长、宽必须均为有效数字)。 ③圆形时，值为有效数字
管线类型与起、终点管点	管线大类应与其起、终点管点大类保持一致，如污水管点的起、终点只能是雨水或污水管点

例 6-5 检查排水管线的流向是否与管线埋深一致，语句如下：

```
SELECT
    "Direction",
CASE
    WHEN "S_Deep" > "E_Deep" THEN 0
    ELSE 1
END
FROM
    ws_line;
```

6.5　空间数据库建设实例

6.5.1　数据概况与建库要求

(一)数据概况

某测量单位承担了农村建筑物测量和数据库建设工作，制图员使用 AutoCAD 编制了农村建筑物测量图，建筑物图形(封闭多段线)存储在“建筑物”图层，建筑物编号注记存储在“注记”图层，行政区划图形(封闭多段线)和名称注记存储在“行政区划”图层，道路多段线存储在“道路”图层。编制的 CAD 图纸如图 6-3 所示。农村建筑物外业调查信息数据存储为 EXCEL 文件，如表 6-6 所示。

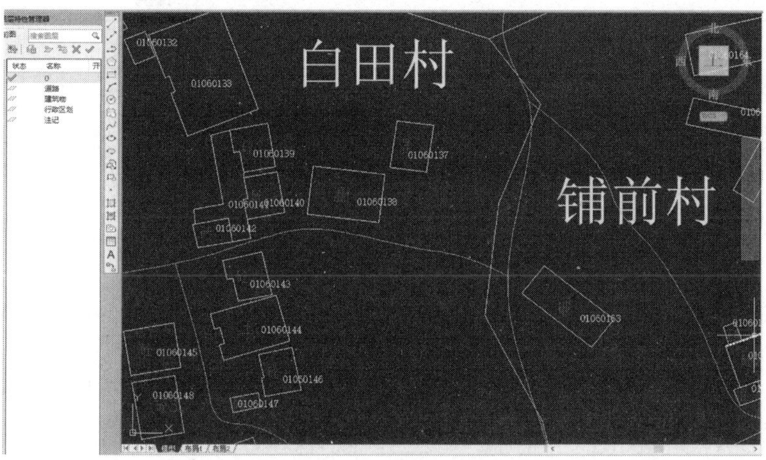

图 6-3　农村房屋测量图

(二)建库要求

农村建筑物管理部门要求使用 PostGIS 管理农村建筑物信息数据，具体要求如下：

(1)创建“建筑物”数据表 building，导入 CAD 图纸中的建筑物图形数据和外业调查信息数据。

(2)创建“建筑物注记”临时数据表 bld_annotation，导入 CAD 图纸中的建筑物注记。

(3)创建“行政区划”数据表 district，导入 CAD 图纸中的行政区划图形。

(4)创建“行政区划注记”临时数据表 dst_annotation，导入 CAD 图纸中的行政区划注记。

(5)创建“道路”数据表 road，导入 CAD 图纸中的道路图形。

(6)根据建筑物图形与建筑物注记之间的空间包含关系，将注记中的建筑物编号文本赋给 building 编号字段。

(7)根据行政区划与行政区划注记之间的空间包含关系，将注记中的行政区划名称文本赋给 district 表的区划名称字段。

(8)导入建筑物外业调查数据表，根据建筑物编号将调查数据表的建筑物信息赋给 building 表的对应记录。

(9)检查 building 表是否存在建筑物编号为空的记录，即查询显示编号为空的建筑物编号。

(10)检查是否有道路穿过建筑物，即查询显示所有被道路穿过的建筑物编号。

(11)检查是否有相交的建筑物，即查询显示所有相交的建筑物。

(12)检查建筑物图形是否跨越两个行政村，即查询显示跨村界的建筑物编号。

分析以上建库要求，可以看出：要求(1)~(5)的主要任务是建立空间数据表并导入 CAD 的图形实体，要求(6)~(8)是根据图形之间的空间包含关系赋给相应的属性值，要求(9)~(12)是使用空间关系检查入库数据的质量。

表 6-6　建筑物调查数据

序号	所在乡镇	所在村	建筑编号	户主名称与证号	建筑结构	层数	使用状况	建筑面积	用地面积
15944	源南镇	白田村	01061344	蔡×彬，44252519360601××××	木结构	1	空置	7	5.04
19618	源南镇	白田村	01062217	李×斌，44160219780807××××	红砖瓦	1	生产	9.57	9.57
21013	源南镇	白田村	01062366	廖×常，44161119771115××××	砖混	2	居住	164.9	82.59
71364	源南镇	白田村	01062721	周×坤，44252519550823××××； 蔡×霞，44160219810521××××； 王×财，44163419681019××××	红砖瓦	1	养殖	207.14	207.14
76208	源南镇	白田村	01062939	张×扬，44160219711115××××	铁皮	1	养殖	164.4	164.4
76275	源南镇	白田村	01063006	蔡×才，44160219730703××××； 蔡×彬，44252519360601××××	红砖瓦	1	居住	92	73.71
76373	源南镇	白田村	01063105	张×忠，44252519660718××××	红砖瓦	1	居住	42.83	42.83
76497	源南镇	白田村	01063228	蔡×霞，44160219810521××××	红砖瓦	1	居住	50	39.36
76577	源南镇	白田村	01063308	张×平，44252519660809××××	泥砖瓦	1	养殖	12.42	9.42
2197	源南镇	白田村	01060002	李×发，44252519510316××××	石棉瓦	1	养殖	57.91	57.91
…	…	…	…	…	…	…	…	…	…

说明：表中户主名称与证号一栏中，户主名称和证号使用半角逗号分隔，多个户主之间使用半角分号分隔。

6.5.2　数据库设计

本实例仅以数据概况中给出的示例数据为依据，设计数据库的概念模型、逻辑模型和物理模型。数据表名称使用建库列出的名称，字段名称使用中文名称拼音首字母命名(如建筑编号字段名为 jzbh)，字段类型根据示例数据类型和最大长度进行定义。

(一)概念模型

分析数据概况和建库要求，可以得出数据库的实体和对应属性包括：

(1)建筑物(building)：标识号(id)、所在村(szc)、建筑编号(jzbh)、建筑结构(jzjg)、建筑层数(jzcs)、使用状况(syzk)、建筑面积(jzmj)、用地面积(ydmj)、几何图形(geom)。

(2)行政区划(district)：<u>标识号(id)</u>、名称(mc)、几何图形(geom)。

(3)道路(road)：<u>标识号(id)</u>、几何图形(geom)。

(4)建筑物注记(bld_annotation)：<u>标识号(id)</u>、注记文本(zjwb)。

(5)行政区划注记(dst_annotation)：<u>标识号(id)</u>、注记文本(zjwb)。

(6)建筑户主(householder)：<u>户主证号(hzzh)</u>、户主名称(hzmc)。

上述实体列表中，带下划线的属性为主码。

进一步分析农村建筑物管理的实际情况，可以得出：虽然上面列出了 6 个实体(数据表)，但最终成果只包括建筑物(building)、行政区划(district)、建筑物户主(householder)和道路(road) 4 个数据表，其余 2 个注记数据表是数据导入生成的中间数据表。进而分析得到以下关联关系：

(1)一个行政区划(村)包括多个建筑物。

(2)一个建筑物有多个户主，一个户主有多个建筑物。

根据以上分析，使用 Power Designer 16.5 软件进行概念模型设计，得到图 6-4 所示的 E-R 图。

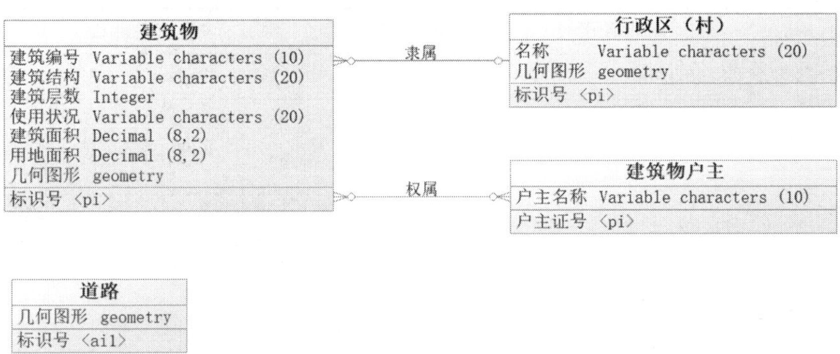

图 6-4　E-R 图

(二)逻辑模型

使用 Power Designer 自带的“Generate Logical Data Model”工具，将概念模型转换为逻辑模型，结果如图 6-5 所示。对比逻辑模型和概念模型，可以看出：概念模型中多对多的“权属”关系在逻辑模型中映射成了实体“权属”；一对多的“隶属”关系则没有映射为单独的实体，而是成为建筑物的一个属性。

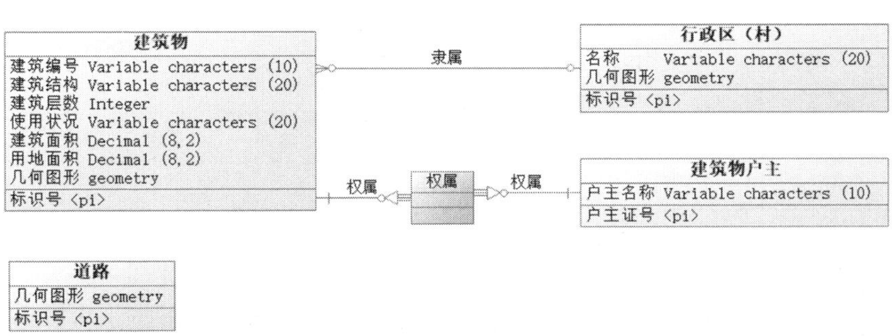

图 6-5　逻辑模型图

建筑物数据表、行政区划数据表、建筑物户主数据表、道路数据表的表结构如表 6-7 所示。

表 6-7 表结构

1. 建筑物数据表名称：building

序号	字段名称	中文别名	类型	宽度精度	必填	备注
1	id	标识号	长整型		√	主码，自增
2	jzbh	建筑编号	文本	10	√	
3	jzjg	建筑结构	文本	20		
4	jzcs	建筑层数	整数		√	
5	syzk	使用状况	文本	20	√	
6	jzmj	建筑面积	数字	8，2	√	
7	ydmj	用地面积	数字	8，2	√	
8	geom	几何图形	GEOMETRY		√	

2. 行政区划数据表名称：district

序号	字段名称	中文别名	类型	宽度精度	必填	备注
1	id	标识号	长整型		√	主码，自增
2	mc	名称	文本	10	√	
3	geom	几何图形	GEOMETRY		√	

3. 建筑物户主数据表名称：householder

序号	字段名称	中文别名	类型	宽度精度	必填	备注
1	id	标识号	长整型		√	主码，自增
2	hzzh	户主证号	文本	18	√	主码
3	hzmc	户主名称	文本	20	√	

4. 道路数据表名称：road

序号	字段名称	中文别名	类型	宽度精度	必填	备注
1	id	标识号	长整型		√	主码，自增
2	geom	几何图形	GEOMETRY		√	

(三) 物理模型

使用 Power Designer 的“Generate Physical Data Model”工具，将逻辑模型转换为物理模型，如图 6-6 所示。

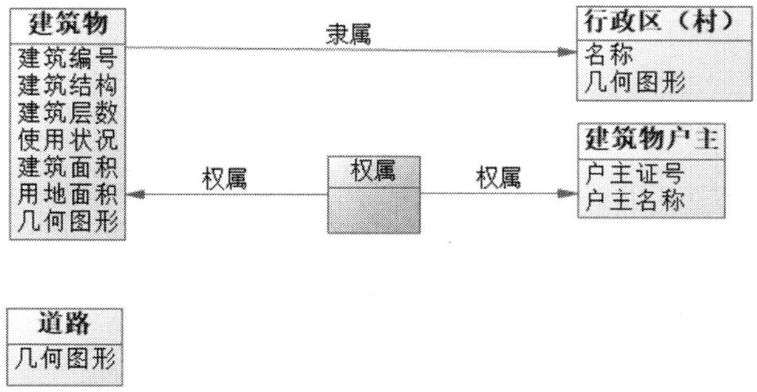

图 6-6　物理模型图

生成数据库 SQL 脚本如程序 6-2 所示。

程序 6-2　数据库 SQL 脚本

```
/* ==========================================* /
/* 建筑物数据表：building
/* ==========================================* /
DROP TABLE IF EXISTS building;

CREATE TABLE building (
    id        SERIAL8          PRIMARY KEY     ,
    jzbh      VARCHAR(10)      not null        ,
    jzjg      VARCHAR(20)      null            ,
    jzcs      INT4not          null            ,
    syzk      VARCHAR(20)      not null        ,
    jzmj      DECIMAL(8, 2)    not null        ,
    ydmj      DECIMAL(8, 2)    not null        ,
    geom      GEOMETRY         not null        ,
    cwhid     INT8             not null REFERENCES district(id)
);
- - 创建索引
CREATE UNIQUE INDEX idx_building ON building (jzbh);
- - 创建空间索引
CREATE INDEX gidx_building ON building USING GIST(geom);

/* ==========================================* /
/* 行政区划表：district                        * /
/* ==========================================* /
DROP TABLE IF EXISTS district;

CREATE TABLE district (
    id        SERIAL8          PRIMARY KEY     ,
    mc        VARCHAR(20)      not null        ,
```

```
    geom        GEOMETRY          not null
);
--创建空间索引
CREATE INDEX gidx_district ON district USING GIST(geom);

/* ========================================* /
/* 建筑物户主数据表：householder              * /
/* ========================================* /
DROP TABLE IF EXISTS householder;

CREATE TABLE householder (
    id          SERIAL8           PRIMARY KEY,
    hzzh        VARCHAR(18)       not null,
    hzmc        VARCHAR(10)       not null
);
--创建索引
CREATE UNIQUE INDEX idx_householder ON householder (hzzh);

/* ========================================* /
/* 道路数据表：road                           * /
/* ========================================* /
DROP TABLE IF EXISTS road;

CREATE TABLE road (
    id          SERIAL8           PRIMARY KEY,
    geom        geometry          not null
);
--创建空间索引
CREATE INDEX gidx_road ON road USING GIST(geom);

/* ========================================* /
/* 权属关系数据表：ownership                     * /
/* ========================================* /
DROP TABLE IF EXISTS ownership;
CREATE TABLE ownership (
    id          SERIAL8           PRIMARY KEY,
    hzzh        VARCHAR(18)       not null REFERENCES householder(hzzh),
    jzbh        VARCHAR(10)       not null REFERENCES building(jzbh)
);
--创建索引
CREATE INDEX idx_ownership_hzzh ON ownership (hzzh);
CREATE INDEX idx_ownership_jzbh ON ownership (jzbh);
```

6.5.3　数据入库

本实例数据入库包括三个环节：CAD 图形数据入库、属性数据入库与图形挂接、生成建筑物与户主权属关系数据表。

（一）CAD 图形数据入库

（1）CAD 数据转换存入数据库。

为了将 CAD 图形导入 PostGIS 数据库中，首先要使用 QGIS 软件打开 CAD 图形，并将行政区划图层、道路图层、建筑物图层导出为 SHP 文件，然后使用 PostGIS 自带的 shp2pgsql 命令导入 SHP 文件。shp2pgsql 命令的基本格式如下：

```
shp2pgsql [<options>] <shapefile> [<schema>.]<table> | <psql 连接参数>
```

其中，options 参数包括数据系设置、几何图形字段等，详见 *PostGIS dev mannual*；shapefile 是要导入的 SHP 文件路径和文件名称；schema 是要导入的数据库模式名称，可选项；table 是要导入的数据表名称；psql 连接参数见 4. 1. 2 小节。

例如，要将 srid = 4498 空间参考系的 d: \data\road. shp 文件导入本地 PostGIS 数据库 mygdb，命令如下：

```
<postgis_path/>shp2pgsql - s 4498 d: /data/road.shp public.road | psql - d mygdb
```

其中 postgis_path 是 PostGIS 安装目录；public. road 是数据库 mygdb 的 public 模式中的 road 数据表。

（2）转换几何图形维度。

CAD 的注记层导出的 SHP 文件结构如表 6-8 所示，注记文本存储在 SHP 文件的“text”字段，注记所在位置存储在“shape”字段。使用 shp2pgsql 命令将注记 SHP 文件导入空间数据库，空间数据表结构同表 6-8，几何图形字段仍为 shape。

表 6-8　建筑物注记数据表部分数据

objectid	entity	handle	layer	…	text	shape
1	Text	2AE	建筑物	…	1060131	POINTZ(45083. 62 18615. 65572181 0. 00)
2	Text	2EF	建筑物	…	1060132	POINTZ(45098. 04 18602. 32187401 0. 00)
3	Text	2EE	建筑物	…	1060133	POINTZ(45109. 45 18593. 75112294 0. 00)
4	Text	2F5	建筑物	…	1060139	POINTZ(45122. 51 18578. 91916289 0. 00)
5	Text	2FC	建筑物	…	1060140	POINTZ(45124. 68 18568. 4633172 0. 00)
6	Text	303	建筑物	…	1060141	POINTZ(45117. 28 18568. 06875727 0. 00)
7	Text	30A	建筑物	…	1060142	POINTZ(45114. 62 18563. 03811456 0. 00)
…	…	…	…	…	…	…

从表 6-8 可以看出，注记表的图形字段为三维点图形，为了方便数据处理，需将注记图形数据转换为二维几何图形。下面以建筑物表 building 为例，使用 SQL 语句转换几何点的维度：

```
- - 添加图形字段 geom
ALTER TABLE public.building
```

```
        ADD COLUMN IF NOT EXISTS jzbh VARCHAR(10),     --jzbh 为建筑物编号
        ADD COLUMN IF NOT EXISTS geom geometry;

    --将导入的图形转换为二维几何图形
    UPDATE public.building
        SET geom = ST_Force2d(shape);

    ALTER TABLE public.district
        ADD COLUMN IF NOT EXISTS geom geometry;
```

(3)注记文本转属性。

根据多边形与注记(点状)的包含关系，将建筑物编号注记文本赋值给建筑物表 bulding 的 jzbh 字段，将行政区划名称注记文本赋给行政区划表 district 的 mc 字段。语句如下：

```
    --将建筑物编号注记文本赋给建筑物表的 jzbh 字段
    UPDATE public.building  a
        SET
            jzbh = b.text              --text 为建筑物注记表的注记文字字段
        FROM
            public.bld_annotation b    --bld_annotation 为建筑物注记表
        WHERE
            ST_Contains ( a.geom, b.geom );

    --将行政区名称注记赋给行政区表的 mc 字段
    UPDATE public.district  a          --district 为行政区划表
        SET
            mc =b.text                 --text 为行政区划名称注记表的注记文字字段
        FROM
            public.dst_annotation b    --dst_annotation 为行政区划注记表
        WHERE
            ST_Contains ( a.geom, b.geom );
```

(二)属性数据入库与图形挂接

将外业调查数据 EXCEL 文件导入 PostGIS 的方法有两种：一是利用 PostgreSQL 数据库管理软件(如 pgAdmin、Navicat 等)导入，二是使用 PSQL 的 copy 命令导入。第一种方法支持的数据类型较多，可以直接将 EXCEL 文件里的表导入数据库，第二种方法仅支持 CSV(comma separated values)文件。因此，使用 copy 命令导入时需要先将 EXCEL 文件另存为 CSV 文件。PSQL 的 copy 命令格式如下：

```
copy <table> from '<csv_path>' [with csv header] [delimiter ','] [encoding '<encoding_name>'];
```

其中，table 为要导入的数据表名称，可以包含模式名称，数据表必须存在，字段要与 CSV 文件一一对应；csv_path 为 CSV 文件路径及名称；with csv header 为可选项，表示 CSV 第

一行是否包含表头；delimiter ',' 为可选项，表示 CSV 文件数据之间使用逗号',' 分隔；encoding '<encoding_name>' 为可选项，指定 CSV 文件的编码格式，如 encoding 'UTF8'。

例如，在 PSQL 命令中，使用如下语句将建筑物属性 building_info.csv 文件导入 bld_info 表中：

```
copy bld_info from 'e:/data/building_info.csv' with csv header delimiter ',' encoding 'UTF8';
```

接下来，要根据建筑物编号，将导入的建筑物属性信息更新到建筑物表 building 对应字段中，语句如下：

```
--更新建筑物信息
UPDATE building  a
    SET
        jzjg = b.jzjg,          --建筑物结构
        jzcs = b.jzcs,          --建筑物楼层数
        syzk= b.syzk,           --使用状况
        jzmj = b.jzmj,          --建筑面积
        ydmj = b.ydmj           --用地面积
    FROM
        bld_info b
    WHERE
        a.jzbh = b.jzbh;
```

为建筑物添加所属行政区划(村委会)字段，语句如下：

```
--添加所属村委会字段
ALTER TABLE building
    ADD COLUMN IF NOT EXISTS sscwh VARCHAR(20),
    ADD COLUMN IF NOT EXISTS cwhid INT8;

--根据空间关系，从行政区划表中更新建筑物行政区信息
UPDATE building A
    SET sscwh = B.mc
    FROM
        district B
    WHERE
        ST_Within(A.geom, B.geom);
```

根据村委名称的关联关系，将 building 数据表记录对应的行政区划表中的主码更新到 cwhid 字段，完成外码数据的填写，并删除 sscwh 字段。假设村委会名称不存在重名，则操作语句如下：

```
--更新 cwhid 字段信息
UPDATE buildinga
  SET cwhid = b.ID
  FROM
```

```
        district b
    WHERE
        a.sscwh = b.mc;
--删除原 sswch 字段
ALTER TABLE building DROP COLUMN sscwh;
```

(三)生成建筑物与户主权属关系数据表

分析表6-6建筑物调查数据表，可以看出建筑物的“户主名称与证号”信息存储了所有共有户主信息。这种存储格式违反了关系数据库理论的基本规则，需要将户主信息分成“户主名称”和“户主证号”两栏。如果一个建筑物有多个户主信息，还需要将该行数据拆成多行存储，从而实现建筑物与户主之间“多对多”($n:m$)的关系。处理语句如下：

```
--创建建筑物与户主的权属关系数据表
DROP TABLE IF EXISTS ownership;

CREATE TABLE ownership
AS
WITH foo AS
(
    SELECT
        jzbh, UNNEST(STRING_TO_ARRAY(hzxm, ';')) AS hz
    FROM
        postgres.bld_info
)
SELECT
  jzbh,SPLIT_PART(hz, ',', 1) AS hzmc,SPLIT_PART(hz, ',', 2) AS hzzh
FROM
  foo;

--从 ownership 表中导出并生成户主信息表 householder
DROP TABLE IF EXISTS householder;
CREATE TABLE householder
AS
SELECT
  DISTINCT hzzh, hzmc
FROM ownership;

--为户主数据表添加主码 id
ALTER TABLE householder
  ADD COLUMN id SERIAL8 primary key;
```

```
--删除权属关系表的户主名称字段
ALTER TABLE ownership
  DROP COLUMN hzmc;
--为权属关系表的户主证号添加参照约束
ALTER TABLE ownership
  ADD CONSTRAINT hzzh_fk FOREIGN KEY (hzzh) REFERENCES householder (hzzh),
  ADD CONSTRAINT jzbh_fk FOREIGN KEY (jzbh) REFERENCES building  (jzbh);
```

6.5.4　数据质量检查

(1)检查建筑物记录的建筑物编号是否为空，查询显示为空的建筑物标识号，语句如下：

```
SELECT jzbh
    FROM building
    WHERE jzbh is null or jzbh = '';
```

(2)检查是否有道路穿过建筑物，查询显示被道路穿过的建筑物编号，语句如下：

```
SELECT jzbh
    FROM buildinga, road b
    WHERE ST_Intersects(a.geom, b.geom);
```

(3)检查是否有相交的建筑物，查询显示相交的建筑物编号，语句如下：

```
SELECT a.jzbh||'与'||b.jzbh||'叠置'
    FROM buildinga, building b
    WHERE a.jzbh<>b.jzbh and ST_Intersects(a.geom, b.geom);
```

(4)检查建筑物图形是否跨越两个行政村，查询并显示跨村界的建筑物编号，语句如下：

```
SELECT a.jzbh
    FROM building a, district b
    WHERE ST_Intersects(a.geom, b.geom)
    GROUP BY a.jzbh
    HAVING COUNT(0)>1;
```

思考题

1. 空间数据库设计的目标和内容有哪些？
2. 空间数据库设计要坚持哪些原则？
3. 空间数据库设计包括哪些阶段？各阶段的主要任务有哪些？
4. 空间数据库建设包括哪些步骤？简要说明各步骤的主要内容有哪些。
5. 简要叙述空间数据质量的概念，以及包括哪些指标。
6. 结合具体应用案例，试列举数据质量检查的内容。
7. 在宗地测量中，外业测量人员使用SRID=21419坐标系测量宗地界址点，并将工作区所有界址点存为包括点号、X坐标和Y坐标的EXCEL文件“界址点.xls”；外业工作时，记录了每个宗地的界址点号，已存为宗地—界址点EXCEL文件“宗地界址点.xls”。界址点表、宗地—界址点表示例数据分别如表 6-9、表 6-10 所示。

表 6-9　界址点表示例

点号	*X*	*Y*
1	21139.00	2625761.00
2	22854.80	2625740.68
3	22813.44	2624169.17
4	21097.19	2624086.46
5	24819.18	2625699.32
6	24819.18	2624127.82
7	24922.57	2621998.01
8	22730.73	2621977.33

表 6-10　宗地—界址点表示例

宗地号	界址点
ZD1001	1, 2, 3, 4, 1
ZD1002	2, 5, 6, 7, 8, 3, 2

写出以下各小题的 SQL 语句：

(1) 试叙述将上述 EXCEL 文件导入 PostGIS 的方法。数据表：①界址点表名称为 jzd，字段名分别为 dh、*x*、*y*；②宗地表名称为 zd_jzd0，字段名分别为 zdh、jzds。要求写出创建 jzd、zd_jzd0 数据表的 SQL 语句，以及导入的 copy 命令。

(2) 为 jzd 数据表添加 SRID=21419 的点状几何图形的同构空间字段 geom。

(3) 根据界址点坐标值，为 jzd 的 geom 字段赋值，要求写入空间参考 SRID。

(4) 将上述 zd_jzd0 表改为符合关系数据库规则的数据表 zd_jzd，该表包括两个字段：宗地号(zdh)和界址点号(zjdh)。转换后的数据表如表 6-11 所示。

表 6-11　转换后的数据 zd_jzd

zdh	jzdh
ZD1001	1
ZD1001	2
ZD1001	3
ZD1001	4
ZD1001	1
ZD1002	2
ZD1002	5
ZD1002	6
ZD1002	7
ZD1002	8
ZD1002	3
ZD1002	2

(5)创建宗地数据表 zd，字段包括宗地号(字段名为 zdh，主码)和几何图形(字段名为 geom、面状同构列、SRID=21419)两个字段。

(6)根据界址点表 jzd 和宗地—界址点表 zd_jzd 生成宗地多边形，并将宗地号和生成的多边形存入数据表 zd 的字段 zdh 和 geom。

(7)查询并显示不属于任何宗地的孤立界址点的点号。

(8)检查并显示重叠宗地的宗地号。

(9)检查并显示宗地多边形自相交的宗地号。

第 7 章　空间数据的共享与互操作

多用户并发访问、空间数据共享与互操作是空间数据库管理模式的特色之一，基于 Web 服务方式共享空间数据和互操作是当前空间数据管理的主要方式。本章首先介绍空间数据共享与互操作的相关知识、Web 服务和空间信息服务的基本概念；其次介绍基于空间信息服务的空间数据共享与互操作方式，以及常用的空间信息服务发布和管理软件；然后结合具体用例介绍基于空间数据库的服务发布流程；最后介绍自定义空间数据访问服务开发实例。

7.1　空间数据共享与互操作概述

7.1.1　空间数据共享与互操作概念

(一) 空间数据共享

数据共享是指物理分离的用户能够按照一定规则访问数据的能力。物理分离是指数据访问用户和数据存储处于不同的应用环境。数据用户可以是数据操作人员，也可以是应用软件，或者开发语言。规则是数据提供者为共享数据制定的准则和协议，包括数据请求协议、数据回应协议等。

空间数据共享是指空间数据的共享访问能力，共享系统由空间数据提供者、空间数据访问者、空间数据访问规则、空间数据访问环境等几部分组成。空间数据共享体系结构如图 7-1 所示。

(1) 空间数据提供者（又称空间数据生产者）是为数据访问者提供数据资源的系统，具体指在空间数据资源之上开发的一套共享软件。空间数据资源可以是空间数据库，也可以是其他形式的空间数据。

(2) 空间数据访问者（又称空间数据消费者）处于空间数据共享体系的顶层，是数据共享的服务对象，具体指操纵空间数据的人员或应用软件，如桌面 GIS 系统、Web 应用系统等。

(3) 空间数据访问协议是指空间数据访问者向空间数据提供者发送访问请求的规则，以及空间数据提供者向空间数据访问者返回数据的响应规则。请求规则包括数据访问 API 名称及请求参数，响应规则包括返回数据的结构及数据内容。

(4) 空间数据访问环境是指支持空间数据共享的软件、硬件环境，包括操作系统、网络体系等。

因此，空间数据共享是在网络支持环境下，空间数据访问者按照空间数据请求规则向空间数据提供者发起数据请求，空间数据提供者接收请求并根据请求指令提取或处理数据资源，按照响应规则封装数据或处理结果，并向空间数据访问者返回请求数据的过程。

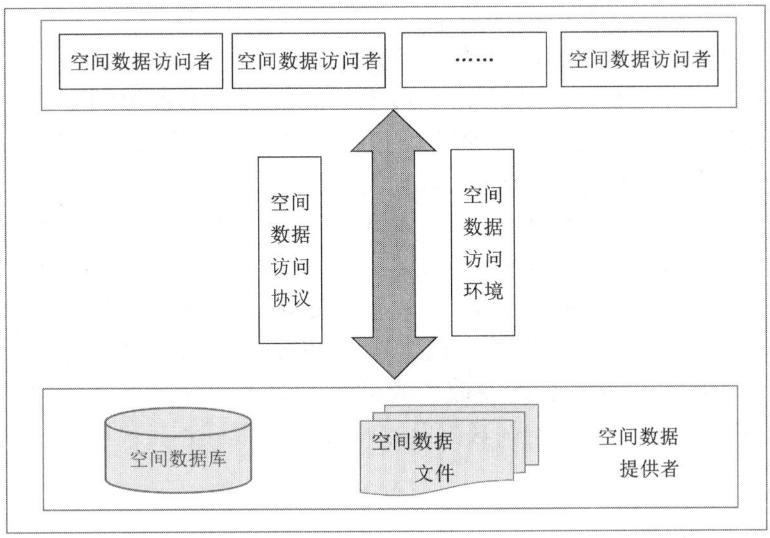

图 7-1　空间数据共享体系示意图

(二)空间数据互操作

空间数据互操作是在空间数据共享体系的基础上，空间数据提供者为空间数据访问者提供的数据操纵能力。空间数据操纵是空间数据访问者在数据操纵协议的支持下，远程读写、处理和分析空间数据。

(1)远程读写能力是指空间数据访问者对空间数据资源进行修改的能力，包括空间数据的增加、修改和删除等操作。

(2)空间数据处理能力是指空间数据提供者向空间数据访问者提供数据处理功能的能力，包括坐标系的转换、数据格式的转换、矢栅转换、尺度变换、数据裁切等操作。

(3)空间数据分析能力是指空间数据提供者向空间数据访问者提供面向主题应用的空间分析功能的能力，包括缓冲区分析、覆盖分析、路径分析、拓扑分析等。

7.1.2　空间数据共享与互操作模式

空间数据共享与互操作模式可分为基于格式转换的、基于直接数据访问的和基于 Web 服务的三种模式(吴立新等，2019)。

(一)基于格式转换的空间数据共享与互操作模式

这种模式是按照规范将多源异构的空间数据转换为坐标系统一和格式一致的数据集，数据访问者按照转换后的数据格式访问数据。这种模式需要将不同格式的空间数据转换成格式统一的空间数据，往往需要开发格式转换工具，或者使用管理软件将原始数据导出为指定格式的数据。因此，数据转换较为烦琐，甚至会引起数据损失；数据使用不同格式存储，可能会产生数据冗余；优点是数据共享访问和集成显示方法简单，效率较高。

(二)基于直接数据访问的空间数据共享与互操作模式

这种模式是指数据访问用户软件直接访问共享数据资源的方法，要求开发人员熟悉共享数据的结构，要在数据访问用户软件与共享数据之间开发一套数据访问引擎插件或中间件，实现共享数据的转换和访问。因此，这种模式开发难度较大，受到软件二次开发和共享数据格式等的限制，效率不高；优点是数据不需要重复存储、用户操作简单。

(三)基于 Web 服务的空间数据共享和互操作模式

这种模式是在统一的数据服务协议支持下访问共享数据资源的方式。为了实现标准化的空间数据服务，OGC 制定了一系列空间数据共享与互操作的服务规范，目的是在空间数据分布存储的环境下，使用户透明访问所需的空间数据资源。OGC 在 WebService 技术规范的基础上，制定了网络地图服务(web map service，WMS)、网络要素服务(web feature service，WFS)、网络覆盖服务(web coverage service，WCS)、网络地图瓦片服务(web map tile service，WMTS)、网络处理服务(web processing service，WPS)等一系列地图服务规范(OGC，2022)。这种模式要求数据提供者要按照 OGC 统一的服务规范和接口发布空间数据服务，数据访问者要按 OGC 规范获取所需的数据服务。这种模式的优点是数据共享简单、功能强大，现已成为主流的空间数据共享与互操作模式；但这种模式需要独立安装和部署空间信息服务软件。

7.1.3 Web 服务

因特网的迅猛发展使 Web 技术成为全球信息传递与共享的重要技术载体，Web 应用系统利用 HTML、CGI 等技术可以轻松地在因特网环境下实现数据交互。由于这些交互式动态应用分布在不同的地理位置，环境各异，而且数据组织形式各不相同，因此急需解决这些分布式、异构数据的共享与集成问题。Web 服务就是一种全新的 Web 应用模式，能够实现从简单请求到复杂数据分析与处理的功能。

Web 服务是一种面向服务架构的技术，通过标准的 Web 协议向服务访问者提供服务，目的是保证不同平台的应用服务和数据资源可以互相访问和操作。根据 W3C 的定义，Web 服务是一套软件系统，用以支持网络间不同机器的互操作。Web 服务通常由许多应用程序接口 API 组成，通过 Web 协议执行客户提交的服务请求，并返回服务数据(W3C，2004)。

因此，Web 服务是构造分布式、模块化应用程序和面向服务应用集成的最新技术和发展趋势。Web 服务不仅定义了数据访问接口 API，还定义了客户与服务数据传输的协议。常用的协议包括简单对象访问协议(simple object access protocol，SOAP)、万维网服务描述语言(web services description language，WSDL 2.0)、通用描述、发现与集成(universal description discovery and integration，UDDI)等。

在 Web 服务实现的技术体系中，RESTful 风格的 Web 服务是较为流行的技术之一。REST(representational state transfer)称为描述性状态迁移，是一种与服务器存储资源进行交互的设计模式，RESTful 设计模式通常与超级文本传输协议 HTTP 结合使用。这种模式中，每个资源都具有一个身份标签和数据类型，并支持一组数据操作(王磊等，2015)。

7.2　空间数据服务

7.2.1　空间数据服务概述

(一)空间数据服务概念

空间数据数据服务是一种面向空间数据的软件服务接口，封装了 GIS 领域常用的关键性空间数据操作，包括空间数据的增加、删除、修改、查询、处理和分析等。由于空间数据格式多样、存储类型不同，GIS 应用软件需要通过多种不同风格的接口来操作这些数据。随着 Web 服务技术的广泛应用，空间数据也开始使用 Web 服务发布成空间信息服务，降低了空间数据访问的复杂度。

因此，空间数据服务是以因特网为计算平台，以 Web 服务技术为基础的计算模型，以 SOA(service-oriented architecture)为基本架构构建应用系统，使用 Web 服务发布空间数据，实现地理空间数据的共享与互操作。空间数据服务不是独立的 GIS 应用软件，而是以 Web 服务为基础的共享地理数据和空间计算、分析功能的综合体系。

(二)空间数据服务优点

空间数据服务具有以下优点：

(1)空间数据服务可以让服务用户无须访问最底层的数据资源，有助于维持空间数据的完整性、一致性。

(2)空间数据服务可以提高空间数据的抽象程度和聚合程度，以及数据的共享和互操作能力，屏蔽数据访问差异。

(3)空间数据服务可以植入数据治理功能，提高数据安全性，包括数据访问监视、版本管理、数据类型重用和访问规则等。

(三)空间数据服务内容

空间数据服务能够发布空间数据、资源目录、资源元数据、业务数据及其元数据、地图服务及其元数据视图等。常用的空间数据服务包括：

(1)空间数据源服务是基于数据资源目录并将整个空间数据发布为服务的方式，用户能够直接访问数据资源。

(2)空间数据表服务是将数据库中特定数据表及字段发布成服务的方式，用户能够直接访问和操作空间数据记录(要素)。

(3)空间分析服务是将空间分析模型发布成服务的方式，用户能够利用分析服务选定多个数据表和字段，并组装和生成分析结果。

(4)空间信息服务是 GIS 领域最重要的服务，是 GIS 应用系统访问和显示空间数据最常用的方法。严格来讲，空间信息服务是空间数据服务的子集，但很多情况下二者可以等同。

7.2.2　OGC 空间数据服务

OGC 提出了一系列 OGC Web 服务(OWS)的概念，制定了一系列用于地理空间数据互操作的规范(OGC，2022)，主要有目录服务规范、网络地图服务规范、网络要素服务规范、网络覆盖服务规范、网络处理服务规范、网络地图瓦片服务规范等。

（一）目录服务规范

OGC 目录服务规范定义了发布、查找空间数据、服务、描述信息（即元数据）的格式。元数据用于表示空间数据的属性信息，能够被查询或用于数据处理。为了有效共享信息、服务，目录服务为访问地理数据目录提供了开放接口 API。

（二）网络地图服务规范

网络地图服务（web map service，WMS）规范为客户端请求地图服务提供了标准化方式，是一种动态地图服务。当客户端向 WMS 服务发出请求时，该服务根据请求参数生成栅格地图并返回客户端。客户端程序根据图层命名获取地图的元数据，包括地图大小、比例尺、空间参考等。WMS 还可以根据客户端指定的空间范围提取地图数据，并动态生成指定大小的栅格地图。

WMS 规范定义了三个基本操作：获取服务能力（GetCapabilities）操作，返回服务的元数据，即服务的信息内容和调用参数；获取地图（GetMap）操作，返回根据客户端请求参数生成的栅格地图；获取要素信息（GetFeatureInfo）是可选操作，返回客户端指定的地理要素信息。

（三）网络要素服务规范

网络要素服务（web feature service，WFS）规范是基于 Web 服务技术的地理要素在线服务标准，作用包括：①实现地理数据的 Web 服务，为用户提供所需地理要素数据；②用于异构系统的互操作，包括空间要素数据查询、浏览、提取、修改、更新等操作。

WFS 规范规定了五个基本操作：获取服务能力（GetCapabilities）操作，返回服务的元数据；要素类型特征描述（DescribeType）操作，返回要素元数据；获取要素（GetFeature）操作，返回要素数据；事务处理（Transaction）操作，根据用户请求完成要素的增加、删除、和修改；锁定要素（LockFeature）操作，根据用户请求锁定要素，防止要素被编辑。

（四）网络覆盖服务规范

网络覆盖服务（web coverage service，WCS）规范是在 Web 上发布栅格数据的标准，发布的栅格数据不仅包括栅格图像，还包括分析和建模等操作输入的数据。WCS 服务是以“Coverage”的形式实现栅格影像数据集的共享。

WCS 规范规定了三个基本操作：获取服务能力（GetCapabilities）操作，返回服务的元数据；覆盖描述（DescribeCoverage）操作，返回覆盖的完整信息；获取覆盖（GetCoverage）操作，返回用户请求的覆盖数据。

（五）网络处理服务规范

网络处理服务（web processing service，WPS）规范定义了地理处理功能的标准。利用 WPS，GIS 开发者能够将一系列分析模型或功能模块发布成服务，为应用者提供数据处理分析功能。

WPS 规范定义了三个基本操作：获取服务能力（GetCapabilities）操作，返回服务的元数据，查看该 WPS 支持的操作（指服务所规定的操作），以及所提供的地理处理功能列表和简要描述；处理描述（DescribeProcess）操作，返回地理处理的描述信息；执行（Execute）操作，即执行用户请求的地理处理服务，可以使用带 XML 的 POST 请求方式，然后返回处理结果。

（六）网络地图瓦片服务规范

网络地图瓦片服务（web map tile service，WMTS）规范是 OGC 提出的缓存技术标准，即在服务器端缓存被切割成一定大小瓦片（tile）的栅格地图，向客户端提供这些预先定义的瓦片数据，而瓦片地图的叠加和排列由客户端处理，从而缓解 GIS 服务器端处理数据的压力，改善用户体验。

WMTS 规范规定了三个基本操作：获取服务能力(GetCapabilities)操作，返回 WMTS 的能力文档(即元数据文档)，包含服务的所有信息；获取瓦片(GetTile)操作，返回用户请求的地图瓦片；获取要素信息(GetFeatureInfo)操作，即在 WMTS 图层上获取客户指定的地图瓦片数据及对应的要素信息。

7.3　常用的空间数据服务软件

7.3.1　GeoServer

GeoServer 是一套使用 J2EE 技术体系开发的免费开源、跨平台的地图服务系统，源代码托管在 GitHub 站点，开发人员要遵循 MIT 开源协议使用源代码。GeoServer 遵循 OpenGIS Web 服务规范，功能齐全，能够快捷方便地发布空间数据服务，迅速实现空间数据的共享。GeoServer 既可以发布矢量数据，也可以发布栅格数据；既可以发布 SHP 等文件格式的空间数据，也可以直接发布 PostGIS、Oracle、DB2、MySQL 等空间数据库管理的空间数据。GeoServer 支持 OGC 的 WFS、WFS-T、WMS、WCS、WPS 等系列服务规范，GIS 客户端可以利用 WFS-T 服务对空间数据进行更新、删除、插入等操作(Iacovella etc.，2013；Iacovella，2014；GeoServer group，2022)。

GeoServer 的特色包括：

(1)支持 OGC 规范的空间数据服务，遵循 OGC 制定的空间服务接口，支持空间服务的所有桌面客户端应用软件和 Web API(如 Open Layers、Leaflet 等)的访问。

(2)支持 PostgreSQL、Shapefile、ArcSDE、Oracle、MySQL 等多种数据源，能够将网络地图输出为 JPEG、GIF、PNG、SVG、KML 等多种格式。

(3)支持多种空间参考系，支持地图投影变换。

(4)运行在任意基于 J2EE/Servlet 的容器之上，是一套跨平台地图服务系统。

(5)嵌入 MapBuilder 地图配置功能，方便用户自定义地图样式。

7.3.2　GeoDjango

GeoDjango 是一款支持地理数据存储和空间查询的 Django 衍生项目，是一个面向地理空间应用的 Web 框架，属于 Django 的一个分支。利用 GeoDjango 框架，用户能够创建简单的空间信息网络应用。GeoDjango 使用模型-模板-视图(model-template-view，MTV)架构，模型扩展了 Django 模型，用于描述 OGC 定义的几何图形或地理图形数据，进而利用模型描述发布空间数据。GeoDjango 不需要结构化查询 SQL 的支持，而是使用对象关系映射(object-relational mapper，ORM)系统提供的数据查询接口，实现对空间数据库的增加、删除、修改和查询等操作。查询得到的结果叫查询集(QuerySet)，所以数据访问接口又被称为 QuerySet API。视图在 Django 架构中属于业务逻辑层，通过调用模型和模板实现业务逻辑的各种操作。具体应用中，视图是 Python 函数，是 Web 应用程序的逻辑，利用模型和模板响应用户请求并生成网络输出。模板属于前端表现层，负责将视图生成的页面呈现给用户(Django

Software Foundation, 2022)。

GeoDjango 的特点包括:

(1)支持 OGC 定义的几何图形、地理图形、栅格图像等空间数据模型。

(2)提供了面向空间数据查询与操作的 Django ORM 增强工具，提供了针对空间数据查询与分析的高效接口，实现了空间数据编辑、操作与分析等功能。

(3)GeoDjango 使用 Python 语言环境，支持多种操作系统，方便移植。

(4)GeoDjango 仅支持 PostGIS 和 Spatialite 空间数据库，而且需要安装数据库驱动程序。

7.3.3 SuperMap iServer

SuperMap iServer 是北京超图软件股份有限公司开发的一套跨平台、分布式、可扩展的服务器平台，是云端一体化技术的重要组成部分。SuperMap iServer 提供全功能的 GIS 服务发布、管理与聚合能力，并支持多层次的扩展开发，还提供了强大的空间大数据、GeoAI、空间区块链和三维等相关 Web 服务，支持矢量、栅格数据的“免切片”发布。SuperMap iServer 使用微服务架构，支持容器化编排等功能，为开发人员提供多种软件开发套件(software development kit, SDK)，有助于构建微服务架构的云原生 GIS 应用系统。

SuperMap iServer 采用了面向服务的体系结构(service-oriented architecture, SOA)，强调使用服务封装不同的功能单元，服务所暴露的接口通过契约规定其功能性和非功能性的作用和特征，从而实现在广域网环境下的业务集成和互操作，不受平台环境的限制，并易于重用(北京超图, 2022)。SuperMap iServer 可提供基于 REST 的架构并以服务资源形式提供 GIS 功能接口，包括地图功能、数据功能、分析功能、三维功能等；全面支持 OGC 地图服务，包括 WMS、WFS、WMTS、WCS、WPS、CSW、KML 等服务。

SuperMap iServer 的特点包括:

(1)提供三维服务，支持二、三维一体化 B/S 应用，支持二、三维一体化地图缓存。

(2)系统具有跨平台移植性，支持 32 位和 64 位版本的 Windows、Linux、Unix 操作系统。

(3)支持聚合 OGC 服务、天地图、Bing Maps、超图云门户地图服务等，整合 GIS 服务器资源，提升系统的容错能力和并发性能。

(4)支持分布式地图瓦片文件存储系统，全面提升切图性能、稳定性与可用性。

(5)安全管理模块提供基于角色的服务访问控制功能，保障系统的安全性。

(6)基于开放的体系架构提供完善的 REST SDK、for Java SDK、for . NET SDK 和方便的业务服务定制机制。

(7)空间建模服务支持将空间处理函数编排为流程，以定时的方式执行，同时支持空间处理函数的二次开发。

7.3.4 MapGIS IGServer

MapGIS IGServer 是武汉中地数码科技有限公司开发的一款跨平台、高性能 GIS 服务器，也是一款浏览器端 GIS 应用与开发的平台软件。MapGIS IGServer 提供了强大的空间数据管理、分析、可视化及共享服务，支持用户进行各行业领域的 WebGIS 应用开发与扩展。MapGIS IGServer 是一款大数据 GIS 服务器，集成分布式流程处理引擎，提供矢量大数据、实时大数据、影像大数据、文本大数据和空间机器学习等功能服务与分布式计算能力，可实现多维时空大数据的分析与挖掘。

MapGIS IGServer 能够提供传统 GIS 服务、大数据计算服务、人工智能服务等，支持广泛的数据来源、多元的服务共享、完善的服务管理、多层的功能扩展、高效的服务能力，多样化的制图表达等(中地数码，2022)。

MapGIS IGServer 的特点包括：

(1)跨平台内核，性能更优。支持多样化的数据库，如 Oracle、PostgreSQL、SQL Server、DB2、Access、MySQL、Sybase、达梦、KDB 等国内外知名数据库。

(2)支持更广泛的数据来源、更多元的服务共享，支持第三方开源地图服务资源、本地文件类数据、OGC 资源、MongoDB 数据源的接入。

(3)支持 MapGIS 二、三维地图服务发布，兼容轻量级三维场景数据交换格式 M3D，能够实现多端一体的高效解析和渲染。

(4)完善的服务管理、多层次的功能扩展，提供传统空间信息服务注册、发布和管理服务。

(5)高性能服务提升，多样化表达优化，镶嵌数据集能够为用户带来大体量、智能化的影像服务。

(6)优化空间分析，新增多种缓冲方式和拓扑检查与处理规则，全面提升全空间分析能力。

7.3.5 ArcGIS Server

ArcGIS Server 是 ESRI 公司研发的面向 Web 空间数据服务的企业级 GIS 软件，为用户提供了可用于创建和配置 GIS 应用程序和服务的框架。ArcGIS Server 支持 Oracle、SQL Server、PostGIS 等多种空间数据库。ArcGIS Server 可以将空间数据库以 Web 服务形式共享给互联网用户，从而使服务器能够接收和处理其他设备发出的信息请求。GIS 开发人员使用 ArcGIS Server 可以快速构建 Web 应用、Web 服务，以及运行在.NET 和 J2EE Web 服务器上的 GIS 应用系统，ArcGIS Server 也支持桌面应用系统以 C/S(client/server)的模式访问。

ArcGIS Server 具有以下特色：

(1)ArcGIS Server Web 服务使用 REST 和 SOAP，可以由 ESRI 和非 ESRI 客户端调用；高级开发人员使用服务器对象扩展(server object extension，SOE)和服务器对象拦截器(server object interceptor，SOI)来扩展服务。

(2)高效的缓存控制(Caching Controllers)服务用来处理地图和影像缓存作业，与 CachingTools 服务协同工作。

(3)功能强大的地理分析工具(GeoAnalytics Tools)服务和方便的地理编码工具(Geocoding Tools)服务。

(4)集成几何服务，可用于执行各种几何计算，如缓冲区、简化、面积和长度计算，以及实现投影变换和几何编辑等功能。

(5)强大的栅格分析工具(RasterAnalysis Tools)服务，包括 RasterAnalysys、RasterProcessing 和 RasterRendering 服务，支持在 ArcGIS Image Server 中进行分布式栅格分析。

7.4 自定义空间数据访问服务

7.4.1 自定义空间数据访问服务概述

在一些大型 GIS 应用场景中，使用空间信息服务平台可以快速部署和发布空间数据，进而快速开发并形成一套稳定型 GIS 应用系统。然而，部署和使用空间信息服务平台需要额外的软件、硬件资源，对于一些小型 GIS 应用场景来说，会带来巨大的经济负担。因此，在一些小型 GIS 项目中，开发人员可以自行定义、设计和开发空间数据访问接口，为前端 GIS 应用提供数据服务支持。

自定义空间数据访问服务允许用户根据项目的实际需求，设计自定义协议的数据访问接口，体系结构如图 7-2 所示。顶层 GIS 应用按照自定义空间数据访问协议访问空间数据接口，接口接受数据请求以后，向空间数据库访问引擎/驱动程序发送数据操作请求，底层空间数据存储层完成数据操作，将操作结果返回数据访问引擎/驱动程序，再提交访问接口；访问接口接收到操作结果后，按照自定义空间数据访问协议封装数据，并将其返回给上层 GIS 应用。

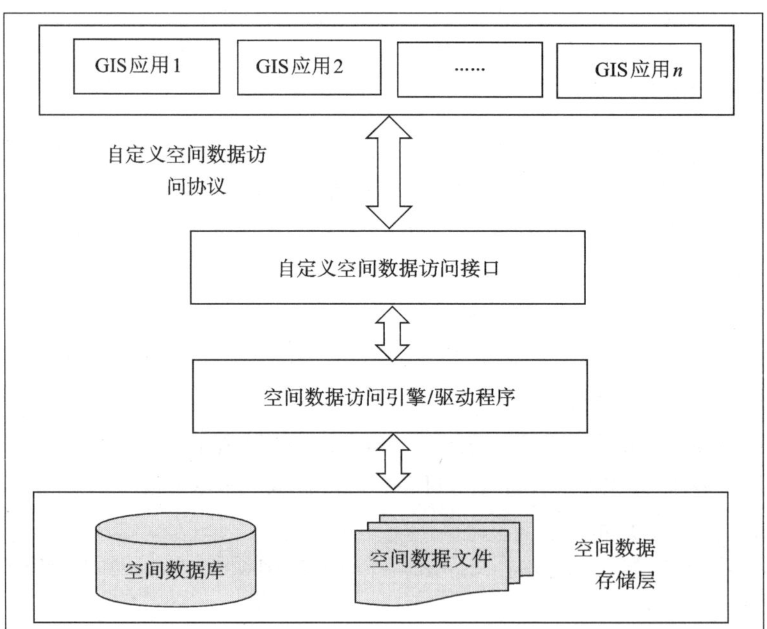

图 7-2 自定义空间数据访问服务体系结构示意图

自定义空间数据访问服务体系结构中，自定义空间数据访问接口模块/层是整个结构的核心，也是开发人员工作的主要内容。

7.4.2 自定义空间数据访问协议

自定义空间数据访问协议大致可以分为地图访问服务、空间数据自定义服务和空间数据操作服务等。本节的地图访问服务主要是指矢量地图访问服务，可简化并抽象为地图符号和矢量数据的访问服务。

(一)地图访问服务

在 GIS 技术领域，地图可以简单地概括为遵循地图制图规则的符号化的矢量数据，即地图包括符号和矢量数据两部分。自定义地图访问服务(user defined map service，UDMS)既可以遵循已有的标准规范，也可以自定义数据规范。因此，UDMS 可以在获取矢量数据的基础上，符号化渲染矢量数据并返回自定义的栅格地图，也可以将矢量数据和符号数据一并返回客户端，然后由前端程序来渲染矢量数据并生成地图。UDMS 返回客户端的数据格式可以根据需要自行定义。自定义地图访问服务流程如图 7-3 所示。

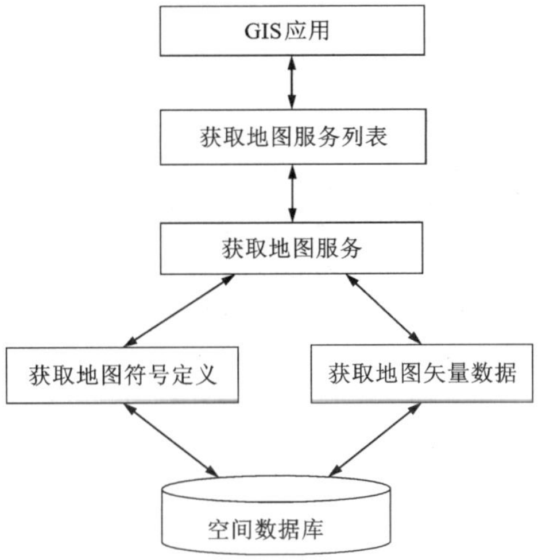

图 7-3　自定义地图访问服务流程

在自定义地图服务访问体系结构中，开发人员需要自定义两个重要的访问接口：

(1)地图服务列表(目录)访问接口。该接口用于接受服务列表(目录)的访问请求，并返回地图服务列表。例如，地图服务列表访问接口可以定义为如下格式：

http: //url: port/get_catalog

其中：url 为访问地址；port 为访问端口号；get_catalog 为访问接口 API 名称。

(2)地图服务访问接口。该接口接受地图服务的请求，返回地图符号定义数据和矢量数据。例如，地图服务访问接口可以定义为如下格式：

http: //url: port/get_udms/name

其中：get_udms 为地图服务访问接口 API 名称；name 为地图服务名称。

(二)空间数据自定义服务

空间数据自定义服务包括空间数据表定义、空间数据表的修改、空间数据表的删除等操作。

(1)空间数据表定义服务接口。

该接口接收前端用户定义空间数据表的请求，完成空间数据表的创建，并返回创建状态。

例 7-1 数据表定义接口定义为：

http: //url: port/table_create/table_name/fields_json

其中：table_create 为接口 API 名称；table_name 为要定义的空间数据表名称；fields_json 为空间数据表字段列表的 JSON 文本。

假如要创建一数据表，则字段列表 JSON 文本定义为：

```
fields_json=
    {"field_count": 2,
    "fields": [
        {"no":1, "name": "id", "type":"int", "is_key": "true", "is_null": "false"},
        {"no": 2, "name": "geom", "type": "geometry", "is_key": "false", "is_null": "false"}
        ]}
```

其中：field_count 为字段数量；no 为字段序号；name 为字段名称；type 为字段类型；is_key" 为是否为主码约束；is_null 为能否为空约束。

(2) 空间数据表修改操作服务接口。

该接口接收用户请求参数，对数据表进行修改，返回修改状态。

例 7-2 表修改操作的接口可以定义为：

http: //url: port/table_alter/table_name/fields_json

其中：table_alter 为接口 API 名称；table_name 为要修改的数据表名称；field_json 为修改的字段列表 JSON 文本。

假如要修改一数据表，则字段列表 JSON 文本定义为：

```
fields_json={"fields":
            [ {"no":1, "name": "expno","type": "int","op": "add"},
              {"no": 2, "name": "geom", "type": "geometry(point, 4326)", "op": "alter"},
              {"no":3, "name": "pipe", "op": "drop"}
            ]
        }
```

其中：op 为字段操作类型，add 表示新建字段，alter 表示修改字段，drop 表示删除字段。

(3) 空间数据表删除服务接口。

该接口接受用户删除请求，实施删除数据表操作，返回删除状态。

例 7-3 数据表删除接口定义为：

http: //url: port/table_drop/table_name

其中：table_drop 为删除接口 API 名称；table_name 为要删除的数据表名称。

(三) 空间数据操作服务

空间数据操作服务包括数据查询、插入、修改和删除操作。

(1) 数据查询/获取服务接口。

该服务接收用户数据表请求，返回请求结果。

例 7-4 数据请求 API 定义为：

http: //url: port/get/table_name?json

其中：get 为服务接口 API 名称；table_name 为要访问的数据表名称，json 为访问条件。例如，访问条件的 JSON 文本为：

json={“where”: “id=100”}.

则返回的 JSON 文本为：

{“count”:1, “data”:[{ “id”:100, “geom”:“SRID=4326; LINESTRING(0 0, 10 10)”}]}

(2)数据更新服务接口。

该服务接收用户数据更新请求，更新数据后返回更新结果信息。

例 7-5　数据更新 API 定义为：

http: //url: port/update/table_name?json

其中：update 为数据更新 API 名称；table_name 为要更新的数据表名称；json 为要更新的内容及条件语句。例如，数据更新 API 参数 json 如下：

json={“name=’ XXXX’ ,geom=’ LINESTRING(0 0,10 10)’ ”,“where”:“id=100”}

(3)数据删除服务接口。

该服务接收用户删除请求，删除数据后返回操作状态。

例 7-6　数据删除 API 定义为：

http: //url: port/delete/table_name?json

其中：json 为删除条件。例如，数据删除 API 参数 json 如下：

json={“where”:“id=100”}.

除了上述常用的数据操作服务以外，开发人员也可以自定义空间数据分析服务，如缓冲服务、覆盖分析等。

7.5　GeoServer 发布 PostGIS 空间数据实例

GeoServer 发布 PostGIS 空间数据为 WMS，大致包括创建工作区、添加数据源、发布 WMS 等步骤。

7.5.1　创建工作区

工作区也称为工作空间，用于存储和管理一个 GIS 项目的所有图层，可以看成组织图层、数据和服务等项目的容器。发布 PostGIS 空间数据之前，首先要创建工作区。以管理员身份登录 GeoServer 管理系统，打开“工作区”管理界面，如图 7-4 所示。在“新建工作区”界面(图 7-5)输入工作名称和命名空间 URI(访问地址)，点击“保存”完成工作区的添加。

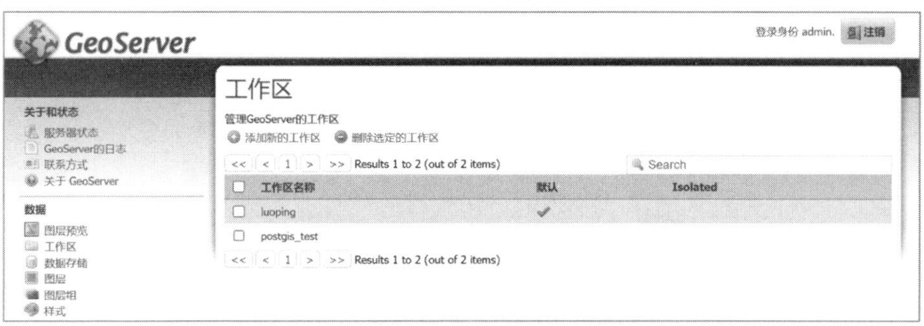

图 7-4　GeoServer 的工作区管理界面

图 7-5　新建工作区界面

7.5.2　添加数据源

GeoServer 的存储功能模块用于建立数据服务与空间数据之间的关联，空间数据服务通过数据存储功能模块读取空间数据。GeoServer 的存储可以连接栅格或矢量数据源，数据源可以是文件或文件组、数据库的表、单个栅格文件或目录等。在连接 PostGIS 数据库时，存储功能模块要构造一次 PostGIS 数据库的连接参数，注册 PostGIS 数据源。在图 7-6 所示的“新建数据源”界面中，选择“PostGIS—PostGIS Database”，打开“新建矢量数据源”界面，如图 7-7 所示。在该界面中，输入要连接的 PostGIS 数据库服务器名称、端口号、连接账号和密码、数据库名称，点“保存”完成 PostGIS 数据源的创建。

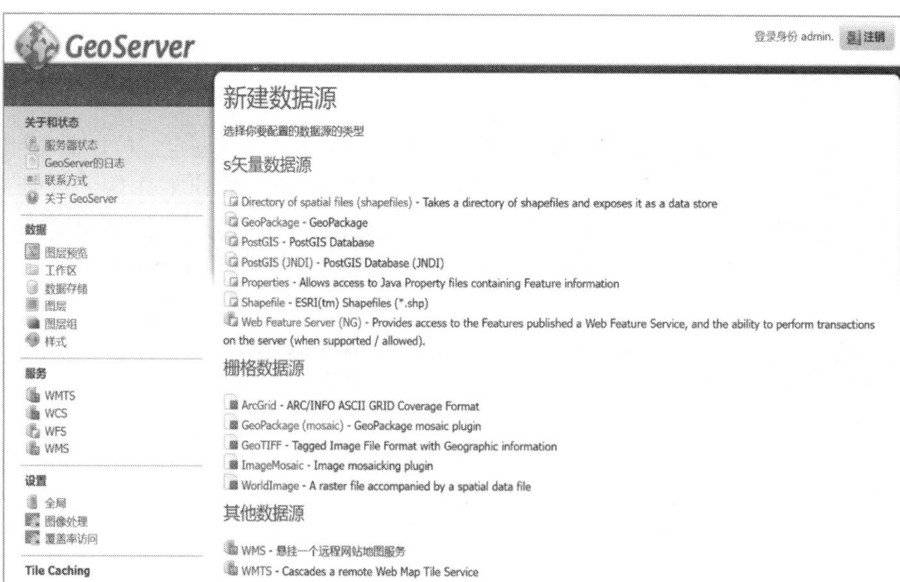

图 7-6　新建数据源界面

图 7-7　新建矢量数据源界面

7.5.3　发布 WMS

在“图层”界面(图 7-8)中，打开“新建图层”界面(图 7-9)，选择要发布的数据集并点击“发布”。在图 7-10“编辑图层”界面中输入相应参数，点“保存”完成地图服务发布。

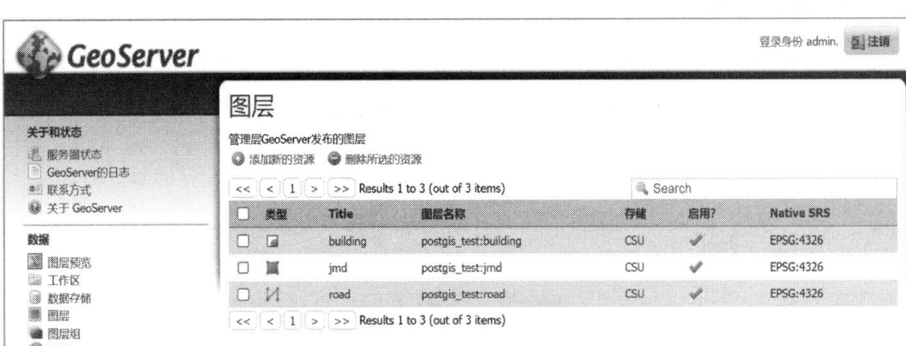

图 7-8　图层界面

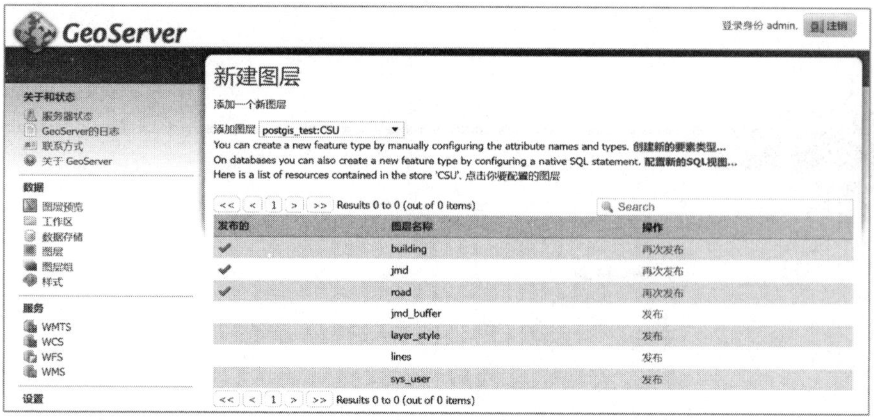

图 7-9　新建图层界面

图 7-10　编辑图层界面

7.5.4　地图服务预览

在 GeoServer 的“图层预览”界面(图 7-11)中，点击对应图层的预览方式打开服务预览页面。例如，在图 7-11 中点击“OpenLayers”，即使用 OpenLayers 方式加载并显示地图服务，如图 7-12 所示。

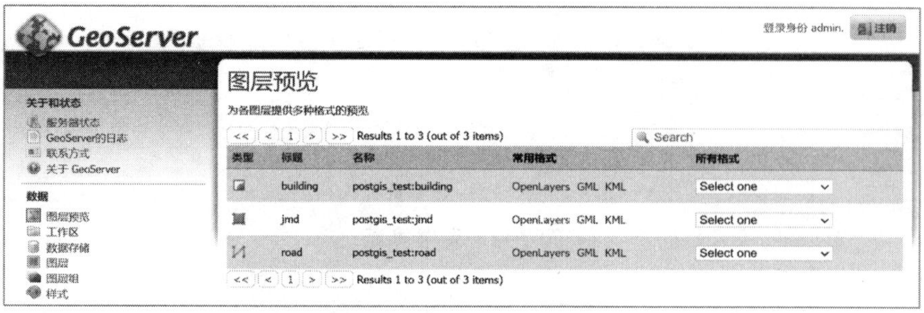

图 7-11　图层预览界面

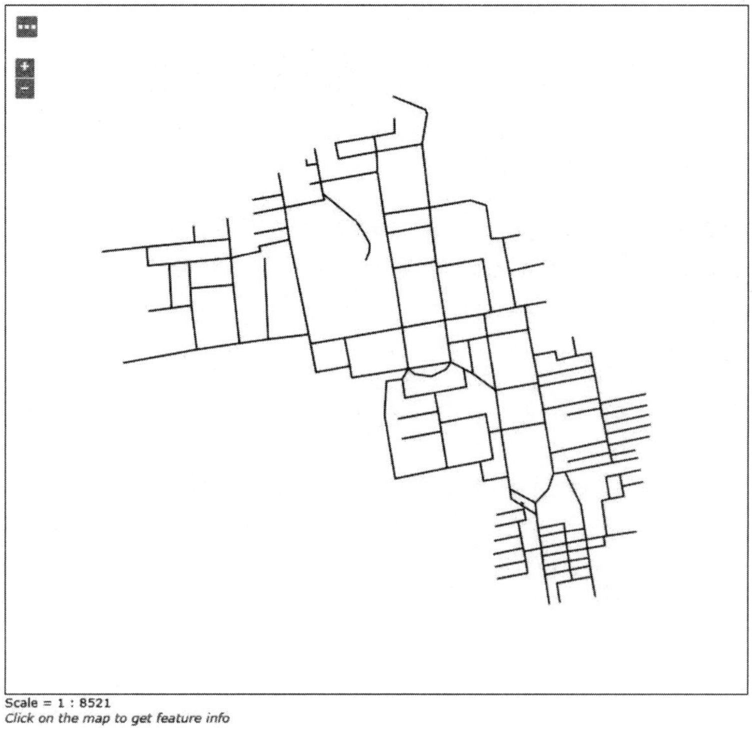

图 7-12　空间数据发布结果

思考题

1. 简要叙述空间数据共享与互操作的概念及意义。
2. 常用的空间数据共享与互操作模式有哪些？各有什么特点？
3. 什么是空间数据服务？使用空间数据服务有什么优点？
4. 空间信息服务的内容有哪些？
5. OGC 组织定义的地图服务有哪些？
6. 请列出你所熟悉的空间数据服务管理软件名称。
7. 请简要说明使用 GeoServer 发布 PostGIS 矢量数据表的操作过程。

第 8 章　空间数据库开发

数据库管理系统不仅提供了强大的数据管理能力，还为数据库开发人员提供了丰富的开发工具，开发人员能够在数据库中进行事务程序、自定义函数、存储过程、触发器等的开发。本章首先介绍 PostgreSQL 开发语言及程序结构，然后讲解 PostGIS 的 PL/pgSQL 程序的开发技术，最后介绍了基于 QGIS 插件操作 PostGIS 数据的开发方法。

8.1　PostgreSQL 开发

8.1.1　PL 程序概述

PostgreSQL 数据库管理系统不仅为用户提供了标准化的结构化查询语句及数据操作函数，可以交互式地执行 SQL 脚本操作数据，而且还是一个强大的服务器开发平台，它允许开发人员使用多种流行的编程语言(如 C++、Python)开发 PL/pgSQL 程序。PostgreSQL 拥有服务器端程序设计特性，允许用户开发自己的程序，包括自定义函数(user defined function, UDF)、存储过程(stored procedure, SP)、触发器(trigger)等(PostgreSQL, 2022)。

由于 SQL 的表达能力有限，一些复杂的数据处理逻辑很难完全依赖简单的 SQL 语句实现，所以 PostgreSQL 为开发者提供了数据库过程语言(procedural language, PL)，开发的程序称为 PL/pgSQL 程序。PL/pgSQL 为开发者提供了传统编程语言的逻辑方式，开发人员在数据库中就能实现多种程序结构形式，提高了数据库本身的处理能力。除了 PL/pgSQL 程序，PostgreSQL 还支持多种语法开发 PL 程序，这些语法包括 C/C++、PL/TCL、PL/Python、PL/Perl、PL/Java 等(Ahmed etc., 2015; Dar etc., 2015; 董旭阳, 2022)。

PostgreSQL 的 PL 程序具有以下优点：

(1)减少了应用程序和数据库之间的会话和网络传输。PL 程序都存储在数据库服务器中，前端应用程序只需要发送调用 PL 程序的语句就可以获取执行结果，避免了发送多次 SQL 语句和多次交互操作的过程。

(2)提高了应用性能。因为 PL 程序进行了预编译并存储在数据库服务器中，由 PostgreSQL 服务直接调用，所以提高了处理数据的性能。

(3)PL 程序可重用性。PL 程序的自定义函数、存储过程、触发器等存储在 PostgreSQL 服务中，能够被多个应用程序并发请求，提升了 PL 程序的可重用性。

(4)扩展了数据完整性检查功能。利用 PL 程序开发的触发器，可以在进行数据修改、删除等操作时触发自定义的数据检查程序，不仅提高了数据完整性检查能力，还扩展了完整性检查范围。

(5)易于维护。将一些数据处理相关的功能编写成数据库 PL 程序，方便在相同数据库管理系统之间迁移和升级，能够在不停用数据库服务的情况下，快速完成程序维护。

(6)程序的安全性。数据库能够给 PL 程序分配不同的访问权限，从而提升 PL 程序的安全性。

此外，PL 程序也存在需要单独学习、程序代码难以进行版本管理、代码调试困难等不足。

8.1.2　PL/pgSQL 变量、常量的定义

PL/pgSQL 和其他编程语言一样，支持定义变量和常量。

(一)变量

在 PL/pgSQL 语言中，变量的声明必须在声明部分进行，语法如下：

```
variable_name data_type [ NOT NULL ] [ { DEFAULT |: = | = } expression ];
```

参数说明：variable_name 是变量名称；data_type 是变量类型，可以是任意 SQL 数据类型；NOT NULL 为可选项，约束变量不能为空；“=expression”表达式为变量指定初始值。值得注意的是；变量赋值运算符既可以用“=”，也可以用“：=”，为了与比较运算符区分，一些开发人员经常用“：=”给变量赋值。

例 8-1　定义一个整型变量 i，并赋初始值“100”，语句如下：

```
i integer = 100; 或 i integer :=100;
```

除了简单变量外，PL/pgSQL 还允许定义集合型变量，如 record 和 array 类型。

例 8-2　定义一个记录型变量，语句如下：

```
arow RECORD;
```

PostgreSQL 常用的变量类型与字段的数值类型相同，见表 4-1。

(二)常量

常量的值一旦被初始化就不能被改变，包括常数型常量和变量型常量两类。

(1)常数型常量是固定值，直接参与表达式计算。例如，100 是一个整型常数型常量，' hello world' 是一个字符型常数型常量。

(2)变量型常量又称为常变量，在定义常变量时要使用 CONSTANT 关键字。常变量在声明时初始化，在程序中不允许被修改。

例 8-3　定义 π 常变量 PI，用于计算圆的面积，语句如下：

```
PI CONSTANT NUMERIC := 3.14159265;
```

(三)运算符

PL/pgSQL 常见的运算符有算术运算符、字符运算符、日期时间运算符、比较运算符、逻辑运算符等。详见表 4-3。

8.1.3　PL/pgSQL 程序结构

PL/pgSQL 和其他高级语言一样，也包含三种基本程序结构：顺序结构、分支结构和循环结构。

(一)顺序结构

PL/pgSQL 程序由上至下运行的语句段。

例 8-4　顺序结构示例如下：

```
DO $$
BEGIN
    RAISE NOTICE 'Hello world!';
    RAISE NOTICE 'Hello China!';
    RAISE NOTICE 'Hello CSU!';
END; $$
```

运行结果：

```
> NOTICE:    Hello world!
> NOTICE:    Hello China!
> NOTICE:    Hello CSU!
```

(二)分支结构

PL/pgSQL 分支结构包括 IF…ELSE…END IF 和 CASE WHEN…ELSE…END CASE 两类。

(1)IF 分支结构。

语法如下：

```
IF condition1 THEN
  Statements1;
ELSE
  Statements2;
END IF;
```

或者是嵌套分支，语法如下：

```
IF condition1 THEN
  Statements1;
ELSIF condition2 THEN
  Statements2;
ELSIF condition3 THEN
  Statements3;
ELSE
  Statements4;
END IF;
```

例 8-5 IF…ELSE 判断示例如下：

```
DO $$
DECLARE
  a integer := 10;
  b integer := 20;
BEGIN
  IF a > b THEN
    RAISE NOTICE 'a 大于 b';
  ELSE
    RAISE NOTICE 'a 不大于 b';
```

```
⑩    END IF;
⑪END;  $$
```

代码中的②~④行为变量声明区域，在其中声明变量、常变量。

运行结果：

```
> NOTICE:    a 不大于 b
```

例 8-6 IF…ELSIF…ELSE 判断示例如下：

```
DO  $$
DECLARE
    a integer := 10;
    b integer := 10;
BEGIN
   IF a > b THEN
       RAISE NOTICE 'a 大于 b';
   ELSIF a < b THEN
       RAISE NOTICE 'a 小于 b';
   ELSE
       RAISE NOTICE 'a 等于 b';
   END IF;
END;  $$
```

运行结果：

```
> NOTICE:    a 等于 b
```

(2) CASE 分支结构。

CASE 分支结构的语法如下：

```
CASE search- expression
    WHEN expression_1 [, expression_2, ...] THEN
        when- statements
   [ ... ]
   [ELSE
        else- statements ]
END CASE;
```

例 8-7 CASE 分支结构示例如下：

```
DO  $$
DECLARE
 Rate             NUMERIC=3;
 price_segment    VARCHAR(50);
BEGIN
 CASE rate
 WHEN 0.99 THEN
     price_segment  =  '低';
```

```
 WHEN 2.99 THEN
     price_segment = '中';
 WHEN 4.99 THEN
     price_segment = '高';
 ELSE
     price_segment = '未指定';
 END CASE;

     raise notice '价格等次：%', price_segment;
 END;  $$
```

运行结果：

> NOTICE：价格等次：未指定

（三）循环结构

PL/pgSQL 循环结构分为 LOOP、WHILE…LOOP、FOR…LOOP 三类。

（1）LOOP 循环。

语法如下：

```
LOOP
     Statements;
     EXIT [<label>] WHEN condition;
END LOOP;
```

其中，EXIT 语句表示当 condition 条件满足时退出循环或跳转 label 行。如果 LOOP 循环体中没有 EXIT 语句，循环将无限次运行，即"死循环"。

例 8-8 LOOP 循环示例如下：

```
DO  $$
DECLARE
   i INTEGER := 0;
BEGIN
 LOOP
 EXIT WHEN i = 10;
 RAISE NOTICE 'i = %',i;
 i := i+1;
 END LOOP;
END;  $$
```

运行结果：

```
> NOTICE:  i = 0
> NOTICE:  i = 1
> NOTICE:  i = 2
> NOTICE:  i = 3
> NOTICE:  i = 4
> NOTICE:  i = 5
```

```
> NOTICE:  i = 6
> NOTICE:  i = 7
> NOTICE:  i = 8
> NOTICE:  i = 9
```

(2) WHILE…LOOP 循环。

语法如下：

```
WHILE condition LOOP
    statements;
END LOOP;
```

当 condition 条件表达式为 True 时，执行循环体 statements；循环体执行完后再次检查 condition 条件表达式是否为 True，直到为 False 时停止循环。

例 8-9　WHILE…LOOP 循环示例如下：

```
DO  $$
DECLARE
    i INTEGER := 0;
BEGIN
WHILE i < 10 LOOP
 RAISE NOTICE 'i = %', i;
 i := i+1;
 END LOOP;
END;  $$
```

运行结果：

```
> NOTICE:  i = 0
> NOTICE:  i = 1
> NOTICE:  i = 2
> NOTICE:  i = 3
> NOTICE:  i = 4
> NOTICE:  i = 5
> NOTICE:  i = 6
> NOTICE:  i = 7
> NOTICE:  i = 8
> NOTICE:  i = 9
```

(3) FOR…LOOP 循环结构。

语法如下：

```
FOR loop_counter IN [ REVERSE ] from.. to [ BY expression ] LOOP
     statements
END LOOP;
```

FOR 循环根据设定的 loop_counter 循环次数执行 statements 循环体语句；REVERSE 参数控制循环按倒序执行；BY expression 控制循环计数器执行一次的间隔(或步长)。

例 8-10　FOR…LOOP 循环示例如下：

```
DO  $$
DECLARE
```

```
    i INTEGER := 0;
  BEGIN
    FOR i IN 0..9 LOOP
      RAISE NOTICE 'i = %', i;
    END LOOP;
  END;  $$
```

执行结果如下：

```
> NOTICE:  i = 0
> NOTICE:  i = 1
> NOTICE:  i = 2
> NOTICE:  i = 3
> NOTICE:  i = 4
> NOTICE:  i = 5
> NOTICE:  i = 6
> NOTICE:  i = 7
> NOTICE:  i = 8
> NOTICE:  i = 9
```

8.2 PL/pgSQL 开发方法

PL/pgSQL 开发方法包括代码块、存储过程、自定义函数和触发器等类型。

8.2.1 PL/pgSQL 代码块

PL/pgSQL 代码块是由多行代码组成的程序块体，代码块定义语法如下：

```
[ <label> ]
[ DECLARE
    declarations ]
BEGIN
    statements;
    ...
END [label];
```

其中：label 是可选的代码块标签，是 PostgreSQL 控制代码块运行结束的标志，如例 8-4～例 8-10 程序中的“ $$ ”；DECLARE 是可选的声明部分，用于定义变量、常变量，如例 8-10 中的“i INTEGER：=0；”；BEGIN 和 END 之间是代码主体，是程序的主要功能代码。所有的语句都使用分号(；)结束，END 之后的分号表示代码块结束。

例 8-4～例 8-10 均为代码块程序。

8.2.2 PL/pgSQL 存储过程

(一)存储过程及其分类

存储过程是由多条 SQL 语句和控制语句组成的特殊程序，经数据库管理系统编译后，驻留在数据库中，可以被 PL/pgSQL 程序调用，也可以被另一个存储过程调用。和其他高级语言的函数类似，存储过程也有输入参数和输出参数。根据返回值类型的不同，存储过程可以分为三类：

(1)返回记录集的存储过程：存储过程执行并返回记录集结果，例如一个存储过程从数据库中检索出符合条件的记录集。

(2)返回数值的存储过程：存储过程执行并返回一个数值，也称为标量存储过程。

(3)行为存储过程：存储过程仅用来实现数据库的某个功能，没有返回值，例如向数据表插入一行记录的存储过程。

(二)存储过程定义语法

存储过程定义语法如下：

```
CREATE [ OR REPLACE ] PROCEDURE name (
    [ [argmode ] [ argname ] argtype [ { DEFAULT | = } default_expr ] [, ...] ]
)
AS<label>
[DECLARE
 declarations;]
BEGIN
 statements;
 ...
END; <label>
LANGUAGE plpgsql;
```

其中：CREATE 为创建存储过程关键词；[OR REPLACE]为可选项，表示当存储过程存在时，修改该存储过程；[[argmode] [argname] argtype…]为存储过程输入参数列表，可选项；AS 为存储过程程序开始关键词；label 为存储过程开始或结束标签，如“ $$ ”；DECLARE 为可选的变量/常变量声明部分；BEGIN…END 为存储过程主要功能代码，以“；”结束；LANGUAGE plpgsql 声明存储过程使用 PL/pgSQL 语法编写。

例 8-11 存储过程示例。

```
CREATE OR REPLACE PROCEDURE PROC_1(n int)
AS $$
DECLARE
   i INTEGER := 0;
BEGIN
  FOR i IN 0..n LOOP
    RAISE NOTICE 'i = %',i;
  END LOOP;
END; $$
LANGUAGE plpgsql;
```

存储过程调用语句如下：

```
CALL PROC_1(9);
```

执行结果：

```
> NOTICE:  i = 0
> NOTICE:  i = 1
> NOTICE:  i = 2
> NOTICE:  i = 3
> NOTICE:  i = 4
> NOTICE:  i = 5
> NOTICE:  i = 6
> NOTICE:  i = 7
> NOTICE:  i = 8
> NOTICE:  i = 9
```

8.2.3 PL/pgSQL 自定义函数

PL/pgSQL 自定义函数是使用 SQL 语句和控制语句开发具有传入参数和返回值的程序体。自定义函数经数据库管理系统编译后，驻留在数据库中，可以被 SQL 语句和 PL/pgSQL 程序调用。自定义函数语法如下：

```
CREATE [ OR REPLACE ] FUNCTION name (
     [ [argmode ] [ argname ] argtype [ { DEFAULT | = } default_expr ] [, ...] ] )
  RETURNS rettype
AS  $$
DECLARE
 declarations
BEGIN
 statements;
 ...
END;  $$
LANGUAGE plpgsql;
```

上述关键词除了 RETURNS rettype 以外，均与存储过程相同。关键词“RETURN rettype”声明函数的返回类型为 rettype，如 integer、text 等。

例 8-12 自定义函数示例。

```
CREATE OR REPLACE FUNCTION FUN_1(n int)
RETURNS integer
AS  $$
DECLARE
    i INTEGER := 0;
    sum INTEGER :=0;
 BEGIN
    FOR i IN 0..n LOOP
         sum := sum + i;
    END LOOP;
 return sum;
END;  $$
```

```
  LANGUAGE plpgsql;
```

函数调用语句如下：

```
SELECT FUN_1(100);
```

返回结果如下：

```
fun_1
-----
5050
```

8.2.4　PL/pgSQL 触发器

(一) 触发器

PostgreSQL 触发器(trigger)是一种特殊的函数，用于侦测数据表发生变更事件(如 INSERT、UPDATE、DELETE 或者 TRUNCATE 语句)或者数据库事件(DDL 语句)，它自动触发和执行这些函数，而不是由用户或者应用程序调用。对于数据变更触发器，PostgreSQL 支持两种级别的触发方式：行级(row-level)触发器和语句级(statement-level)触发器。这两者的区别在于触发的时机和触发次数。例如，对于一个影响 20 行数据的 UPDATE 语句，行级触发器将会触发 20 次，而语句级触发器只会触发 1 次。

触发器可以在事件发生之前(BEFORE)触发，也可以在事件发生之后(AFTER)触发。如果在事件发生之前触发，则可以控制当前记录的修改，甚至修改被更新或插入的数据；如果在事件发生之后触发，触发器可以获得所有的变更结果。INSTEAD OF 触发器用于替换数据变更的操作，只能用于视图。PostgreSQL 支持的触发器类型如表 8-1 所示。

表 8-1　PostgreSQL 支持的触发器类型

触发时机	触发事件	行级触发器	语句级触发器
BEFORE	INSERT、UPDATE、DELETE	表和外部表	表、视图和外部表
BEFORE	TRUNCATE		表
AFTER	INSERT、UPDATE、DELETE	表和外部表	表、视图和外部表
AFTER	TRUNCATE		表
INSTEAD OF	INSERT、UPDATE、DELETE	视图	
INSTEAD OF	TRUNCATE		

(二) 触发器的创建

PostgreSQL 触发器的创建分为两步：

(1) 使用 CREATE FUNCTION 语句创建触发器函数，创建触发器函数语法和创建自定义函数语法相同。但是值得注意的是，触发器函数与普通函数的区别在于它没有输入参数，并且返回类型为 trigger。

(2) 使用 CREATE TRIGGER 语句将该函数与表进行关联，语法如下：

```
  CREATE TRIGGER trigger_name
  <BEFORE | AFTER | INSTEAD OF> <event [OR ...]>
   ON<table_name>
```

```
[FOR [EACH]<ROW | STATEMENT>]
[WHEN( condition ) ]
EXECUTE FUNCTION <trigger_function>;
```

其中：<BEFORE | AFTER | INSTEAD OF>声明触发器的执行时机；<event [OR...]>声明触发器触发的事件；<table_name>声明触发器侦测的数据表名称；[FOR [EACH] <ROW | STATEMENT>]声明触发方式；[WHEN (condition)]声明触发条件；<trigger_function>声明关联的触发器函数。

例 8-13 若存在多边形数据表 mypolygon(id serial8 primary, geom geometry)，要为该表添加触发器 mytrigger 和触发器函数 fn_beforeinsert( )，实现：当向该表插入一条记录时，判断新记录多边形是否与表中已有多边形相交，若存在相交记录，则拒绝插入；否则完成插入。代码如下：

```
--创建数据表 mypolygon
DROP TABLE IF EXISTS mypolygon;
CREATE TABLE mypolygon
(
  id          SERIAL8 PRIMARY KEY,
  geom        GEOMETRY
);

--触发器函数
CREATE OR REPLACE FUNCTION "CH08"."fn_beforeinsert"()
  RETURNS trigger
AS  $$
BEGIN
     If EXISTS (
                SELECT
                     1
                FROM
                     mypolygon a
                WHERE
                     st_intersects(a.geom, NEW.geom)
          ) THEN
                RETURN NULL;
          END IF;
     RETURN new;
END;  $$
LANGUAGE plpgsql;

--创建触发器
```

```
CREATE TRIGGER mytrigger
    BEFORE INSERT ON mypolygon
    FOR EACH ROW
    EXECUTE PROCEDURE CH08.fn_beforeinsert();
```

执行以下语句验证触发器：

①INSERT INTO mypolygon(geom)
    VALUES(' POLYGON((0 0, 10 0, 10 10, 0 10, 0 0))' ::geometry);

执行结果:

> Affected rows: 1

②INSERT INTO mypolygon(geom)
    VALUES(' POLYGON((20 0, 30 0, 30 10, 30 10, 20 0))' ::geometry);

执行结果：

> Affected rows: 1

③INSERT INTO mypolygon(geom)
    VALUES(' POLYGON((0 0, 10 0, 10 10, 0 10, 0 0))' ::geometry);

执行结果：

> Affected rows: 0

执行语句①、②后均向数据表插入了新记录；当执行语句③时，没有通过触发器函数 fn_beforeinsert 的检查，拒绝插入数据，即“Affeected rows 0”。

8.3　PL/pgSQL 开发实例

PostGIS 的 PL/pgSQL 开发遵循 PostgreSQL 的 PL/pgSQL 语法，不同之处为：在定义变量时，PostGIS 的 PL/pgSQL 引入了 Geograph 和 Geometry 变量类型。

8.3.1　PL/pgSQL 代码块程序

例 8-14　使用代码块程序创建空间数据表 points，随机生成(0, 0)到(100, 100)范围内的 100 个点，并存入 points 数据表中。程序如下：

```
DO $$
DECLARE
    point       geometry;       --定义点几何图形变量
    x           float;          --定义点 x 坐标变量
    y           float;          --定义点 y 坐标变量
    i           int =0;         --循环变量
BEGIN
    --生成点的外边界
    DROP TABLE IF EXISTS CH08.box;
    CREATE TABLE CH08.box
        AS
```

```
    SELECT
        ' POLYGON((0 0,100 0,100 100,0 100,0 0))' ::geometry as geom;

  - - 创建点空间数据表
  DROP TABLE IF EXISTS CH08.points;
  CREATE TABLE CH08.points(
      id          serial primary key,
      geom        geometry
  );

  - - 循环生成 100 个点
  FOR i IN 1..100 LOOP
      x           = random()* 100;
      y           = random()* 100;
      point       = st_makepoint(x,y);
      INSERT INTO CH08.points(geom)
        VALUES(point);
  END LOOP;

END; $$
```

生成结果如图 8-1 所示。

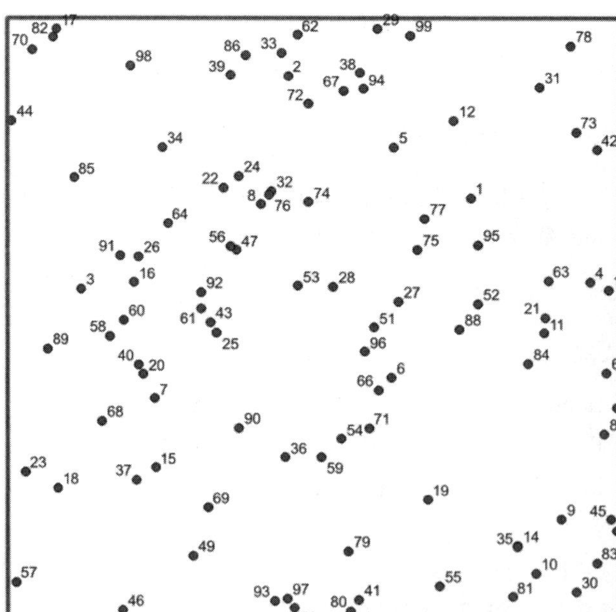

图 8-1　随机生成的 100 个点图示结果

上述随机生成 100 个点的语句也可以改为：

```
INSERT INTO CH08.points(geom)
SELECT
    St_MakePoint(random()* 100, random()* 100)
FROM
    generate_series(1, 100);
```

其中，generate_series(m，n)函数生成 $m \sim n$ 的序列整数。

例 8-15　利用上例生成的点集，按序将相邻的两个点生成线段并存入空间数据表 lines。例如点 1 和点 2 生成一个线段，点 2 和点 3 生成一个线段等。代码如下：

```
DO $$
DECLARE
    i       int;        --循环变量
    rec1    record;     --记录 1
    rec2    record;     --记录 2
    line    geometry;   --定义线几何图形变量
BEGIN
    --创建 lines 数据表
    DROP TABLE IF EXISTS CH08.lines;
    CREATE TABLE CH08.lines
    (
        id      serial primary key,
        geom    geometry
    );

    FOR i IN 1..99 LOOP
        --取连接两个点的记录
        SELECT geom
            FROM CH08.points
            WHERE id=i
            INTO rec1;

        SELECT geom
            FROM CH08.points
            WHERE id=i+1
            INTO rec2;

        --生成线段，并插入 lines 数据表
        line = ST_MakeLine(rec1.geom,rec2.geom);
        INSERT INTO CH08.lines(geom)
```

```
            VALUES(line);
    END LOOP;

END;  $$
```

线段生成结果如图 8-2 所示。

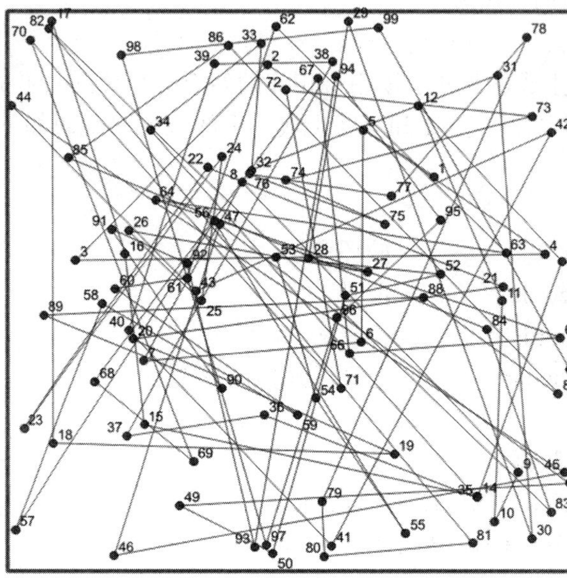

图 8-2　线段生成结果

例 8-16　为例 8-14 生成的点集创建外接凸包，并存入 CH08. hull 数据表。代码如下：

```
DO  $$
DECLARE
    pts        geometry;      - - 点集变量
    hull       geometry;      - - 点集凸包

BEGIN
    - - 创建凸包数据表
    DROP TABLE IF EXISTS CH08.hull;
    CREATE TABLE CH08.hull
    (
        id         serial primary key,
        geom       geometry
    );

    - - 从点表中获取所有点并赋给 pts 变量
    SELECT ST_union(geom)
```

```
            FROM CH08.points
            INTO pts;
        --生成凸包并存入数据表 hull
        hull =st_convexhull(pts);
        INSERT INTO CH08.hull(geom)
            VALUES(hull);


    END;  $$
```

或者使用下面的语句：

```
    DROP TABLE IF EXISTS CH08.hull;
    CREATE TABLE CH08.hull
    AS
        SELECT st_convexhull(st_union(geom))as geom
        FROM CH08.points;
```

生成结果如图 8-3 所示。

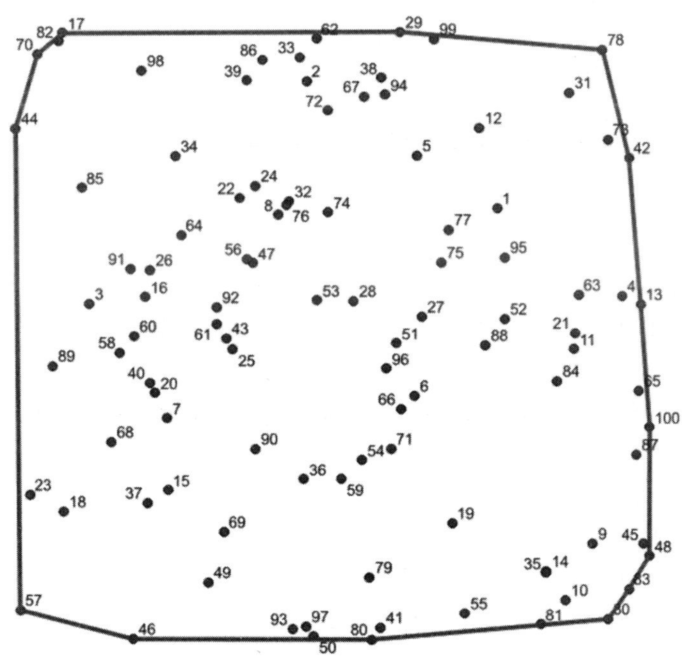

图 8-3　凸包生成结果

8.3.2　PL/pgSQL 自定义函数

例 8-17　定义函数 fn_getCenterClosestPoint，查询例 8-14 所有点中距离点集几何中心最近的点，并返回。函数定义语句如下：

```
    CREATE OR REPLACE FUNCTION CH08.fn_getCenterClosestPoint()
    RETURNS geometry
```

```
AS $$
DECLARE
    center      geometry;     --点集的几何中心
    point       geometry;     --距离几何中心最近的点
BEGIN
    --计算点集的几何中心并赋给 center 变量
    SELECT ST_centroid(st_union(geom))
        FROM CH08.points
        INTO center;

    --寻找距离几何中心最近的点
    SELECT ST_ClosestPoint(st_union(geom), center)
        FROM CH08.points
        INTO point;

    RETURN point;
END; $$
LANGUAGE plpgsql;
```

函数调用语句如下:

```
SELECT ST_astext(CH08.fn_getCenterClosestPoint());
```

调用结果如下:

```
st_astext
---------------------------------
POINT(53.42901654476151 55.96479227149267)
```

例 8-18 例 8-17 中，如果函数 fn_getCenterClosestPoint 返回查询点的 id，则函数定义语句如下:

```
CREATE OR REPLACE FUNCTION CH08.fn_getCenterClosestPoint()
RETURNS int
AS $$
DECLARE
    center      geometry;     --点集的几何中心
    point       geometry;     --距离几何中心最近的点
    _idint;

BEGIN
    --计算点集的几何中心并赋给 center 变量
    SELECT ST_Centroid(st_union(geom))
        FROM CH08.points
        INTO center;
```

```
    - - 寻找距离几何中心最近的点
    SELECT ST_ClosestPoint(st_union(geom), center)
        FROM CH08.points
        INTO point;

    - - 查询该点的 id
    SELECT ID
        FROM CH08.points
        WHERE ST_Equals(geom, point)
        INTO _id;

    RETURN _id;
END; $$
LANGUAGE plpgsql;
```

函数调用语句如下：

```
SELECT CH08.fn_getCenterClosestPoint() as point_id;
```

返回结果：

```
point_id
- - - - - -
28
```

查询结果如图 8-4 所示。

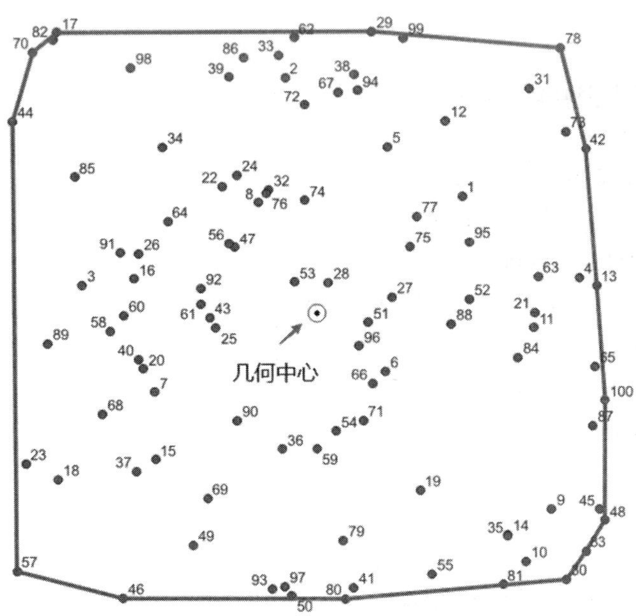

图 8-4　距离几何中心最近的点图示

例 8-19 定义函数 fn_getNearPoints，输入点 id、距离 *d* 值，从例 8-14 点集中查询指定 id 点的 *d* 近邻点集(即距离 id 点 *d* 范围内的点)，返回结果 MULTIPOINT。函数定义语句如下：

```
CREATE OR REPLACE FUNCTION CH08.fn_getNearPoints(_id int, d float)
RETURNS geometry
AS $$
DECLARE
    nn          geometry;     --近邻点集
    point       geometry;     --目标点
    buffer      geometry;     --目标点缓冲区
BEGIN
    --查询指定 id 点
    SELECT geom
        FROM CH08.points
        WHERE id=_id
        INTO point;

    --判断是否存在 id=_id 的点，如果不存在，则返回 null
    IF point is null THEN
        RETURN null;
    END IF;

    --生成点缓冲区
    buffer =ST_Buffer(point, d);

    --查询被缓冲区覆盖的点集
    SELECT ST_Union(geom)
        FROM CH08.points
        WHERE ST_Contains(buffer, geom)
        INTO nn;

    RETURN nn;
END; $$
LANGUAGE plpgsql;
```

函数调用语句如下：

```
SELECT ST_astext(CH08.fngetNearPoints(28,10.0));
```

返回结果如下：

```
st_astext
----------------
```

MULTIPOINT(47.79196 56.008191,53.429016 55.964792,60.002324 49.2133313)

查询点 id=28 的 d=10.0 的近邻点集，如图 8-5 所示。

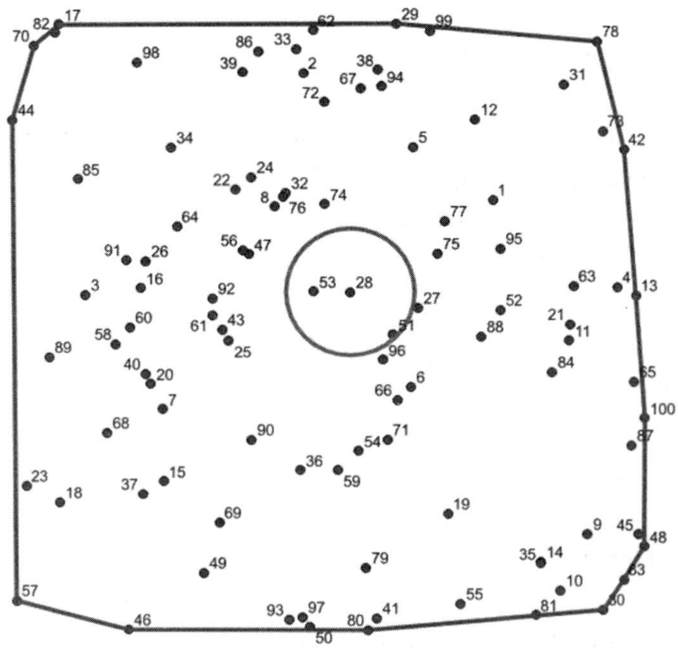

图 8-5　点 id=28 的 d=10.0 近邻点集示意图(圆为点 28 的缓冲区)

例 8-20　定义函数 fn_getKNN，在例 8-14 的点集中查询输入的 id 点的 k 近邻点集(即距离点最近的 k 个点)，返回结果 MULTIPOINT。函数定义语句如下：

```
CREATE OR REPLACE FUNCTION CH08.fn_getKNN(_id int, k int)
RETURNS geometry
AS $$
DECLARE
    nn        geometry;     --近邻点集
    point     geometry;     --目标点

BEGIN
    --查询指定 id 点
    SELECT geom
        FROM CH08.points
        WHERE id=_id
        INTO point;

    --判断是否存在 id=_id 的点，如果不存在，则返回 null
    IF point is null THEN
        RETURN null;
```

```
        END IF;

        --查询被缓冲区覆盖的点集
        SELECT ST_union(geom)
            FROM(
                SELECT geom, geom<->point as dist    --<->为计算距离操作符
                FROM CH08.points
                    WHERE id<>_id
                ORDER BY dist
                LIMIT k
            ) foo
            INTO nn;

        RETURN nn;
    END; $$
    LANGUAGE plpgsql;
```

函数调用语句如下：

```
    SELECT ST_astext(CH08.fn_getKNN(28, 5));
```

返回结果如下：

```
    st_astext
    --------------------------------------------
    MULTIPOINT(47.791968 56.008191,53.429016 55.964792,58.473011 45.214454,60.002324 49.213331,63.944555 53.395667)
```

点 id=28 的 5 近邻点集如图 8-6 所示。

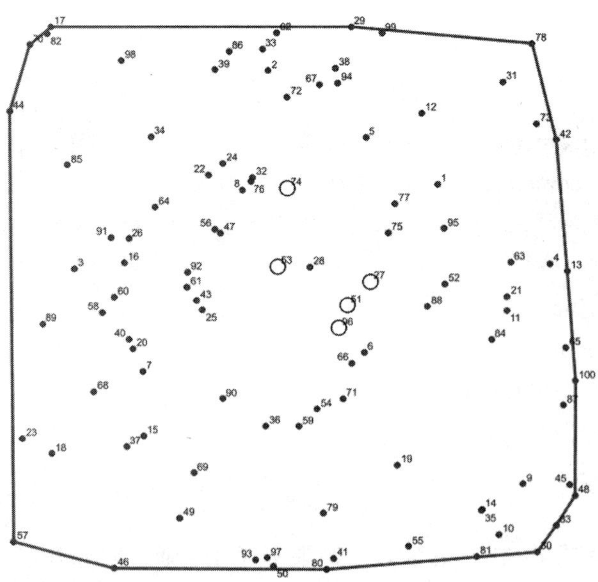

图 8-6　点 id=28 的 5 近邻点集空间分布图(○为近邻点)

8.3.3 PL/pgSQL 存储过程

例 8-21 定义存储过程 sp_CreateMST，生成例 8-14 中点集的最小生成树(minimum-cost spanning tree，MST)，树的根节点为距离点集几何中心最近的点。函数定义语句如下：

```
CREATE OR REPLACE PROCEDUREsp_CreateMST()
AS $$
DECLARE
    ids       int[];              --最小生成树点集 id 数组
    geoms     geometry[];         --MST 节点集
    line      geometry;           --最小生成树连线
    point     geometry;           --MST 节点集中与新加入点最近的点
    rec       record;             --新加入点记录
    i         int =0;
    _id       int;
BEGIN
  --创建 MST 连接线数据表
  DROP TABLE IF EXISTS CH08.mst;
  CREATE TABLE CH08.mst (
          ID          serial PRIMARY KEY,
          start_id    int,    --连线起点 id
          end_id      int,    --连线终点 id
          geom        geometry
          );

  --调用例 8-14 中的函数，获取距离点集几何中心最近点的 id
  _id =CH08.fn_getCenterClosestPoint();
  SELECT id, geom FROM CH08.points where id=_id
      into rec;

  RAISE NOTICE '根节点 id: %', rec.id;
  --将 id 加入 MST 树节点集
  ids       = array[rec.id];
  geoms     = array[rec.geom];
  point     = rec.geom;

  FOR i IN 1..99 LOOP
        --寻找与 MST 节点集最近的点
        SELECT a.*
          FROM CH08.points a,
```

```
            (SELECT
                    st_closestpoint(st_union(geom), st_collect(geoms)) as geom
              FROM CH08.points
                  WHERE id<>all(ids)

            ) foo
        WHERE st_equals(a.geom, foo.geom)
        INTO rec;

    --找出与新节点最近的 MST 节点
    point = st_closestpoint(st_collect(geoms), rec.geom);
    --获取 point 对应的 id
    _id = ids[array_position(geoms, point)];

    --将 id 加入 MST 树节点集
    ids         = array_append(ids,rec.id);
    geoms       = array_append(geoms,rec.geom);

    line = st_makeline(point,rec.geom);
    INSERT INTO CH08.mst(start_id,end_id, geom)
         VALUES(_id, rec.id, line);
   END LOOP;
 END; $$
 LANGUAGE plpgsql;
```

存储过程调用语句如下：

```
 CALL sp_CreateMST();
```

生成的最小生成树如图 8-7 所示。

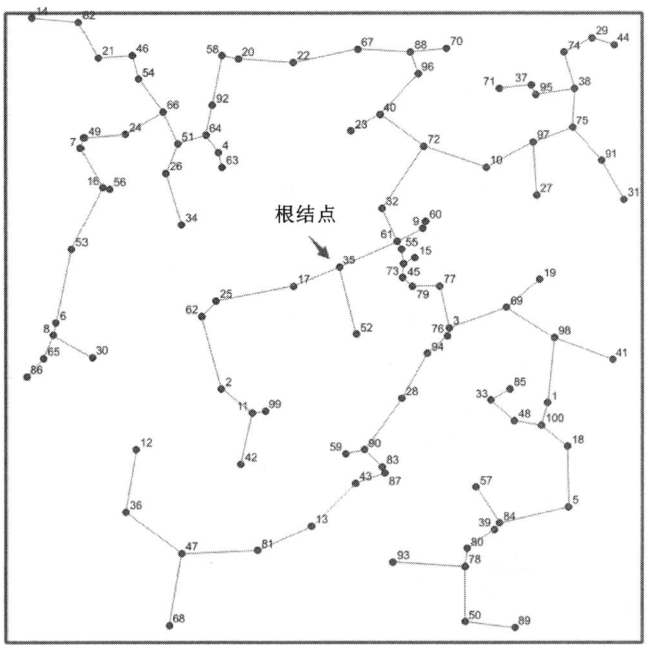

图 8-7　最小生成树

例 8-22　定义存储过程 sp_LocalDensity，使用滑动窗口法计算例 8-14 中每个点的局部密度，并返回局部密度最大的点 id。要求：滑动窗口是长度为 *r* 的正方形，*r* 以参数形式传入存储过程，局度密度最大的点 id 以 inout 参数形式返回。存储过程定义如下：

```
CREATE OR REPLACE PROCEDURE CH08.sp_LocalDensity(
    r                       float,          --传入的窗口大小
    inout _point_id         int,            --返回的密度最大的点 id
    inout _point_density    float           --返回的密度最大值
    )
AS  $$
DECLARE
    win                     geometry;       --滑动窗口
    point1                  geometry;       --滑动窗口的左下角顶点
    point2                  geometry;       --滑动窗口的右上角顶点
    pointn                  int;            --滑动窗口中的点数量
    mydensity               float;          --局部密度
    rec                     record;         --当前点记录
BEGIN
    --创建局部密度数据表 local_density
    DROP TABLE IF EXISTS CH08.local_density;
    CREATE TABLE CH08.local_density (
```

```
        id          serial PRIMARY KEY,
        point_id    int,                        - - 点 id
        density     float8                      - - 局部密度
        );

- - 遍历点集
FOR rec IN SELECT *  FROM CH08.points LOOP
    - - 生成当前点的滑动窗口
    point1 = ST_MakePoint(st_x(rec.geom)- r/2,st_y(rec.geom)- r/2);
    point2 = ST_MakePoint(st_x(rec.geom)+r/2,st_y(rec.geom)+r/2);
    win    = ST_MakeBox2D(point1, point2);
    - - 计算滑动窗口中点的数量
    SELECT count(0)
        FROM CH08.points
        WHERE ST_Within(geom, win)
        INTO pointn;
    - - 计算局部密度
    mydensity = pointn/st_area(win);
    - - 插入局部密度表
    INSERT INTO CH08.local_density(point_id, density)
        VALUES(rec.id, mydensity);
END LOOP;

- - 查询局部密度最大的点 id 及其密度值
- - 将 id 和密度值赋给_point_id 和_point_density
SELECT
    point_id, density
FROM
    CH08.local_density
WHERE
    density = ( SELECT
                    MAX( density )
                FROM
                    CH08.local_density
                )
 INTO _point_id, _point_density;
END; $$
LANGUAGE plpgsql;
```

存储过程调用程序如下：

```
DO $$
DECLARE
    pid      int;
    density float8;
BEGIN
    CALL CH08.sp_LocalDensity(8.0,pid,density);
    RAISE NOTICE '局部密度最大的点 id=%，密度值=%',pid, density;
END; $$
```

执行结果如下：

```
> NOTICE: 局部密度最大的点 id=45，密度值=0.09375
> OK
>查询时间: 0.058 s
```

例 8-19 中使用了空间关系计算，为了提升查询速度，可以为 points 表创建空间索引。创建空间索引语句如下：

```
CREATE INDEX gidx_points on CH08.points USING GIST(geom);
```

再次调用存储过程，查询结果如下：

```
> NOTICE: 局部密度最大的点 id=45，密度值=0.09375
> OK
>查询时间: 0.049 s
```

可以看出，使用了空间索引以后，查询效率有所提升。

例 8-22 中，创建的滑动窗口如图 8-8 所示。

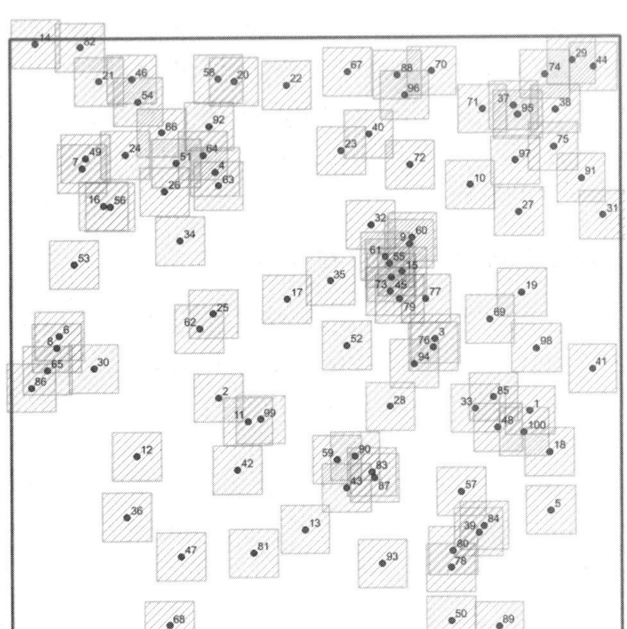

图 8-8　滑动窗口显示结果

8.4 PostGIS 桌面应用开发

8.4.1 桌面应用开发概述

桌面应用开发是使用高级开发语言研发运行于桌面操作系统之上的应用程序的开发方法，GIS 桌面应用开发方法大致包括独立开发模式、宿主式开发模式、组件式开发模式等(李光强等，2021)。其中，宿主式开发又称为插件式开发，是在通用型 GIS 软件平台利用宿主软件支持的二次开发语言编写业务应用型插件的方式。这种开发模式中，宿主软件加载并运行插件，以实现业务管理功能。这种开发模式通过调用宿主软件的 API 函数来执行宿主软件的功能模块，快速实现业务应用程序的开发，开发效率高、功能强大、稳定性高。尽管如此，宿主式开发也存在诸多不足，如插件只能在宿主软件上运行，不能单独运行，使得插件缺乏灵活性，不易于移植。

当前，许多 GIS 平台都支持宿主式开发，如 ArcMap 提供了 VBA (visual basic for applications)和 Python 等高级开发语言开发插件。通过这种开发模式，开发人员不仅可以定制和扩展宿主软件的菜单、工具栏和操作界面，还可以研发个性化功能。近年来，由于开源 QGIS 平台支持 Python、Java、C++等多种开发语言，并且功能强大、易于扩展，所以深受 GIS 用户和 GIS 开发人员的青睐。

开源地理信息系统 QGIS 是一套集成空间数据可视化、编辑制图、空间分析等功能的优秀 GIS 软件，在功能和可用性方面已经可以与昂贵的商用 GIS 软件相媲美。QGIS 拥有高度的集成性，集成了数十个开源项目，支持 Python 等高级语言的二次开发。QGIS 提供了功能强大的 PyQGIS 开发库，即 Python API，开发人员既可以开发 QGIS 插件，也可以开发单独运行的桌面程序(Lawhead，2015；QGIS，2022；孟庆祥等，2018)。

QGIS 在安装时就已安装了 QGIS 内置的 Python 开发环境，如 QGIS 3. 24 版本内置了 Python 3. 9。基于 Python 的 QGIS 二次开发模式有 Python 控制台开发模式、插件开发模式、独立运行的 Python 应用程序开发模式等。本节主要介绍前两种开发模式。

8.4.2 QGIS 的 Python 控制台开发模式

控制台开发模式是在 QGIS 自带的 Python 控制台中交互式执行 Python 指令，或者在控制台中执行 Python 脚本的开发方式。前者称为命令行交互开发模式，后者称为脚本文件开发模式。在 QGIS 启动以后，点击“Plugins”的“Python Console”，打开 Python 控制台(图 8-9)。

(一)命令行交互开发模式

这种开发模式是在 Python 控制台窗口中输入 Python 命令，交互式地操作 QGIS。

例 8-23 使用 Python 命令获取当前活动图层 id 及其要素数量。交互操作命令如下：

```
>>> layer =qgis.utils.iface.activeLayer();
>>>layer.id();
' grids_a6a8c7ec_9f80_4877_a688_15a1a0cbfa9d'
>>>layer.featureCount();
100
```

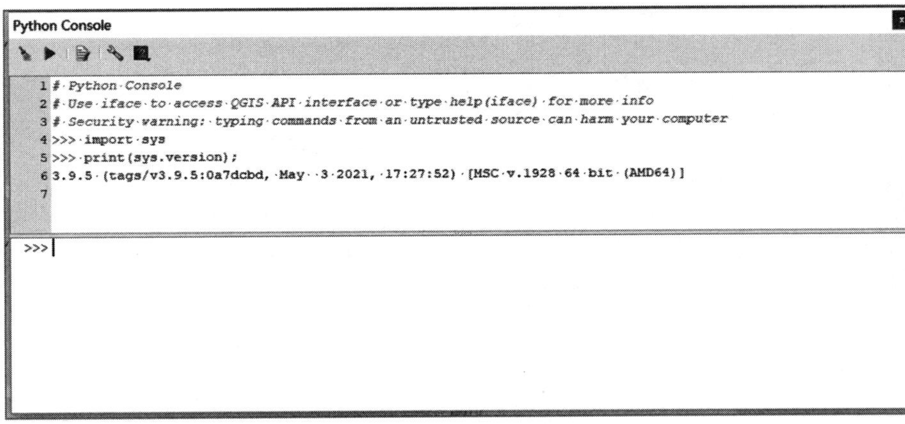

图 8-9　QGIS 的 Python 控制台

例 8-24　使用 Python 命令加载 PostGIS 图层。操作命令如下：

```
  >>>uri = QgsDataSourceUri()
#设置数据库连接的 host name、port、database name、username 和 password
  >>>uri.setConnection("localhost", "5432", "test", "user", "password")
#设置连接的模式名称、数据表名、几何图形字段、查询条件和数据表的主码
  >>>uri.setDataSource("CH08", "points", "geom", "", "id")
#创建矢量图层
  >>>vlayer = QgsVectorLayer(uri.uri(False), "Points", "postgres")
#将图层添加到 QGIS
  >>>QgsProject.instance().addMapLayer(vlayer)
  <QgsVectorLayer: 'Points' (postgres)>
```

（二）脚本文件开发模式

脚本文件开发模式要先编写好 Python 脚本并存为 py 文件，然后在控制台中使用 ScriptRunner 插件调用该文件。在图 8-9 所示控制台界面，点击“Show Editor”按钮，打开 ScriptRunner 脚本编辑框（图 8-10）。在 ScriptRunner 脚本编辑框中，可以直接编辑 Python 脚本并保存为 py 文件，也可以加载已保存的 py 文件。点击 ScriptRunner 界面中的“Run Script”可以直接运行编辑的脚本文件。

例 8-25　使用 ScriptRunner 执行 Python 脚本文件，在 QGIS 中创建工具栏按钮，点击该按钮添加 PostGIS 图层。脚本文件如下：

```
from qgis.PyQt.QtCore import QSettings, QTranslator, QCoreApplication
from qgis.PyQt.QtGui import QIcon
from qgis.PyQt.QtWidgets import QAction

#定义添加图层函数
defloadLayer():
```

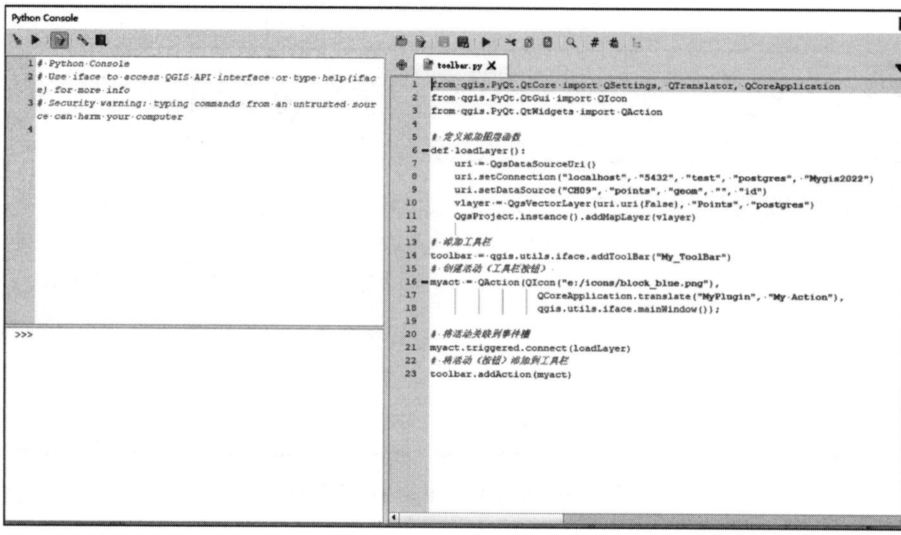

图 8-10 ScriptRunner 脚本编辑框

```
    uri = QgsDataSourceUri()
    uri.setConnection("localhost", "5432", "test", "user", "password")
    uri.setDataSource("CH08", "points", "geom", "", "id")
    vlayer = QgsVectorLayer(uri.uri(False), "Points", "postgres")
    QgsProject.instance().addMapLayer(vlayer)

#添加工具栏
toolbar =qgis.utils.iface.addToolBar("My_ToolBar")
#创建活动(工具栏按钮)
myact = QAction(QIcon("e:/icons/block_blue.png"),
                QCoreApplication.translate("MyPlugin", "My Action"),
                qgis.utils.iface.mainWindow());

#将活动关联到按钮事件槽
myact.triggered.connect(loadLayer)
#将活动(按钮)添加到工具栏
toolbar.addAction(myact)
```

8.4.3 基于 Python 的 QGIS 插件开发模式

基于 Python 的 QGIS 插件开发模式是使用 QGIS 自带的 Python 环境引用 PyQGIS 库、调用 QGIS 平台功能组件，实现业务应用的开发方法。

(一)开发环境

QGIS 的 Plugin Builder 插件可以帮助开发人员快速生成 QGIS 插件框架，Reload Plugin 插件可以帮助开发人员在不重启 QGIS 的前提下重新加载开发插件，以提高插件的调试效率。

Plugin Builder 生成插件框架向导界面如图 8-11 所示，按照创建插件的提示向导，填写新建插件的类名(Class name)、插件名称(Plugin name)、描述(Description)、模块名称(Module name)、版本号(Version number)等信息，将自动生成插件框架。

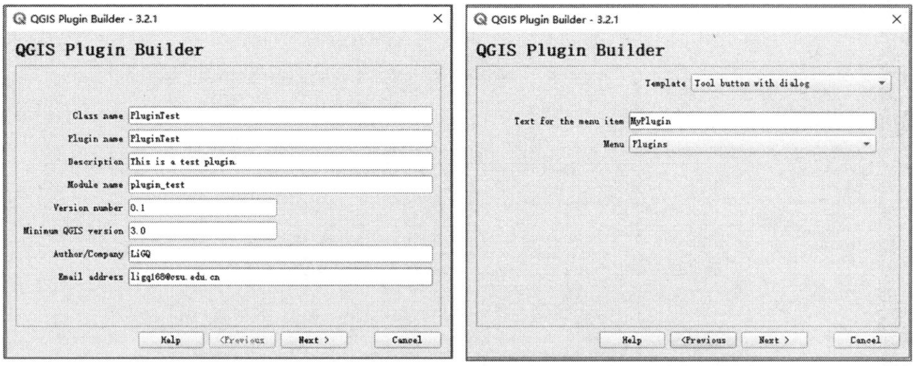

图 8-11　Plugin Builder 生成插件框架向导界面

例如，图 8-11 创建了名为“PluginTest”的插件，完成插件创建以后，QGIS 插件管理器自动识别、加载 PluginTest 插件(图 8-12)，选中 PluginTest 插件，插件被加载到 QGIS 工具栏和“Plugins”菜单栏(图 8-13)。基于 Python 开发的 QGIS 插件都被存储在“C: \Users\admin\AppData\Roaming\QGIS\QGIS3\profiles\default\python\plugins”目录中，所以开发人员可以使用 VSCode 等开发工具打开 QGIS 插件目录下的 PluginTest 插件程序代码并对其进行更多编辑和开发，如图 8-14 所示。

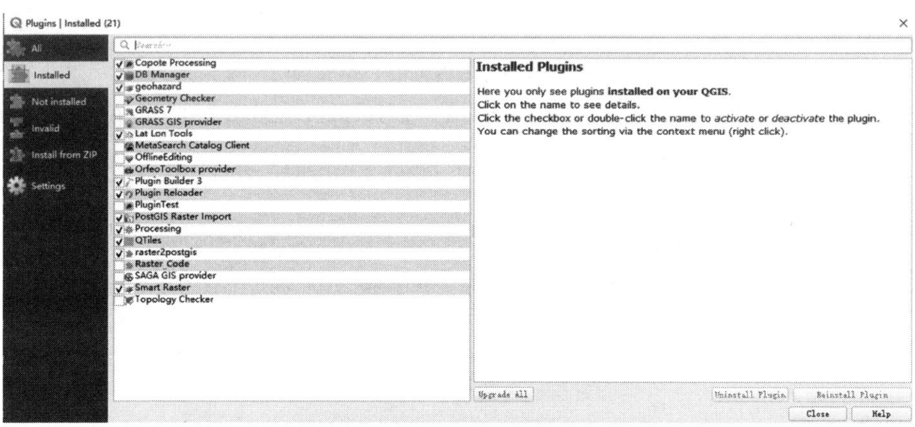

图 8-12　插件管理器

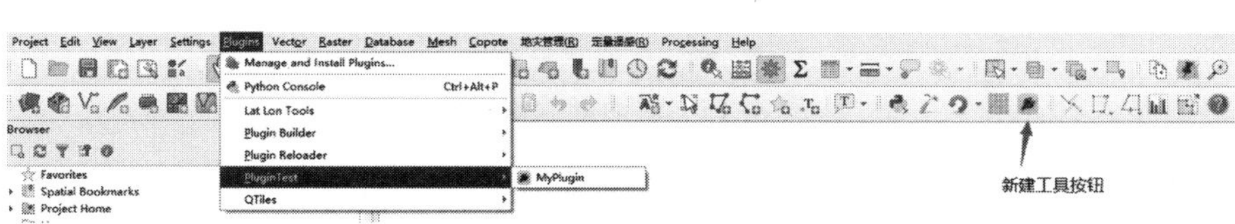

图 8-13　新建插件菜单和工具按钮

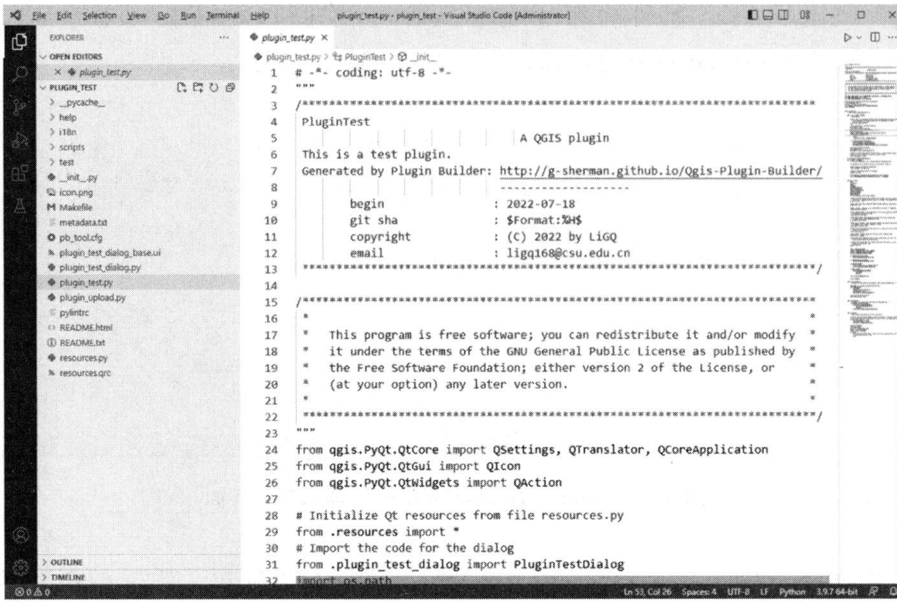

图 8-14　用 VSCode 打开插件程序代码

(二)加载 PostGIS 图层示例

本示例在上述 PluginTest 示例的基础上修改对话框界面和功能按钮事件槽，实现 PostGIS 图层加载。

(1)设置对话框。

基于 Python 开发的 QGIS 插件使用布局文件(ui)定义对话框，开发人员可以使用 Qt 的 Designer 工具编辑对话框设计文件，图 8-15 是 Qt Designer 编辑对话框 plugin_test_dialog_base. ui 的界面。

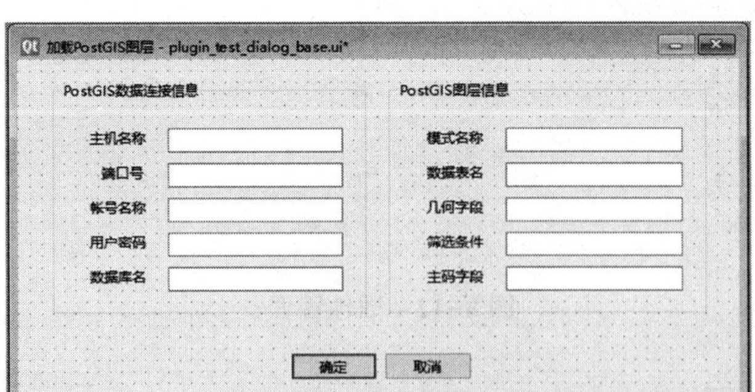

图 8-15　对话框编辑界面

(2)编写加载图层函数。

QGIS 加载初始化对话和设置对话框组件事件槽等工作是由 plugin_test_dialog. py 程序文件负责，因此为了完成加载 PostGIS 图层操作，需要在 PluginTestDialog 类构造函数“__init__”

中为“确定”按钮设置事件槽函数，此示例的加载图层函数定义为“loadLayer”。PluginTestDialog 类代码如程序 8-1 所示。

程序 8-1　PluginTestDialog 类代码

```
    # -* - coding: utf- 8 -* -
    """
    * * * * * * * * * * * * * * * * * * * * * * * * * * * * * * * *
    文件名称: PluginTestDialog
    程序说明: PluginTest 对话框类
    程序作者: 李光强
    编写时间: 2022- 7- 18
    * * * * * * * * * * * * * * * * * * * * * * * * * * * * * * * *
    """


    import os
    from qgis.PyQt                  import uic
    from qgis.PyQt                  import QtWidgets
    from qgis.PyQt.QtWidgets       import ( QDialog,
                                           QDialogButtonBox,
                                           QMessageBox,
                                           QLineEdit
                                          )
    from qgis.core                  import *

    FORM _CLASS, _ =uic.loadUiType(os.path.join(
        os.path.dirname(__file__), ' plugin_test_dialog_base.ui' ))

classPluginTestDialog(QtWidgets.QDialog, FORM_CLASS):
    def __init__(self, parent=None):
        """构造函数"""
        super(PluginTestDialog, self).__init__(parent)
        self.setupUi(self)

        self.txtPassword.setEchoMode(QLineEdit.Password);
        self.btnOK.clicked.connect(self.loadLayer);

    def loadLayer(self):
        ''' 加载 PostGIS 图层'''
        host        = self.txtHost.text().strip();
        port        = self.txtPort.text().strip();
        database    = self.txtDatabase.text().strip();
        user        = self.txtUser.text().strip();
        passwd      = self.txtPassword.text().strip();
```

```
    if(host =="" or port =="" or user =="" or passwd ==""):
        QMessageBox.warning(
            self,
            "PluginTest",
            "PostGIS 数据库主机名称、端口号、账号和密码均不能为空."
        );
        return;

    schema    = self.txtSchema.text().strip();
    table     = self.txtTable.text().strip();
    geom      = self.txtGeom.text().strip();
    where     = self.txtWhere.text().strip();
    key       = self.txtKey.text().strip();

    if(schema =='' or table =='' or geom =='' or key =='' ):
      QMessageBox.warning(
            self,
            "PluginTest",
            "模式名、数据表名、几何字段、主码均不能为空."
      );
      return;

    uri = QgsDataSourceUri();
    uri.setConnection(host, port, database, user, passwd);
    uri.setDataSource(schema, table, geom, where, key);
    vlayer = QgsVectorLayer(uri.uri(False), table, "postgres");
    QgsProject.instance().addMapLayer(vlayer);
```

8.4.4 QGIS 插件操作 PostGIS 示例

(一) QGIS 处理工具操作 PostGIS

QGIS 平台提供了多种方法操作 PostGIS，但是要使用自定义的 QGIS 插件操作 PostGIS，就需要用到 QGIS 提供的 Processing Toolbox。QGIS 的 Processing Toolbox 工具箱的 Database 目录包含了数据库操作工具“PostgreSQL execute and load SQL”和“PostgreSQL execute SQL”，二者均可以使用 SQL 语句操作 PostGIS 空间数据库。

PostgreSQL execute SQL 工具界面如图 8-16 所示，在“Database(connection name)”下拉框中选择要操作的 PostgreSQL 数据库连接[PostgreSQL 数据库连接需在 QGIS 的对象浏览器(Browser)中配置]，然后在“SQL query”文本框中输入操作 PostgreSQL 的 SQL 语句，点击“Run”执行 SQL 语句，完成数据库操作。在使用此工具时，SQL 语句只能是单条查询语句，否则会报错。例如，图 8-16 中，输入了创建数据表 CH08.lines 的语句，执行完以后将在数据库“CH08”模式下创建 lines 数据表。

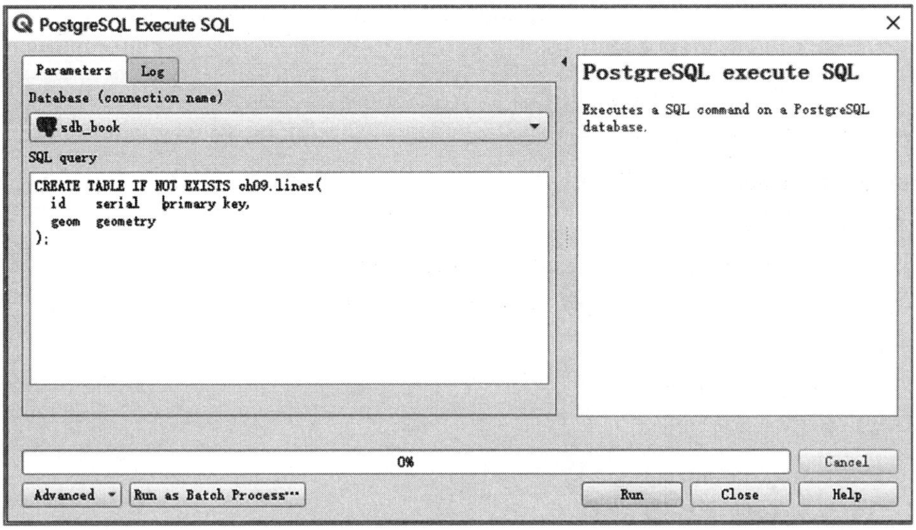

图 8-16　PostgreSQL execute SQL 工具界面

(二) 自定义插件调用处理工具操作 PostGIS

如果要使用自定义插件调用处理工具操作 PostGIS，就需要在插件中访问处理工具，并传入所需参数，然后执行 SQL 语句完成相应数据库操作。

例 8-26　定义插件工具按钮，调用 PostgreSQL execute SQL 工具，向 CH08.points 数据表中插入 100 个随机点。本示例在 8.4.3 小节生成的 PluginTest 插件程序上进行修改。在 VSCode 中打开 plugin_test.py 文件，引用 pyqgis 库如下：

```
import processing
from processing.core.Processing import Processing,QgsProcessingFeedback
```

修改 PluginTest 类成员函数 run，代码如下：

```
def run(self):
    """执行处理工具"""

    #初始化处理工具
    Processing.initialize();
    #定义处理结果反馈变量
    feedback =QgsProcessingFeedback();
    #执行处理工具

    precessedResult = processing.run(
        "native: postgisexecutesql",          #调用的处理工具名称
        {   'DATABASE' : 'local_test' ,    #数据库连接
            #要执行的 SQL 语句
            'SQL' : 'INSERT into CH08.points \
```

```
                    SELECT generate_series(1, 100) AS id, \
                st_makepoint(random()* 100, random()* 100) AS geom; '
        },
        feedback=feedback);
    #输出处理结果反馈
    print(" feedback: ", feedback);
    #输出处理结果
    print(" Processing algorithm result: ", precessedResult);
```

例 8-27 修改例 8-26，实现点集 DBSCAN 聚类。PluginTest 类成员函数 run 代码如下：

```
def run(self):
    """执行处理工具"""
    #初始化处理工具
    Processing.initialize();
    #定义处理结果反馈变量
    feedback =QgsProcessingFeedback();
    #执行处理工具
    precessedResult = processing.run(
        "native: dbscanclustering",        #调用的处理工具名称
        {
            'DBSCAN* ': False,
            'EPS': 1,
            'FIELD_NAME': 'CLUSTER_ID',
            'INPUT': 'memory: //Point?field=id: integer(-1, 0)\
                        &field=CLUSTER_ID: integer(0, 0)\
                        &field=CLUSTER_SIZE: integer(0, 0)\
                        &uid={31b81b12-27fa-4f18-a7d4-44f38cc9120f}',
            'MIN_SIZE': 5,
            'OUTPUT': 'TEMPORARY_OUTPUT',
            'SIZE_FIELD_NAME': 'CLUSTER_SIZE'
        },
        feedback=feedback);
    #输出处理结果反馈
    print(" feedback: ", feedback);
    #输出处理结果
    print(" Processing algorithm result: ", precessedResult);
```

(三) QGIS 插件使用 Psycopg 操作 PostGIS

虽然 QGIS 处理工具箱提供了操作 PostGIS 数据库的工具，但是直接使用处理工具仍会受到许多限制，比如需要预先配置数据库连接、加载数据图层等。因此，为了开发更加复杂的 QGIS 插件，开发人员可以直接调用 Psycopg 驱动程序操作 PostGIS。

例 8-28　在例 8-26 PluginTest 类成员中添加 run 函数，在其中实现 points 要素集的缓冲区操作。代码如下：

```
def run(self):
    """使用 psycopg 操作数据库"""
    #创建数据库连接
    conn = psycopg2.connect(
                                host        = "localhost"
                                ,user       = "postgresql"
                                ,password   = "123456"
                                ,database   = "mygdb"
                                ,port       = "5432"
                            );
    pconn = MyPostgresql(dbconfig);
    sql = f"CREATE TABLE CH08.buffer\
            AS\
            SELECTid, st_buffer(geom, 0.5)\
            FROM CH08.points";
    cur = conn.cursor();
    cur.execute(sql);
    conn.commit();
    print("执行结果: ",res);
```

思考题

1. 简要叙述数据库开发的优点和缺点。
2. PL/pgSQL 程序的分支结构有哪些类型？
3. PL/pgSQL 程序的循环结构有哪些类型？
4. PL/pgSQL 开发类型有哪些？
5. 使用 PL/pgSQL 程序完成以下各小题：

(1) 使用 PL/pgSQL 代码块程序创建数据表 points，字段包括 id(整型)主码、geom(点状 geometry、SRID 为 3857)，并向该表添加(12571100, 3267000)~(12571500, 3270800)的 1000 个随机点。

(2) 请编写 PL/pgSQL 函数 fn_closestpoint(x float, y float)，从 points 表中查询距离(x, y)最近的点，并返回该点的 EWKT 文本。

(3) 将第(2)小题改为 sp_closestpoint 存储过程，返回 wkt 参数。

(4) 编写 PL/pgSQL 代码块程序，用 10 m×10 m 的网格划分工作区，并将所有单元格存入 grids 表，字段包括 id(自增主码)、点密度 density(小数)和几何图形 geom；计算每个单元格的点密度(点数/单元格面积)，并将其存入 grids 表的 density 字段。

(5) 编写 PL/pgSQL 代码块程序，为 points 表添加字段 local_density(浮点型)，计算每个点 10 m 半径的局部密度(即 10 m 半径范围内的点数量除以圆面积)，将计算结果存入 local_density 字段。

6. 某市空间数据库包含道路数据表 road、行政区划数据表 district、建筑物数据表 building。road 表字段包括 id(整型，主码)、道路名称 name(varchar 类型)和几何图形 geom(LineString，SRID=3857)，且已存入道路中心线要素；district 表字段包括 id(整型，主码)、行政区名称 name(varchar 类型)和几何图形 geom(Polygon，SRID=3857)，且已存入城市下辖的所有区县面要素数据；building 表字段包括 id(整型，主码)、建筑名称 name(varchar 类型)和几何图形 geom(Polygon，SRID=3857)，且已存入全市建筑物面要素数据。请编写 PL/pgSQL 程序完成以下小题：

(1)编写 PL/pgSQL 代码块程序，为 district 表添加建筑物数量 bld_count(整型)和建筑用地面积 bld_area(浮点型)字段，计算每个区县建筑物数量和用地面积，分别存入建筑物数量和建筑物用地面积字段。

(2)编写存储过程 sp_RoadTotal，为 district 表添加道路里程数 roadlen(浮点型)字段，计算各区县道路里程数，并存入 district 表的 roadlen 字段。

(3)编写函数 fn_BuildingTotal(road_name text，radius float)，根据输入的道路名称 road_name 和搜索半径 radius，计算在该道路 radius 范围内的建筑物数量和建筑物用地面积小计，并返回建筑物平均面积。

7. 常用的 GIS 桌面应用程序的开发模式有哪些？

第 9 章　空间数据库应用开发实例

本章使用农村土地确权空间数据库、基于 POI 数据分析城市功能区和点云数据提取建筑物三个实例，详细介绍 PostGIS 空间数据库建设和开发方法。

9.1　农村土地确权空间数据库实例

9.1.1　项目概述

农村集体土地确权是依照法律、政策确定某一范围内土地(或称宗地)的所有权、使用权的隶属关系和他项权利内容，即确认和确定土地所有权、使用权和他项权利，简称农村土地确权。每宗地的土地权属都要经过土地登记申请、地籍调查、权属审核、登记注册、颁发土地证书等土地登记程序，才能得到最后的确认和确定。开展农村土地确权登记工作对农村土地管理具有重要意义，有利于强化物权保障和强化承包农户的市场主体地位和家庭承包经营的基础地位，为巩固农村基本经营制度提供强有力的制度保障；有利于明确土地承包经营权归属，为解决土地承包经营纠纷、维护农民土地承包的各项合法权益提供强有力的原始依据(陆剑等，2017；赵阳等，2017)。

农村土地确权建库工作包括资料收集、工作底图制作、外业调查测量和登记、土地确权空间数据库建设、成果汇交等步骤。其中，土地确权空间数据库建设是农村土地确权建库工作的重要内容，只有利用空间信息技术精准化、精细化地管理和处理宗地空间数据，才能减少地块“四至”边界不清、面积不明等带来的诸多问题。

9.1.2　空间数据库建设

(一)数据概述

利用外业调查制作的土地调查底图转换入库是农村土地确权空间数据库建设的重要环节。在此项目中，外业调查单位使用 AutoCAD 软件编制土地确权图纸，图层包括村组行政边界、地块界址线、地块名称、地块编号、权属单位和名称、承包人名称等，如图 9-1 所示。

在实际制图中，为了保证相邻地块之间不相交，制图人员经常将地块绘制成地块界址线，而不是地块多边形。图 9-2 给出了地块界址线详细情况，可以看出地块由多条界址线圈闭而成，既不能完成拓扑检查，也无法计算地块面积。因此，工作人员可以将 AutoCAD 调查底图按土地确权数据库建设规范导入空间数据库，然后在其中完成地块多边形的构建，进而进行拓扑检查、地块属性提取、赋值等一系列工作。

(二)空间数据表

《农村土地承包经营权确权登记数据库规范》(NY/T 2539—2016)(简称确权登记数据库

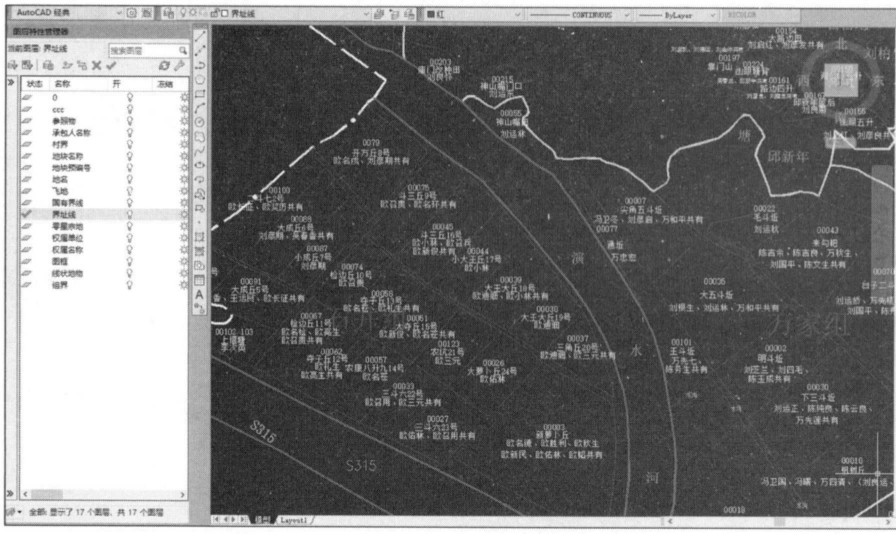

图 9-1　AutoCAD 制作的土地确权调查底图

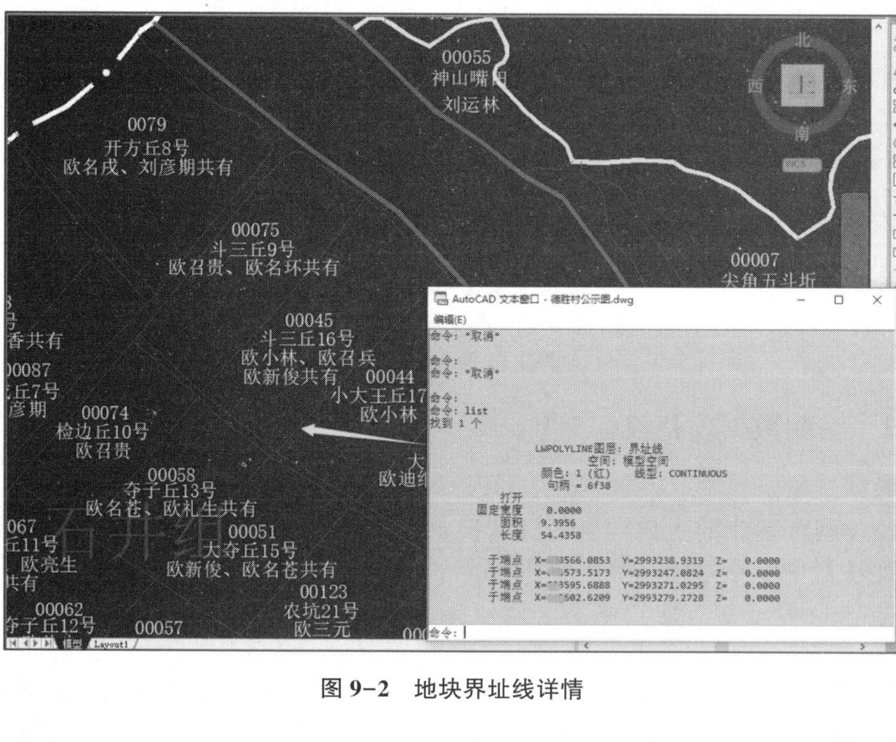

图 9-2　地块界址线详情

规范)，是设计和建设农村土地确权空间数据的基础。确权登记数据库规范规定了数据库主要包括用于农村土地承包经营权调查、确权登记的地理信息数据和权属数据表。地理信息要素包括定位基础、境界与管辖区域及对承包地块“四至”描述有重要意义的地物信息。农村土地权属要素指用于描述承包地块空间位置、坐落(“四至”)、面积、编码和毗邻关系的矢量信息。权属数据包括发包方、承包方、承包地块信息、权属来源、承包经营权登记簿、承包经营权证等。

本实例主要处理地块信息表、承包地块信息表、承包方表，表结构如表 9-1 ~ 表 9-3 所示。

表 9-1　地块空间数据表（属性表名：DK）

序号	字段名称	字段代码	字段类型	字段长度	小数位数	约束条件	备注
1	标识码	BSM	int	10		M	主码
2	要素代码	YSDM	char	6		M	
3	地块编码	DKBM	char	19		M	
4	地块名称	DKMC	char	50		M	
5	所有权性质	SYQXZ	char	2		O	
6	地块类别	DKLB	char	2		M	
7	土地利用类型	TDLYLX	char	3		O	
8	地力等级	DLDJ	char	2		M	
9	土地用途	TDYT	char	1		M	
10	是否基本农田	SFJBNT	char	1		M	
11	实测面积	SCMJ	float	15	2	M	单位：m^2
12	地块东至	DKDZ	char	50		C	
13	地块西至	DKXZ	char	50		C	
14	地块南至	DKNZ	char	50		C	
15	地块北至	DKBZ	char	50		C	
...	...	...	...	...		...	

表 9-2　承包地块信息表结构（属性表名：CBDKXX）

序号	字段名称	字段代码	字段类型	字段长度	小数位数	约束条件	说明
1	地块编码	DKBM	char	19		M	
2	发包方编码	FBFBM	char	14		M	
3	承包方编码	CBFBM	char	18		M	
4	承包经营权取得方式	CBJYQQDFS	char	3		M	
5	合同面积	HTMJ	float	15	2	M	单位：m^2
...	...	...	...	...		...	

表 9-3 承包方表结构（表名：CBF）

序号	字段名称	字段代码	字段类型	字段长度	小数位数	约束条件
1	承包方编码	CBFBM	char	18		M
2	承包方类型	CBFLX	char	1		M
3	承包方(代表)名称	CBFMC	char	50		M
4	承包方(代表)证件类型	CBFZJLX	char	1		M
5	承包方(代表)证件号	CBFZJHM	char	20		非空
...	...	...	...	...		...

表 9-1～表 9-3 中，“M”为必选项，“O”为可选项，“C”为条件选项。为了区分数据表名称和字段名称，本实例所有数据表名称均使用“t_”前缀。例如地块数据表名为 t_DK。

（三）数据入库

图 9-1 所示的确权空间数据的入库操作包括 CAD 图纸转换为 SHP 文件、SHP 文件入库、地块界址线转面、地块面要素赋值等步骤。

（1）CAD 图纸转换为 SHP 文件。可以使用第三方 GIS 软件（如 QGIS、ArcGIS）将 CAD 图纸导出为 SHP 文件，图 9-1 所示 CAD 图纸导出的 SHP 文件如表 9-4 所示。

表 9-4 CAD 图纸导出的 SHP 文件一览表

序号	CAD 图层名称	SHP 文件/图层名称
1	地块编号	DKBH
2	地块名称	DKMC
3	承包人名称	CBRMC
4	地名	DM
5	权属单位	QSDW
6	地块界址线	DKJX
7	组界	ZJ
8	村界	CJ

（2）SHP 文件入库操作直接使用 PostGIS 自带的 shp2pgsql 命令或 shp2pgsql-gui 可视化操作工具，将 SHP 文件导入 PostGIS 空间数据库。各数据表名称使用表 9-3 中的 SHP 文件/图层名称，并加上“t_”前缀。例如，地块编号数据表名称为 t_DKBH。

（3）地块界址线转面操作可以使用 PostGIS 的高级拓扑工具或 ST_Polygonize 函数，将地块界址线要素转为地块面要素。高级拓扑工具构建地块面要素的操作参照 5.7 节，本节介绍 ST_Polygonize 函数构建地块面要素的步骤。

①合并村界、组界和地块界址线到临时图层。

在制作确权工作底图时，为了保证村界、组界和地块界址线的拓扑规则，所有共用线要素均不能重复绘制，所以在生成地块面要素时，需要将这三类界线合并到临时图层 t_polylines。合并语句如下：

```
DROP TABLE IF EXISTS t_polylines;
CREATE TABLE t_polylines
(
    id serial4 primary key,
    geom geometry
);
INSERT INTO t_polylines(geom)
    SELECT geom FROM t_DKJX          --t_DKJX 为地块界址线表
    union
    SELECT geom FROM t_ZJ            --t_ZJ 为组界址线表
    union
    SELECT geom FROM t_CJ;           --t_CJ 为村界址线表
```

②利用合并后的界址线构造原始地块面要素数据表 t_DK_origin。

利用 t_polylines 数据表中的线要素构建原始地块面要素的语句如下：

```
--创建地块临时数据表
DROP TABLE IF EXISTS t_DK_origin;

CREATE TABLE t_DK_origin
(
    BSMs      erial4 primary key ,   --标识码
    DKBM      varchar(19)     ,      --地块编码
    DKMC      varchar(50)     ,      --地块名称
    CBRMC     varchar(50)     ,      --承包人名称
    QSDW      varchar(100)    ,      --权属单位
    XZC       varchar(100)    ,      --行政村
    CMXZ      varchar(100)    ,      --村民小组
    geom      GEOMETRY               --几何图形
);

--由界址线生成面要素并插入 t_DK_origin 表
INSERT INTO t_DK_origin(geom)
    SELECT
        (st_dump(st_polygonize(geom))).geom
    FROM
        (
            SELECT
```

```
                st_union(geom, 0.1) AS geom
            FROM
                t_polylines
        ) foo;
--删除未包括地块编号的多边形
DELETE FROM
  t_DK_origin A
WHERE
  NOT EXISTS ( SELECT 1
                 FROM
                   t_DKBH                    --t_DKBH 为地块编号注记表
                 WHERE
                   ST_Within ( geom, A.geom )
             );
```

地块面要素构建结果如图 9-3 所示。

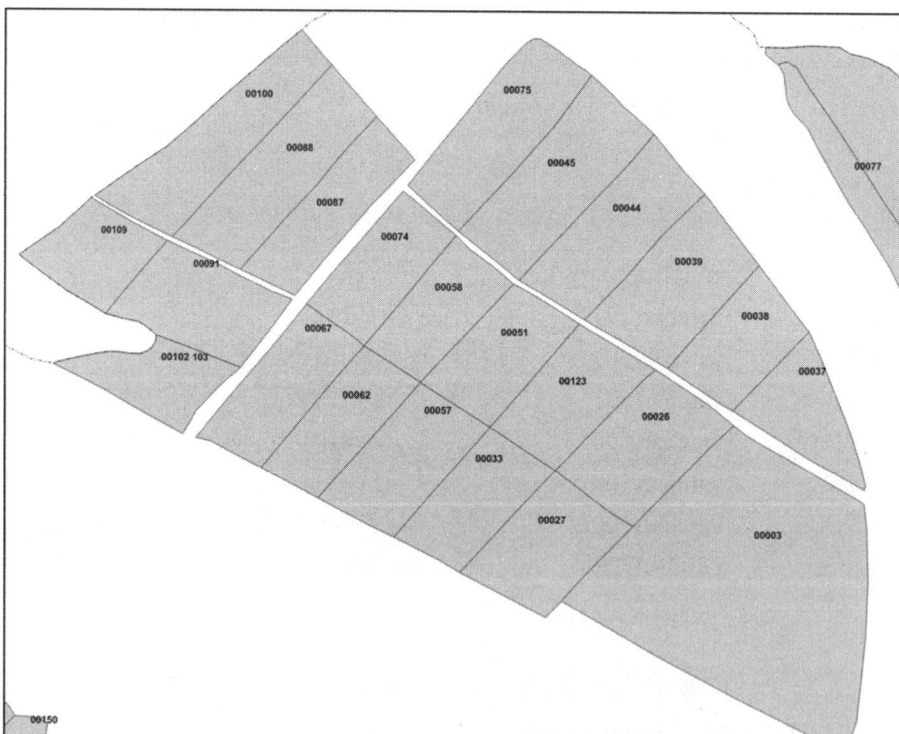

图 9-3　地块面要素构建结果

(4)提取地块面要素所包含的地块编号注记、地块名称注记、承包人名称注记信息，并赋给地块面要素，语句如下：

```
-- 提取地块编号注记，并赋给地块面要素图层的 DKBH 字段
UPDATE t_DK_origin A
SET
    DKBM =b.refname          -- refname 为地块编号注记表的文字字段
FROM
    t_DKBH b                 -- t_DKBH 为地块编号注记表
WHERE
    st_within ( b.geom, A.geom );

-- 提取地块名称注记，并赋给地块面要素图层的 DKMC 字段
UPDATE t_DK_origin A
SET
    DKMC =b.refname          -- refname 为地块名称注记表的文字字段
FROM
    t_DKMC b                 -- t_DKMC 为地块名称注记表
WHERE
    st_within ( b.geom, A.geom );

-- 提取地块承包人注记，并赋给地块面要素图层的 CBRMC 字段
UPDATE t_DK_origin A
SET
    CBRMC =b.refname         -- refname 为地块承包人名称注记表的文字字段
FROM
    t_CBRMC b                -- t_CBRMC 为地块承包人名称注记表
WHERE
    st_within ( b.geom, A.geom );
```

地块面要素的地块编号、名称、承包人名称赋值结果如图 9-4 所示。

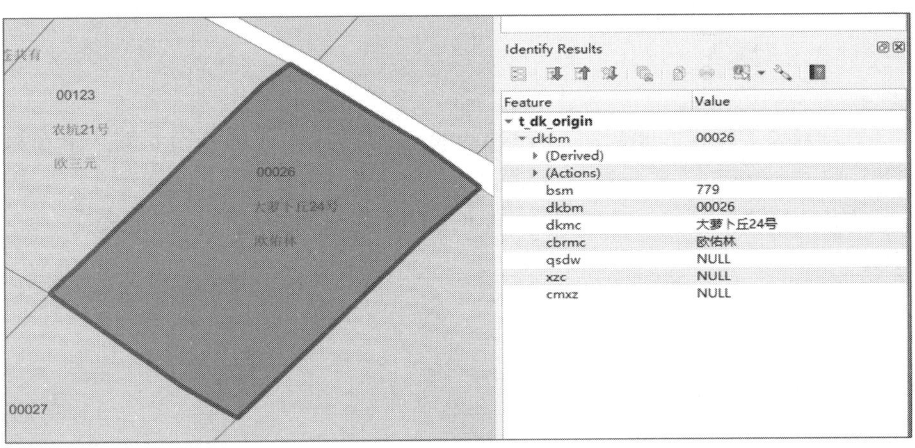

图 9-4　地块属性赋值示例

(5)创建村级区域空间数据表(t_CJQY)，将行政村界线转成多边形赋给该表几何字段，提取行政村代码注记中的行政村代码文字赋给 t_CJQY 的行政村代码字段(CJQYDM)；然后根据行政村代码字段从村级区域名称数据表中获取行政村名称并赋给 t_CJQY 的行政村名称字段(CJQYMC)。语句如下：

```
--创建村级区域空间数据表 t_CJQY
--从村界址线转换生成村级区域面几何图形
DROP TABLE IF EXISTS t_CJQY;
CREATE TABLE t_CJQY
(
    BSM         serial4 primary key,      --标识码
    CJQYDM      varchar(12),              --村级区域代码
    CJQYMC      varchar(100),             --村级区域名称
    geom        GEOMETRY                  --几何图形
);
--将行政村界址线转换为面
INSERT INTO t_CJQY(geom)
    SELECT
        (st_dump(st_polygonize(geom))).geom
    FROM
        (
            SELECT
                st_union(geom, 0.1) AS geom
            FROM
                t_CJ    --t_CJ 为村界线数据表
        ) foo;

--从村级区域注记中提取村级区域代码和村级区域名称
--赋给数据表对应字段
UPDATE t_CJQY A
SET
    CJQYDM = b.refname         --refname 行政村代码注记数据表的文字字段
FROM
    t_CJQYDM b                 --t_CJQYDM 为村级区域代码注记表
WHERE
    st_within ( b.geom, A.geom );

UPDATE t_CJQY A
SET
    CJQYMC = b.refname         --refname 为地块编号数据表的注记字段
```

```
FROM
    t_CJQYMC b                  --t_CJQYMC 为村级区域名称注记表
WHERE
    st_within ( b.geom, A.geom );
```

(6)创建组级区域空间数据表(t_ZJQY)，将组界线转换成多边形并赋给该表几何字段，提取行政组代码注记中的组代码文字并赋给 t_ZJQY 的组代码字段(ZJQYDM)；然后从组级区域名称表中获取组名称并赋给 t_ZJQY 的组名称字段(ZJQYMC)。语句如下：

```
--创建组级区域空间数据表 t_ZJQY
--从组界址线转换生成组级区域面几何图形
DROP TABLE IF EXISTS t_ZJQY;
CREATE TABLE t_ZJQY
(
    BSM       serial4 primary key,      --标识码
    ZJQYDM    varchar(12),              --组级区域代码
    ZJQYMC    varchar(100),             --组级区域名称
    geom      GEOMETRY                  --几何图形
);

INSERT INTO t_ZJQY(geom)
    SELECT
        (st_dump(st_polygonize(geom))).geom
    FROM
        (
            SELECT
                st_union(geom, 0.1) AS geom
            FROM
                t_ZJ                --t_ZJ 为组界址线
        ) foo;
--从组级区域注记中提取组级区域代码和组级区域名称
--赋给数据表对应字段
UPDATE t_ZJQY A
SET
    ZYQYDM = b.refname              --refname 组界线数据表的注记字段
FROM
    t_ZJQYDM b                      --t_ZJQYDM 为组级区域代码注记表
WHERE
st_within ( b.geom, A.geom );

UPDATE t_ZJQY A
```

```
SET
    ZJQYMC = b.refname              --refname 为组注记表的文字字段
FROM
    t_ZJQYMC b                      --t_ZJQYMC 为组级区域名称注记表
WHERE
    st_within ( b.geom, A.geom );
```

行政区域构建结果如图 9-5 所示。

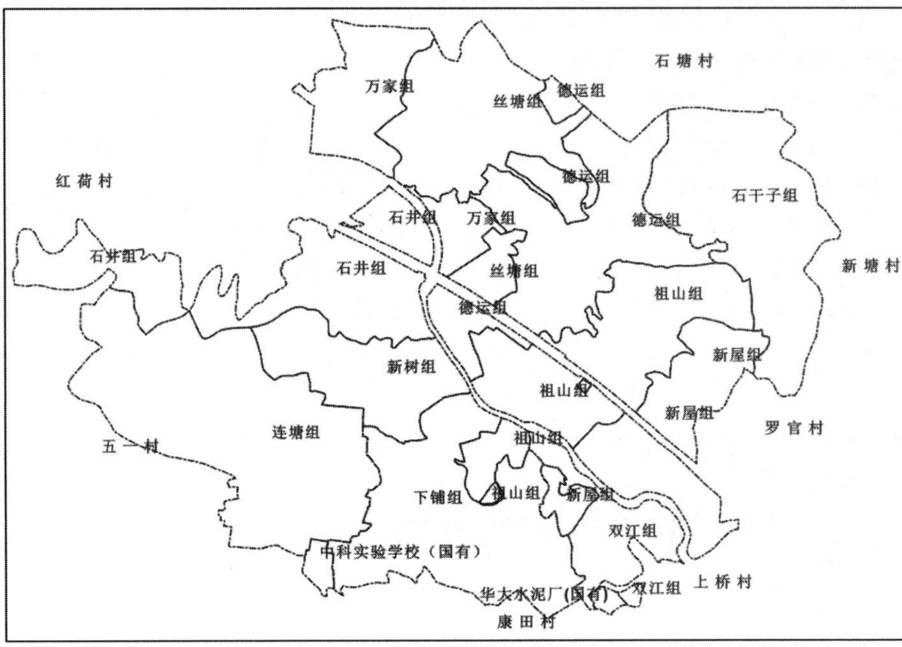

图 9-5　村级和组级行政区域构建结果

(7)创建承包方表 t_CBF(表 9-3)，并录入承包方信息；或者直接将相关电子表格数据导入数据库。

(8)由地块初始数据表(t_DK_origin)生成地块信息表 t_DK(表 9-1)，语句如下：

```
--生成地块信息表 t_dk
DROP TABLE IF EXISTS t_dk;
CREATE TABLE t_dk
(
    BSM        serial8   primary key        ,   --标识码
    YSDM       varchar(6)                   ,   --要素代码
    DKBM       varchar(19)                  ,   --地块编码
    DKMC       varchar(50)                  ,   --地块名称
    SYQXZ      varchar(2)                   ,   --所有权性质
    DKLB       varchar(2)                   ,   --地块类别
```

```
    TDLYLX    varchar(3)          ,  --土地利用类型
    DLDJ      varchar(2)          ,  --地力等级
    TDYT      varchar(1)          ,  --土地用途
    SFJBNT    varchar(1)          ,  --是否基本农田
    SCMJ      float               ,  --实测面积
    DKDZ      varchar(50)         ,  --地块东至
    DKXZ      varchar(50)         ,  --地块西至
    DKNZ      varchar(50)         ,  --地块南至
    DKBZ      varchar(50)         ,  --地块北至
    DKBZXX    varchar(300)        ,  --地块备注信息
    ZJRXM     varchar(100)        ,  --指界人姓名
    geom      geometry               --几何图形字段
);

--从初始地块表中导入地块数据
INSERT INTO t_dk(DKBM, DKMC)
  SELECT
      DKBM, DKMC
  FROM
      t_dk_origin;
```

（9）地块编码重编。由于在外业调查过程中，工作小组按行政村组开展工作，为了方便记录，每个行政村民小组的地块编码仅使用自然序号存储，因此在数据入库后需按《农村土地承包经营权要素编码规则》（NY/T 2538-2016）的规则重新编制地块编码。本实例根据空间包含关系获取地块所在的组代码，然后和地块序号合并，生成完整的地块编码，语句如下：

```
--地块编码重编
UPDATE
    t_DK a
SET
    DKBM = b.ZJQYDM || a.DKBM
FROM
    t_ZJQY b
WHERE
    ST_Contains(b.geom, a.geom);

--初始地块表的地块编码重编
UPDATE
    t_DK_origin a
SET
    DKBM = b.ZJQYDM || a.DKBM
```

```
FROM
    t_ZJQY b
WHERE
    ST_Contains(b.geom, a.geom);
```

重编后的地块信息表中的地块编码如表 9-5 所示。

表 9-5 重编后的地块编码示例

bsm	dkbm	dkmc
143	4307831682092700024	套里五升
144	4307831682092700023	套里斗丘
146	4307831682091200332	上斗四
214	4307831682091200223	里不塘斗八
215	4307831682091200224	应山坪方丘
45	4307831682091500130	四升
64	4307831682091500059	西瓜田
62	4307831682091500109	翁丫丘 2
65	4307831682091500088	良瑞田
94	4307831682090100197	靠门山
…	…	…

(10)由地块初始数据表和承包方信息表联合生成承包地块信息表 t_CBDKXX(表 9-2)。由于初始地块数据表中承包方既可以是单个承包人，也可以是多个承包人，因此在生成承包地块信息表时需要将多个承包人分开存储。

生成 t_CBDKXX 表语句如下：

```
--生成承包地块信息表 t_CBDKXX
DROP TABLE IF EXISTS t_CBDKXX;

CREATE TABLE t_CBDKXX
(
    BSM          serial8 primary key,   --标识码
    DKBM         varchar(19),           --地块编码
    FBFBM        varchar(14),           --发包方编码
    CBFBM        varchar(18),           --承包方编码
    CBJYQQDFS    varchar(3),            --承包经营权取得方式
    HTMJ         float,                 --合同面积
    CBHTBM       varchar(18),           --承包合同编码
    LZHTBM       varchar(20),           --流转合同编码
    CBJYQZBM     varchar(19)            --承包经营权证(登记簿)编码
```

```
);
--从初始地块表中导入单个承包人数据
INSERT INTO t_CBDKXX(DKBM, CBFBM)
SELECT
      a.DKBM, b.CBFBM
FROM
      t_dk_origin a, t_cbf b
WHERE
      a.CBRMC=B.CBFMC;

--从初始地块表中导入共有宗承包人信息
WITH foo AS
(
      SELECT
        dkbm, UNNEST(STRING_TO_ARRAY(replace(cbrmc,'共有',''),'、')) AS CBRMC --※
      FROM
        t_dk_origin
      WHERE
        cbrmc like '%共有'
)
INSERT INTO t_CBDKXX(DKBM, CBFBM)
SELECT
      a.DKBM, b.CBFBM
FROM
      foo a,
      t_cbf b
WHERE
      a.CBRMC=b.CBFMC;
```

说明：程序行※的作用是将初始地块信息表中共有宗多个承包人转换成数组并打散，形成多行记录。若共有宗多个承包人信息格式为“承包人 1、承包人 2、... 承包人 n 共有”，函数 STRING_TO_ARRAY 用“、”将多个承包人的长字符串切分成数组，函数 UNNEST 将数组转换为多行记录。例如，下列语句：

```
SELECT UNNEST(STRING_TO_ARRAY('我~爱~中国','~'));
```

执行结果为：

```
unnest
-------
我
爱
中国
```

(11)为承包地块信息表赋发包方信息。宗地的发包方是宗地所属行政村民小组，因此根据地块面要素与行政村民小组(组级区域)面要素之间的包含关系，得到组级区域代码(即发包方代码)并赋给地块的发包方编码字段(FBFBM)。程序如下：

```
UPDATE t_CBDKXX a
SET
     FBFBM= b.ZJQYDM          --组级区域代码
FROM
     t_ZJQY b,                --组级区域表
     t_dk_origin c            --初始地块表
WHERE
     a.DKBM = c.DKBM
     AND ST_Contains(b.geom, c.geom);
```

经过以上操作后，承包地块信息表结果如表 9-6 所示。

表 9-6 赋值后的承包地块信息表结果

bsm	dkbm	fbfbm	cbfbm
1	430783168209150156	43078316820915	4307831682091731
2	430783168209150097	43078316820915	4307831682091145
3	430783168209150148	43078316820915	4307831682092766
4	430783168209150153	43078316820915	4307831682099158
5	430783168209150151	43078316820915	4307831682092966
6	430783168209150088	43078316820915	4307831682095429
7	430783168209150097	43078316820915	4307831682096226
8	430783168209150042	43078316820915	4307831682091583
9	430783168209150031	43078316820915	4307831682093647
10	430783168209150004	43078316820915	4307831682098008
…	…	…	…

9.1.3 数据检查与统计分析

(一)地块重叠检查

在农村土地确权数据库中，地块之间不应存在重叠现象，因此在地块完成入库以后，需要对地块面要素进行重叠性检查。语句如下：

```
SELECT
     a.*
FROM
     t_dk a
```

```
WHERE
    EXISTS(
        SELECT
            1
        FROM
            t_dk b
        WHERE
            a.bsm <> b.bsm
            and st_intersects(a.geom, b.geom)
    );
```

(二)计算合同面积与实测面积差异

在地块承包人信息表(t_CBDKXX)中存储了已签订土地承包合同中记录的合同面积(字段为 HTMJ)，而地块信息表是根据实际调绘制作的地块面要素，地块面要素的面积为实测面积。计算合同面积与实测面积之间差异的语句如下：

```
SELECT
    a.bsm AS 序号,
    a.DKBM AS 地块编号,
    a.DKMC AS 地块名称,
    (ST_Area(a.geom) - b.HTMJ) AS 面积差
FROM
    t_DK AS a,
    t_CBDKXX AS b
WHERE
    a.DKBM = b.DKBM;
```

计算结果如表 9-7 所示。

表 9-7　合同面积与实测面积差计算结果

序号	地块编号	地块名称	面积差/m^2
235	4307831682090100150	谢公岭五升	-28. 3415
255	4307831682090100048	油麻丘	-10. 3509
256	4307831682090100212	砖眼下三升	-5. 12878
243	4307831682090100147	桥塘垅长九升 2	-8. 90077
235	4307831682090100150	谢公岭五升	-28. 3415
234	4307831682090100058	大方丘	-123. 535
241	4307831682090100237	上丝塘	-10. 7275
239	4307831682090100184	桥塘垅小田	-9. 5823
247	4307831682090100059	良四斗丘	-66. 8178

续表9-7

序号	地块编号	地块名称	面积差/m²
246	4307831682090100152	桥塘垅长九升	-15.0233
248	4307831682090100105	桥塘排二升	-18.2384
...	...	...	...

(三)按组级区域统计地块面积

按组级区域统计地块面积有两种方法，一是根据地块信息表(t_DK)地块编码中的组级区域代码进行统计，二是根据地块面要素与组级区域面要素之间的空间关系进行统计。

(1)根据地块编码中的组级区域代码进行统计，语句如下：

```
SELECT
    SUBSTRING(a.DKBM,1,14)AS 组级区域代码,
    MAX(b.ZJQYMC) AS 组级区域名称,
    ROUND(SUM(ST_Area(a.geom))::numeric,2) AS "地块面积(m2)"
FROM
    t_DK a,t_ZJQY b
WHERE SUBSTRING(a.DKBM,1,14)=b.ZJQYDM
GROUP BY SUBSTRING(a.DKBM,1,14);
```

其中，SUBSTRING(a.DKBM,1,14)函数从地块编码中读取前14位子串，即组级区域代码。

(2)根据地块面要素与组级区域要素之间的空间关系进行统计，语句如下：

```
SELECT
    b.ZJQYDM AS 组级区域代码,
    MAX(b.ZJQYMC) AS 组级区域名称,
    ROUND(SUM(ST_Area(a.geom))::numeric,2) AS "地块面积(m2)"
FROM
    t_DK a,t_ZJQY b
WHERE St_Contains(b.geom,a.geom)
GROUP BYb.ZJQYDM;
```

上述两种方法统计结果如表9-8所示。

表9-8　分组统计地块面积结果

组级区域代码	组级区域名称	地块面积/m²
43078316820901	丝塘组	2954517.44
43078316820902	德运组	2233382.54
43078316820904	下铺组	8964332.34
43078316820905	双江组	2723470.94

续表9-8

组级区域代码	组级区域名称	地块面积/m²
43078316820907	祖山组	1371439.35
43078316820909	祖山组	862222.82
43078316820912	连塘组	1043467.68
43078316820913	新树组	4823125.99
43078316820914	石干子组	7872439.51
43078316820915	万家组	2799324.46
...	...	...

虽然上述两种方法均能实现按组级区域分组统计地块面积，但是第一种方法的统计效率远高于第二种方法。因此，在统计分析时尽可能避免使用大量的空间关系计算。

(四)统计承包人地块面积小计

由于地块有单个承包人和多个承包人两种承包关系，多个承包人共有的地块在计算时需要平均分配承包面积。统计语句如下：

```
--统计每个承包方承包地块面积小计
    WITH foo AS                        --统计每宗地的承包人数
    (
      SELECT
          DKBM, COUNT(0) CBRS
      FROM
          t_CBDKXX
      GROUP BY DKBM
    )
    SELECT
      b.CBFBM AS 承包方编码,
      MAX(d.CBFMC) AS 承包方名称,
      ROUND(SUM(ST_Area(a.geom)/c.CBRS)::numeric,2) AS 承包地块面积
    FROM
      t_DK a, t_CBDKXX b, foo c, t_CBF d
    WHERE
      a.DKBM = b.DKBM
      AND a.dkbm = c.dkbm
      AND b.CBFBM = d.CBFBM
    GROUP BY b.CBFBM;
```

统计结果如表 9-9 所示。

表 9-9　承包人承包地块面积统计

承包方编码	承包方名称	承包地块面积/m^2
4307831682098643	万×七	1879. 39
4307831682096288	肖×法	1885. 29
4307831682091145	陈×良	124. 19
4307831682093387	杨×碧	753. 34
4307831682091888	吴×辉	609. 59
4307831682096685	刘×旺	637. 44
4307831682093991	冯×德	1055. 5
4307831682093308	刘×云	1795. 31
…	…	…

9.2　基于 POI 数据分析城市功能区实例

9.2.1　项目概况

兴趣点(point of interest, POI)数据为城市空间结构及功能划分、城市间相互作用等提供了新的研究视角。在城市流动性日益增加、城市数据呈几何级增长的今天，地理大数据为复杂的城市研究提供了新机遇，它能够实现对地理系统的模拟和推演，探索城市空间的发展规律和趋势，在更深层次和尺度上挖掘有价值的空间信息，提升地理信息的服务价值。随着 POI 数据获得研究者越来越多的关注，其在城市研究中的应用范围也越来越广，既有对单一地理单元要素分布的探究，又有对整体城市中心区域和混合度的识别。

城市功能区是指城市内部各功能活动的分布空间及其相应的用地分布，是对城市用地结构的基础表现和区分，如居住用地、商服用地、工业用地及公共服务设施用地等。精准识别城市功能区对优化协调城市人地系统、完善城市规划及促进城市可持续发展具有重要意义(张景奇等，2021)。POI 数据用于城市功能区划分具有较高的可行性，通过将带有属性的 POI 数据进行空间可视化，可完成对城市功能区的快速识别。

本实例仅依据 POI 点空间密度及其分布状态，将实验城市空间划分为不同功能区。

9.2.2　POI 空间数据库

(一) POI 数据获取与格式

POI 数据是基于位置服务(location-based service, LBS)的基础数据，可以从百度地图、高德地图、谷歌地图、Open Street Map 等开放平台通过 API 获取。这些 POI 数据分类多、数量庞大，大致分为公司企业、公共管理与医疗服务、休闲娱乐与风景名胜、教育科研、住宅小区、交通枢纽、商业金融等类型(郭亚峰等，2021)。

POI 数据格式包括经度、纬度、名称、类别和地址等，类别又可以分为大类、中类和小类 3 个级别。POI 数据示例如表 9-10 所示。

表 9-10 POI 数据示例

名称	大类	中类	小类	地址	经度	纬度
家宴楼	餐饮服务	中餐厅	中餐厅	向家×××	113. 2496533	28. 63118539
板仓山庄	餐饮服务	中餐厅	中餐厅	开慧村×××	113. 2012494	28. 60273999
强韵农庄	餐饮服务	中餐厅	中餐厅	开明村×××	113. 1867573	28. 5949208
润沃假日食府	餐饮服务	中餐厅	中餐厅	开慧镇×××	113. 2047022	28. 59253969
板仓老饭铺	餐饮服务	中餐厅	中餐厅	骄杨×××	113. 2041203	28. 59308665
青杨饭店	餐饮服务	中餐厅	中餐厅	白沙路××	113. 2835914	28. 59552352
兄弟夜宵	餐饮服务	中餐厅	中餐厅	白沙镇××	113. 2827966	28. 59666104
满口香早餐	餐饮服务	中餐厅	中餐厅	李家山社区	113. 2821176	28. 59722168
转角饭店	餐饮服务	中餐厅	中餐厅	白沙路××	113. 2834087	28. 5960755
余记烧烤	餐饮服务	中餐厅	特色	白沙路××	113. 2836004	28. 59562745
湘之味餐馆	餐饮服务	中餐厅	中餐厅	白沙路××	113. 2852409	28. 59418387
...	...	...	...	...	...	...

(二)POI 数据建库

(1)POI 数据表结构。

根据表 9-10 所示 POI 数据，POI 空间数据表结构(字段)如表 9-11 所示。

表 9-11 POI 空间数据表结构

序号	字段名称	字段代码	字段类型	字段长度	备注
1	标识码	id	int8		自增，主码
2	POI 名称	poi_name	varchar	100	
3	大类	catalog1	varchar	50	
4	中类	catalog2	varchar	50	
5	小类	catalog3	varchar	50	
6	地址	address	varchar	200	
7	经度	lon	float		
8	纬度	lat	float		
9	几何图形	geom	geometry		WGS-84 坐标系 点状要素

(2)数据表创建。

POI 数据表创建语句如下：

```
--创建 POI 数据表
DROP TABLE IF EXISTS poi;
CREATE TABLE poi
```

```
(
  id          serial8 primary key,       --标识码
  poi_name    varchar(100),              --POI 名称
  catalog1    varchar(50),               --大类
  catalog2    varchar(50),               --中类
  catalog3    varchar(50),               --小类
  address     varchar(200),              --地址
  lon         float,                     --经度
  lat         float,                     --纬度
  geom        geometry(POINT,4326)       --几何图形
);
```

(3)导入 POI 数据。

使用数据库管理系统，直接将下载的 POI 数据 EXCEL 文件分类导入空间数据库的临时数据表，临时数据表分别为餐饮、风景名胜、公共设施等。

(4)将导入的临时数据表存入 POI 数据表。

导入数据的 SQL 语句如下：

```
--将导入的 POI 数据存入 POI 数据表
INSERT INTO poi(poi_name,catalog1,catalog2,catalog3,address,lon,lat)
SELECT
    "名称","大类","中类","小类","地址","WGS84_经度","WGS84_纬度"
FROM
    "餐饮"
UNION
SELECT
    "名称","大类","中类","小类","地址","WGS84_经度","WGS84_纬度"
FROM
    "风景名胜"
UNION
SELECT
    "名称","大类","中类","小类","地址","WGS84_经度","WGS84_纬度"
FROM
    "公共设施"
UNION
SELECT
    "名称","大类","中类","小类","地址","WGS84_经度","WGS84_纬度"
FROM
    "公司企业"
UNION
SELECT
```

```
    "名称","大类","中类","小类","地址","WGS84_经度","WGS84_纬度"
FROM
    "购物"
UNION
SELECT
    "名称","大类","中类","小类","地址","WGS84_经度","WGS84_纬度"
FROM
    "交通设施服务"
UNION
SELECT
    "名称","大类","中类","小类","地址","WGS84_经度","WGS84_纬度"
FROM
    "金融保险服务"
UNION
SELECT
    "名称","大类","中类","小类","地址","WGS84_经度","WGS84_纬度"
FROM
    "科技文化服务"
UNION
SELECT
    "名称","大类","中类","小类","地址","WGS84_经度","WGS84_纬度"
FROM
    "商务住宅"
UNION
SELECT
    "名称","大类","中类","小类","地址","WGS84_经度","WGS84_纬度"
FROM
    "生活服务"
UNION
SELECT
    "名称","大类","中类","小类","地址","WGS84_经度","WGS84_纬度"
FROM
    "体育休闲服务"
UNION
SELECT
    "名称","大类","中类","小类","地址","WGS84_经度","WGS84_纬度"
FROM
    "医疗保健服务"
UNION
```

```
SELECT
    "名称","大类","中类","小类","地址","WGS84_经度","WGS84_纬度"
FROM
    "政府机构及社会团体"
UNION
SELECT
    "名称","大类","中类","小类","地址","WGS84_经度","WGS84_纬度"
FROM
    "住宿服务"
```

为 POI 数据表创建几何图形数据并存入 geom 字段，语句如下：

```
--创建空间数据
UPDATE poi
  SET geom = ST_SetSRID(ST_MakePoint(lon,lat),4326);
```

创建 POI 数据表的空间索引，语句如下：

```
--创建空间索引
CREATE INDEX gidx_poi ON poi USING GIST(geom);
```

POI 数据显示结果如图 9-6 所示。

图 9-6　POI 数据显示结果

（三）坐标系转换

为了显示和数据处理方便，需将 POI 数据由 WGS-84 坐标系（SRID = 4326）转换为 Web Mercator 坐标系（SRID = 3857）。转换语句如下：

```
--坐标系转换为 SRID=3857
ALTER TABLE poi
    ALTER geom TYPE Geometry(POINT,3857)
        USING ST_Transform(geom, 3857);
```

9.2.3　基于 POI 空间密度聚类的城市功能区划分

基于 POI 空间密度聚类的城市功能区划分方法是根据 POI 的空间分布密度，直接将城市空间划分为多个功能区。这种方法包括 POI 密度分异性估计、层次密度空间聚类、城市功能区面要素构建等过程。

（一）POI 密度分异性估计

由于城市不同功能区的 POI 密度存在较大分异，在估算研究区 POI 密度分布与分异情况的基础上，确定拟划分的功能区类型、数量，从而确定每种类型功能区的 POI 局部密度。为了估算 POI 密度分布，本实例使用随机抽取法估算 POI 局部密度，即从 POI 样本中随机选取一定数量的 POI，然后估算这些 POI 的局部密度。为提高估算效率，本实例用正交矩形估算局部密度，即以抽取样本点为中心构建正交矩形，然后搜索矩形中 POI 数量，使用矩形覆盖点的数量代替局部密度。

随机抽取 POI 样本估算局部密度的代码如程序 9-1 所示。

程序 9-1　估算局部密度的代码

```
--------------------------------------------------------------
--程序说明：随机抽取 POI 样本估算局部密度
--程序作者：李光强
--编写时间：2022-8-12
--------------------------------------------------------------
DO $$
DECLARE
    srid            int = 3857   ;  --坐标系 EPGS 值
    radius          float= 2000  ;  --指定密度计算半径
    rectangle       geometry     ;  --搜索区域
    sample_count    int = 1000   ;  --随机抽取的估算样本数量
    density         int          ;  --估算样本点的点密度(向上取整)
    myrec           record       ;  --记录变量
    rand_id         int8         ;  --随机生成的 POI 标识码
    min_id          int8         ;  --最小 POI 标识码
    max_id          int8         ;  --最大 POI 标识码
    _count          int          ;  --抽取样本点搜索区域内 POI 数量
    i               int          ;  --循环变量
```

```
BEGIN
    --创建估算密度数据表
    DROP TABLE IF EXISTS t_density;
    CREATE TABLE t_density
    (
        id serial4      primary key   ,    --标识码
        poi_id          int8          ,    --样本 POI 标识码
        poi_count       int           ,    --样本点的搜索区域内 POI 数量(用数量替代密度)
        geom            geometry           --搜索区域
    );

    --计算 POI 的最小、最大标识码
    SELECT MIN(id), MAX(id)
       FROM poi
       INTO min_id, max_id;

    --随机抽取样本并计算密度
    for i in 1 .. sample_count
    LOOP
       raise notice ' 正在估算第%个样本的局部密度...', i;
       --生成随机的 POI 标识码
       rand_id = min_id + (random()* (max_id- min_id))::integer;

       --根据随机的 POI 标识码抽取 POI 记录并赋给 myrec
       SELECT *
           FROM poi
           WHERE
               id = rand_id
           INTO
               myrec;
    --如果没有抽取到记录，则重新抽取
    CONTINUE WHEN(myrec IS NULL);

    --生成抽取 POI 的矩形搜索区域
    rectangle = ST_SetSRID(
                        ST_MakeBox2D(
                            ST_Translate(myrec.geom, - radius/2, - radius/2),
                            ST_Translate(myrec.geom, radius/2, radius/2)
                        ), srid);
    --计算搜索区域内 POI 数量
    SELECT COUNT(0)
```

```
            FROM poi
            WHERE
                ST_Contains(rectangle, geom)=true
            INTO
                _count;
        --插入记录
        INSERT INTO t_density
                ( poi_id, poi_count, geom )
            VALUES
                ( rand_id, _count, rectangle );

    END LOOP; --/for i 结束

    raise notice '随机估算 POI 局部密度完毕!';
END; $$
```

执行上述程序后，随机抽取的 POI 样本及其局部密度搜索区域，以及其覆盖的 POI 数量（局部密度）分布图如图 9-7 所示。

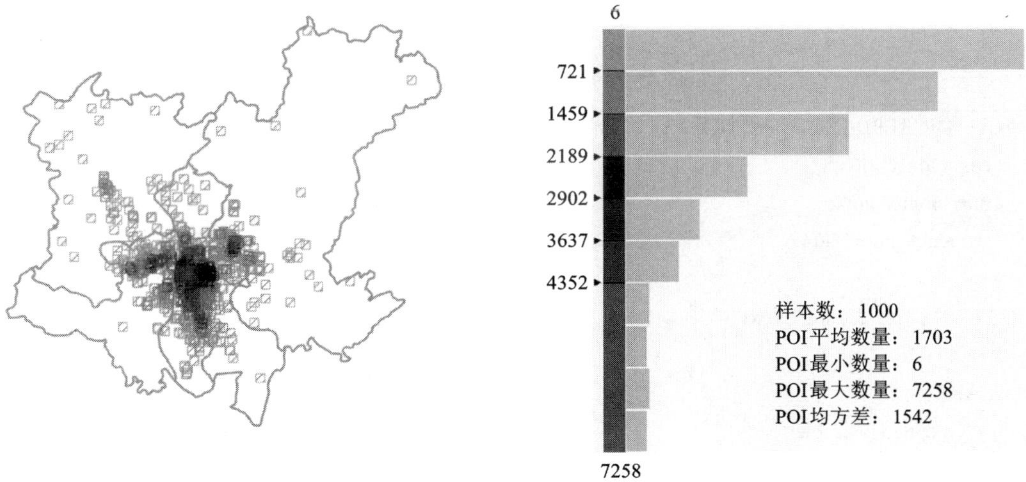

图 9-7　局部密度估算搜索区域及 POI 数量分布

分析随机抽取的样方 POI 数量分布状态，本实例将城市功能区划分为 7 类，如表 9-12 所示。

表 9-12　城市功能区分类表

序号	功能区分类	样方 POI 数量范围
1	功能区 A	6～712
2	功能区 B	713～1459
3	功能区 C	1450～2189
4	功能区 D	2190～2902
5	功能区 E	2903～3637
6	功能区 F	3638～4532
7	功能区 G	4533～7258

(二)层次密度空间聚类

本节所述的层次空间聚类是使用不同的空间密度参数，将研究空间的点要素划分多个点簇，也就是将研究空间中不同局部密度的点要素划分为若干个点簇的过程。本节在 DBSCAN 聚类算法(见 5.5.3 小节)的基础上，自定义空间聚类函数，然后通过传递不同的空间密度参数，多次执行空间聚类函数，从而实现层次密度的空间聚类过程。

(1)自定义空间聚类函数。

自定义空间聚类函数 fn_cluster( )，其 PL/pgSQL 代码如程序 9-2 所示：

程序 9-2　fn_cluster 函数

```
CREATE OR REPLACE FUNCTION "poi"."fn_cluster"(
      "eps_radius" float8,
      "min_points" int4,
      "sequence_num" int4
      )
  RETURNS "pg_catalog"."text"
AS $ BODY $
 DECLARE
      - - Exception Variable
      v_msg       TEXT;
      v_context TEXT;
 BEGIN
 /* - - - - - - - - - - - - - - - - - - - - - - - - - - - - - - - - - - - - - - - - - - - - - - - - - - - - - - - -
 - - 函数：fn_cluster
 - - 说明：自定义空间聚类函数
 - - 参数：
        eps_radius          - DBSCAN 聚类的 eps 参数，点要素局部密度搜索距离
        min_points          - DBSCAN 聚类的 minpoints 参数，eps 范围内最少的点数量
        sequence_num        - 执行的次序号
 - - 返回：字符串
```

```
                 ' OK'              -  执行成功
                 ' FAIL: ×××'       -  执行失败, ×××为错误描述/原因
--程序作者: 李光强
--编写时间: 2022-8-15
-------------------------------------------------------------/*
WITH dbscan AS
(
    SELECT
    id,
    ST_ClusterDBSCAN(
      geom,
      eps: = eps_radius,
      minpoints: =min_points) OVER ( ) AS cluster_id
    FROM
        poi
    WHERE
        cid is null       --每次仅对未归类的 POI 进行聚类操作
)
UPDATE poi P
    SET cid          = D.cluster_id,
        seq_no       = sequence_num         --记录执行的次序
FROM
        dbscan D
WHERE
      P.id = D.id;

RETURN ' OK' ;

--捕获异常错误
EXCEPTION WHEN OTHERS THEN
    GET stacked diagnostics
      v_msg      = message_text,
      v_context  = pg_exception_context;
--输出异常错误描述
RAISE EXCEPTION ' Exception: %' ,v_msg||',' ||v_context;
--返回异常错误描述
RETURN ' FAIL: ' ||v_msg||',' ||v_context;

END $ BODY $
  LANGUAGE plpgsql VOLATILE
  COST 100
```

(2)执行空间聚类函数。

以 eps_radius = 2000 和表 9-12 中的不同局部密度值为参数，对局部密度由高到低依次执行空间聚类函数，由此构建不同局部密度的层次聚类。执行语句如下：

```
--添加类 id 和聚类次序号字段
ALTER TABLE poi ADD COLUMN cid INT DEFAULT NULL;
ALTER TABLE poi ADD COLUMN seq_no INT DEFAULT NULL;

--开始聚类
SELECT poi.fn_cluster(2000, 4533, 1);
SELECT poi.fn_cluster(2000, 3638, 2);
SELECT poi.fn_cluster(2000, 2900, 3);
SELECT poi.fn_cluster(2000, 2190, 4);
SELECT poi.fn_cluster(2000, 1450, 5);
SELECT poi.fn_cluster(2000, 713,    6);
SELECT poi.fn_cluster(2000, 6, 7);
```

聚类结果如图 9-8 所示，图中“×”为未归属任何类簇的 POI，即离群点。

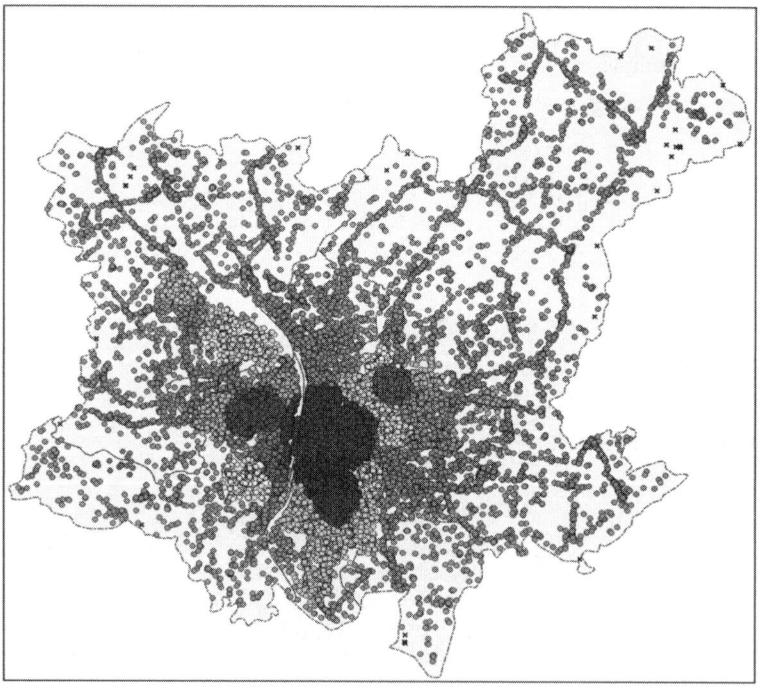

图 9-8　层次聚类结果

(三)城市功能区面要素构建

在完成 POI 层次聚类后，需要为不同密度的点簇构建多边形，划分出不同的城市功能区。为此，本小节首先对不同密度的 POI 点簇构建不规则三角形 D-TIN(见 5.4.1 小节)，然后将同一点簇的三角形合并生成多边形。

(1)构建不规则三角形/网的 PL/pgSQL 程序如程序 9-3 所示。

程序 9-3　构建 D-TIN 程序

```
---------------------------------------------------------------
--程序说明：对不同类簇的 POI 构建 TIN
--程序作者：李光强
--编写时间：2022-8-15
---------------------------------------------------------------

DO $$
DECLARE
  i int;
  j int;
  n int;
BEGIN
  --生成三角网数据表
  DROP TABLE IF EXISTS aoi_tin;
  CREATE TABLE aoi_tin
  (
      id       serial8 primary key,     --自增标识码，主码
      cid      int,                     --类簇 id
      seq_no   int,                     --聚类次序号
      geom     geometry                 --三角形几何图形
  );

  --循环处理 7 次聚类
  FOR i IN 1 .. 7 LOOP
      raise notice '开始生成次序号=% 的 TIN...', i;
      --查询当前聚类序号的最大类簇 id
      SELECT MAX(cid)
          FROM poi
          WHERE
              seq_no = i AND NOT(cid is NULL)
          INTO n;
      IF(n is null) THEN
        raise notice '  ##类簇数：0';
        CONTINUE;
      ELSE
        raise notice '  >>类簇数：%', n;
      END IF;

      --生成功能分区多边形
      FOR j IN 0 .. n LOOP
          WITH tin AS(
```

```
                SELECT
                    MAX(cid) cid,
                    MAX(seq_no) seq_no,
                    (ST_dump(
                        st_collectionextract(
                            ST_DelaunayTriangles(
                                ST_Union(geom)
                            )
                        ,3)
                        )
                    ).geom
                FROM
                    poi
                WHERE
                    cid=j and seq_no=i
            )
            INSERT INTO aoi_tin(cid, seq_no, geom)
                SELECT cid, seq_no, geom
                FROM tin
            ;
        END LOOP; --/ for j
    END LOOP; --/ for i

    raise notice '三角网生成完成!';
END;
$$
```

不规则三角形/网构建结果如图 9-9 所示，图中未显示表 9-12 的第 1 行最低局部密度的 POI 三角网。

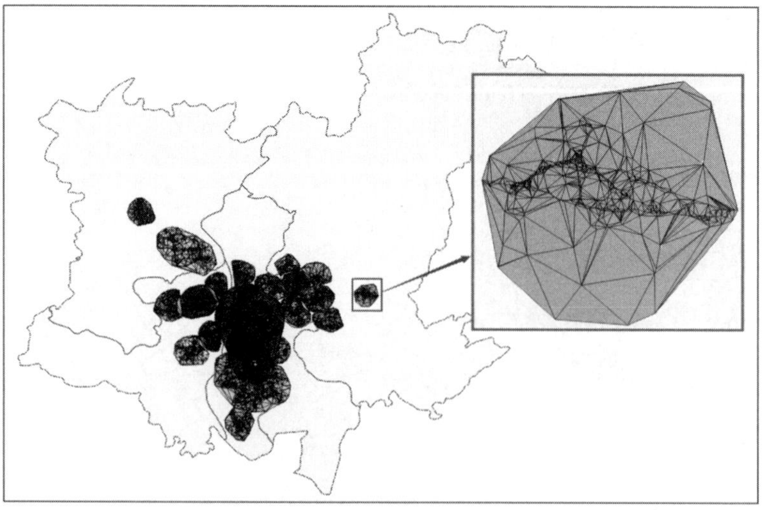

图 9-9　不同局部密度的 POI 生成的 D-TIN 结果

(2)合并同一类簇不规则三角形，组成不同的城市功能区。PL/pgSQL 程序如程序 9-4 所示。

程序 9-4　城市功能区生成

```
-----------------------------------------------------------
--程序说明：合并不同类簇的 POI 构建的 TIN，组成城市功能区
--程序作者：李光强
--编写时间：2022-8-15
-----------------------------------------------------------
DO $$
DECLARE
  i int;
  j int;
  n int;
BEGIN
  --生成城市功能区数据表
  DROP TABLE IF EXISTS aof;
  CREATE TABLE aof
  (
      id          serial8 primary key,     --自增标识码，主码
      cid         int,                     --类簇 id
      seq_no      int,                     --聚类次序号
      geom        geometry                 --三角形几何图形
  );

  --循环处理 6 次聚类
  FOR i IN 1 .. 6 LOOP
      raise notice ' 开始生成次序号=% 的 TIN... ', i;
      --查询当前聚类序号的最大类簇 id
      SELECT MAX(cid)
          FROM poi
          WHERE
              seq_no = i AND NOT(cid is NULL)
          INTO n;
      IF(n is null) THEN
          raise notice '   ##类簇数：0';
          CONTINUE;
      ELSE
          raise notice '   >>类簇数：%',n;
      END IF;

      --生成功能分区多边形
      FOR j IN 0 .. n LOOP
```

```
            WITH foo AS(
                SELECT
                    MAX(cid) cid,
                    MAX(seq_no) seq_no,
                    ST_Union(geom) as geom
                FROM
                    aoi_tin
                WHERE
                    cid=j and seq_no=i
                )
            INSERT INTO aof(cid, seq_no, geom)
                SELECT cid, seq_no, geom
                FROM foo
            ;
        END LOOP; --/ for j
    END LOOP; --/ for i

    raise notice '城市功能区生成完成!';

END;
$$
```

城市功能区生成结果如图 9-10 所示。

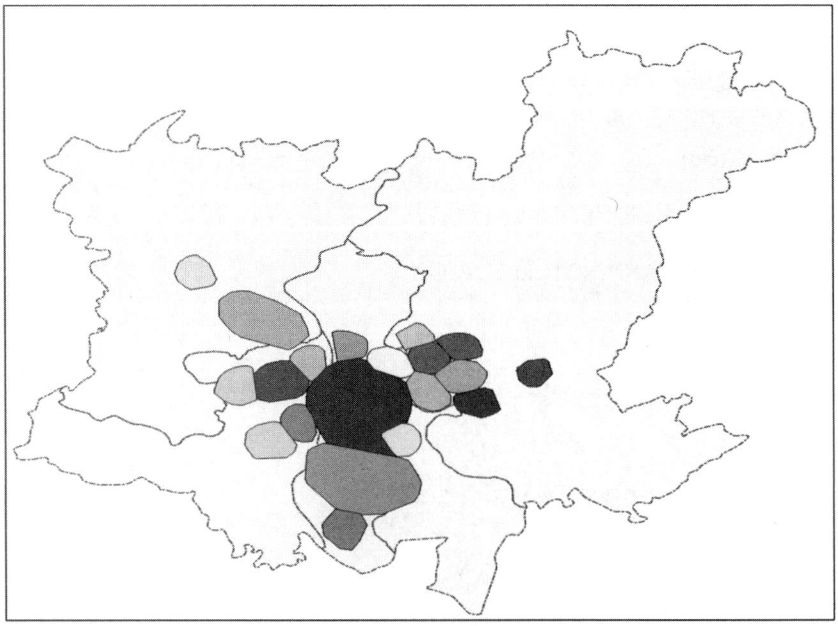

图 9-10 城市功能区生成结果

9.3　点云数据提取建筑物实例

9.3.1　概述

(一)点云数据

激光探测及测距系统(light detection and ranging，LiDAR)也称作激光雷达，是通过发射激光束获取目标的位置、速度等特征量的雷达系统。LiDAR 通过向目标发射探测激光信号，对接收到的目标反射信号进行分析和计算，从而获得目标的距离、方位、高度、速度、姿态、形状等信息。三维激光扫描技术能够快速、高效、穿透性强、非接触式地获取地面高分辨率、高精度的三维空间数据，最快以每秒上百万点的测量速度获取目标表面较为完整的三维坐标，同时记录目标物的激光反射率和回射强度等特有信息(李广云等，2015；江万寿等，2018)。

点云(point cloud)是空间测量点的数据集，用以表示空间目标的三维形状及其特征，通常由三维激光雷达扫描仪获取，点云中每个点的空间位置由一组笛卡儿坐标 (x, y, z) 定义，有些点云数据中可以包含色彩(red，green，blue)、物体反射面强度(intensity)、回波次数、GPS 时间等信息。点云数据存储格式有 LAS、LAZ、PCD、XYZ、PLY、OBJ、TXT、CSV 等，其中 LAS/LAZ 格式(LAZ 为 LAS 压缩存储格式)最常用。LAS(laser file format)是专门为三维点云数据设计的文件格式，由美国摄影测量和遥感学会(American Society for Photogrammetry and Remote Sensing，ASPRS)管理和维护。LAS 经历了 1.0～1.4 等版本的更替，而且每个版本有多套点数据记录数据格式(Format 0～3)。表 9-13 列出了 LAS 1.2 的 Format 3 的数据格式(ASPRS，2008)。

表 9-13　LAS 1.2 Format 3 数据格式

item	format	size	required
X	long	4 bytes	*
Y	long	4 bytes	*
Z	long	4 bytes	*
Intensity	unsigned short	2 bytes	
Return Number	3 bits (bits 0, 1, 2)	3 bits	*
Number of Returns (given pulse)	3 bits (bits 3, 4, 5)	3 bits	*
Scan Direction Flag	1 bit (bit 6)	1 bit	*
Edge of Flight Line	1 bit (bit 7)	1 bit	*
Classification	unsigned char	1 byte	*
Scan Angle Rank (-90～+90) - Left side	unsigned char	1 byte	*
User Data	unsigned char	1 byte	

续表9-13

item	format	size	required
Point Source ID	unsigned short	2 bytes	*
GPS Time	double	8 bytes	*
Red	unsigned short	2 bytes	*
Green	unsigned short	2 bytes	*
Blue	unsigned short	2 bytes	*

(二)本实例研究目标

(1)点云数据预处理。

点云数据在采集过程中，由于物体本身的遮挡、光照不均匀等，复杂物体的某些区域容易成为扫描“盲区”，形成点云孔洞。另外，当测量范围较大时，需要多次扫描测量，因此扫描结果往往是多块具有不同坐标系统且存在噪声的点云数据，不能满足数字化模型真实度和实时性的要求，所以需要对三维点云数据进行去噪、简化、配准及补洞等预处理。本实例主要使用统计滤波方法去除噪声数据，即使用滑动窗口剔除 n 倍标准差以外的测量点。

(2)建筑物边界提取。

在点云数据预处理完以后，从点云数据中提取建筑边界是本实例的主要工作。当前从点云数据中提取建筑物边界的方法有：渐进式目标提取方式、基于高差阈值的提取方法、基于模型的提取方法、基于 LiDAR 扫描线的建筑物快速检测方法等(高智梅等，2021；王瑄等，2022)。

本实例使用高差阈值和高差统计标准差方法，从点云数据中分离出建筑物测量点，然后使用聚类方法提取单个建筑物测量点集合，最后由点集生成建筑物边界线。

(三)实例数据概况

本实例使用无人机机载激光雷达系统扫描某园区得到点云数据，并存为 LAS 1. 2 Format 3 的数据格式，数据详情如表 9-14 所示。

表 9-14　LAS 基本情况

序号	属性	属性值
1	file_source_ID	0
2	global_encoding	0
3	project_ID_GUID_data_1	0
4	project_ID_GUID_data_2	0
5	project_ID_GUID_data_3	0
6	project_ID_GUID_data_4	
7	version_major	1
8	version_minor	2
9	system_identifier	PDAL

续表9-14

序号	属性	属性值
10	generating_software	PDAL 2. 1. 0 (828987)
11	file_creation_day	171
12	file_creation_year	2021
13	header_size	227
14	offset_to_point_data	351
15	number_of_variable_length_records	2
16	point_data_format	3
17	point_data_record_length	34
18	number_of_point_records	175137
19	number_of_points_by_return	{175137, 37275, 0, 0, 0}
20	x_scale_factor	0. 001
21	y_scale_factor	0. 001
22	z_scale_factor	0. 001
23	x_offset	566783
24	y_offset	* * 12660
25	z_offset	38. 0928
26	max_x	566942. 005
27	min_x	566760. 884
28	max_y	* * 12692. 73
29	min_y	* * 12550. 48
30	max_z	57. 3128
31	min_z	46. 4688

部分点云数据如表 9-15 所示。

表 9-15　点云数据示例

id	*X*	*Y*	*Z*	反射强度	返回值	R	G	B
1	566798. 88	12593. 4	38. 22	63	1	0	22784	22784
2	566798. 01	12594. 7	38. 08	72	1	0	22784	22784
3	566796. 54	12594. 2	53. 18	54	1	0	33280	33280
4	566800. 93	12594. 8	38. 20	63	1	0	22784	22784
5	566801. 35	12593. 6	38. 30	72	1	0	23040	23040
6	566795. 80	12595. 6	38. 14	63	1	0	22784	22784
7	566799. 97	12594. 6	38. 23	63	1	0	22784	22784

续表9-15

id	X	Y	Z	反射强度	返回值	R	G	B
8	566797.35	12594.9	38.29	63	1	0	23040	23040
9	566801.11	12595.4	38.14	71	1	0	22784	22784
10	566799.68	12594.5	37.99	69	1	0	22784	22784
...	...	...	...	...	...	...	...	...

点云数据和航拍正射影像分别如图 9-11(a)和图 9-11(b)所示，点云数据三维显示结果如图 9-12 所示。研究区域地物包括建筑物(部分建筑物上安装太阳能光伏板)、沥青道路、水泥砖广场、行道树、低矮植被、草地等。

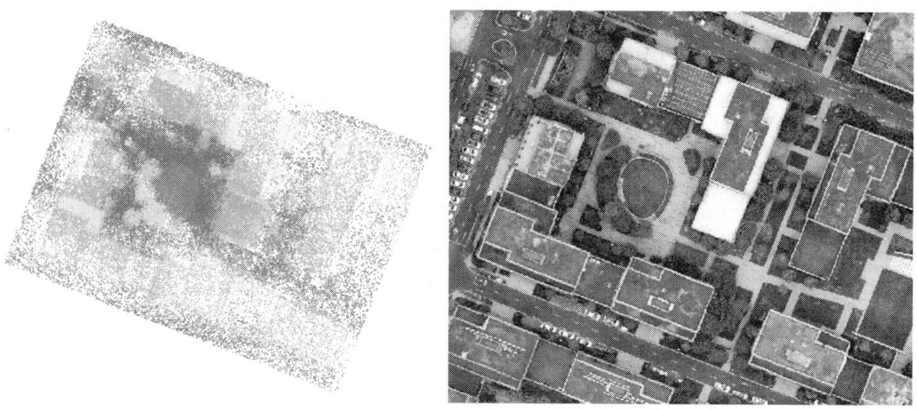

(a)　　(b)

图 9-11　点云数据和航拍正射影像

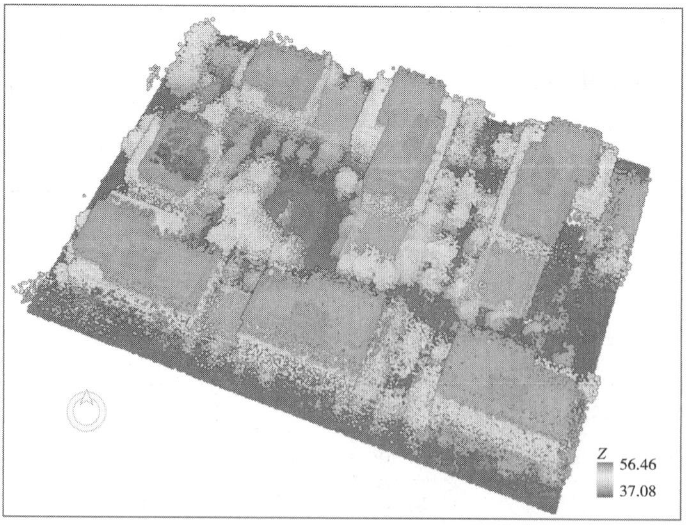

图 9-12　点云数据三维显示结果

9.3.2　点云空间数据库

(一) 点云数据表结构

根据表 9-15 所示数据，参考表 9-13，创建点云数据表 pointcloud 语句如下：

```
DROP TABLE IF EXISTS pointcloud;
CREATE TABLE pointcloud
(
    id                  serial8 primary key ,   --标识号，主码
    x                   float               ,
    y                   float               ,
    z                   float               ,
    intensity           int                 ,
    return_number       int                 ,
    number_of_returns   int                 ,
    classification      int                 ,
    red                 int                 ,
    green               int                 ,
    blue                int                 ,
    geom                geometry
);
```

(二) 点云数据转换入库

本实例使用程序 9-5 读取 LAS 数据并写入 PostGIS 数据库的 pointcloud 数据表。

程序 9-5　LAS 转换入库程序

```
'''
----------------------------------------
    文件名称：las2pg.py
    程序描述：将 las/laz 文件中的点云数据存入 postgis 空间数据库
    程序作者：李光强
    编写时间：2022-8-16
    运行条件：(1)安装 laspy 和 psycopg2 库
              (2)安装 postgis，且账号具有创建数据表、插入数据的权限
----------------------------------------
'''

import laspy
import argparse
import psycopg2
import traceback
```

```
def progress ( iteration,              - - [必需] 当前进度
               total,                  - - [必需] 总体进度
               prefix = '进度',        - - [可填] 进度条前提示文字
               suffix = '完成',        - - [可填] 进度条后提示文字
               decimals = 1,           - - [可填] 进度百分比小数位数
               length = 60,            - - [可填] 进度条显示长度
               fill = '█',             - - [可填] 进度填充字符
               printEnd = "\r"         - - [可填] 结束符
            ):
    """
    创建进度条①
    """
    percent = ("{0: ." + str(decimals) + "f}").format(100 * (iteration / float(total)))
    filledLength = int(length * iteration // total)
    bar = fill * filledLength + '-' * (length - filledLength)
    print(f' \r{prefix} |{bar}| {percent}% {suffix}', end =printEnd)
    # Print New Line on Complete
    if iteration == total:
        print()
def las2pg(args):
    '''
    将 las/laz 数据存入数据库
    '''
    try:
        #读取 las/laz 文件并显示基本信息
        las_file    = args.file;
        las         =read_las(las_file);
    except Exception as e:
        print('[错误] 读取 las/laz 文件时出错: ', e);

    #打开数据库，并开始存入数据
    try:
        table_config ={
            'schema'   : args.schema,
            'table'    : args.table,
            'fields'   : args.fields
        };
        #打开数据库连接
        pg = psycopg2.connect(
```

① 进度条函数参考以下代码并做修改：https://stackoverflow.com/questions/3173320/text-progress-bar-in-terminal-with-block-characters?noredirect=1&lq=1

```
                              host          = args.host
                              ,user         = args.user
                              ,password     = args.password
                              ,database     = args.database
                              ,port         = args.port
                            );
cur =pg.cursor();

#生成进度条参数
point_count         = las.header.point_count;
interval            = int(point_count/100.0);
step                = 0;
print(' 开始写入数据... ');

#初始化进度条
progress(step, 100,f' 点数[ {point_count} ]' ,' 完成' );
#写入点云数据
for i in range(0, point_count):
    sql = f' INSERT INTO pointcloud(id,\
                                    x,\
                                    y,\
                                    z,\
                                    intensity,\
                                    return_number,\
                                    number_of_returns,\
                                    classification,\
                                    red,\
                                    green,\
                                    blue)' ;
    sql += f' values( {i},\
                {las.x[i]},\
                {las.y[i]},\
                {las.z[i]},\
                {las.intensity[i]},\
                {las.return_number[i]},\
                {las.number_of_returns[i]},\
                {las.classification[i]},\
                {las.red[i]},\
                {las.green[i]},\
                {las.blue[i]}\
            )' ;
        sql += f' ;
```

```
                cur.execute(sql);

                if(i>0 and (i % interval == 0 or i == point_count- 1)):
                    pg.commit(); #提交事务
                    step +=1;
                    progress(step, 100, f' 进度[{i}/{point_count}]' );
            #数据写入完毕，关闭数据库连接
            pg.close();
        except psycopg2.Error as e:
            print(" #异常错误 [%d]: %s" % (e.args[0], e.args[1]));

    defread_las(las_file):
        '''
        读取 las/laz 文件显示基本信息
        @参数
            las_file: las/laz 文件路径.
        '''
        withlaspy.open(las_file) as fh:
            las =fh.read()
            print(' las/laz 文件版本: ', las.header.version);
            print(' 点云数据格式号: ', las.point_format.id);
            print(' 点云数据量: ', fh.header.point_count)
            print(' 空间范围: ',
                    '   x_min = ', las.header.x_min,
                    ', x_max = ', las.header.x_max,
                    ', y_min = ', las.header.y_min,
                    ', y_max = ', las.header.y_max);

            point_format = las.point_format;
            print(' 数据字段: ');
            print(list(point_format.dimension_names));

            return las;

parser =argparse.ArgumentParser(description=' las2pg 参数描述: ');
parser.add_argument( '--file',
                        '-f',
                        help=' file: [必需] las/laz 文件路径',
                        required=True
                      );
parser.add_argument(  '--host',
                        '-o',
```

```
                        help='host: [可填] postgis 服务器主机名，默认为 localhost',
                        default = 'localhost'
                       );
parser.add_argument(   '--port',
                        '-p',
                        help='port: [可填] postgis 端口号，默认为 5432',
                        default = 5432
                       );
parser.add_argument(   '--user',
                        '-u',
                        help='user: [可填] postgis 连接用户名称，默认为 postgres',
                        default = 'postgres'
                       );
parser.add_argument(   '--password',
                        '-w',
                        help='password: [必需] postgis 连接用户密码',
                        required = True
                       );
parser.add_argument(   '--database',
                        '-d',
                        help='database: [必需] 数据库名称且必须存在',
                        required = True
                       );

args = parser.parse_args()
if __name__ == '__main__':
    try:
        las2pg(args);
    except Exception as e:
        print(e)
```

LAS 点云数据转换入库结果如图 9-13 所示。

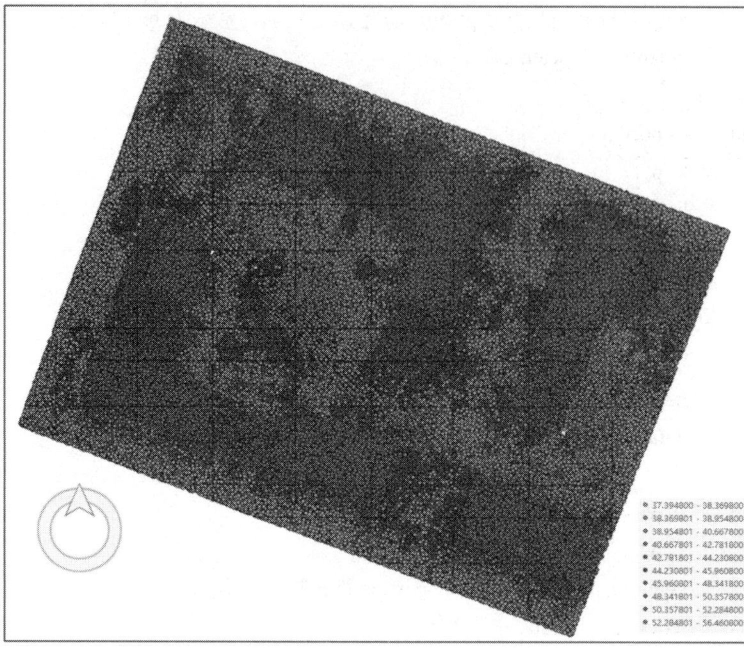

图 9-13　点云数据转换入库结果

9.3.3　点云数据预处理

(一)点云数据滤波去噪

(1)算法描述。

本实例使用三维滑动窗口统计法对点云数据进行滤噪。此统计滤噪法是以每个测量点 p 为中心构建特定尺寸 wsize 的立方体窗口 w，搜索 w 包含的测量点集 S，然后根据以下两种条件分别进行相应操作：

①当集合 S 中测量点数量 $n=|S|$ 小于给定阈值 minpts 时，删除 p 点。

②计算集合 S 中高程 z 的均值 zavg 和标准差 zdev，删除给定 m 倍标准差范围外的点。

(2)PL/pgSQL 滤噪程序。

滤噪的 PL/pgSQL 程序如程序 9-6 所示。

程序 9-6　滤噪 PL/pgSQL 程序

```
/* -----------
    程序说明: 点云统计滤噪程序
    程序作者: 李光强
    编写时间: 2022- 8- 16
-------------- * /


DO $$
DECLARE
```

```
    myrec       record;         - - 当前点记录
    point1      float[3];       - - 三维立方体(窗口)点 1
    point2      float[3];       - - 三维立方体(窗口)点 2
    wsize       float = 1;      - - 窗口大小

    n           int;            - - 窗口内点数量
    m           int = 3;        - - 标准差倍数阈值
    minpts      int = 10;       - - 窗口包含点数量最小阈值
    zavg        float;          - - 当前窗口中所有点高程均值
    zdev        float;          - - 当前窗口中所有点高程标准差
    i           int;
    pcount      int;            - - 点云总数量
BEGIN
    - - 创建索引
    CREATE INDEX IF NOT EXISTS idx_x ON pointcloud(x);
    CREATE INDEX IF NOT EXISTS idx_y ON pointcloud(y);
    CREATE INDEX IF NOT EXISTS idx_z ON pointcloud(z);

    - - 计算点云数量
    SELE CTCOUNT(0) FROM pointcloud INTO pcount;
    - - 开始滤噪
    i = 0;
    FOR myrec IN SELECT id, x, y, z, geom FROM pointcloud
    LOOP
        - - 计算当前点的三维滑动窗口
        point1[1] = myrec.x - wsize/2;
        point1[2] = myrec.y - wsize/2;
        point1[3] = myrec.z - wsize/2;
        point2[1] = myrec.x + wsize/2;
        point2[2] = myrec.y + wsize/2;
        point2[3] = myrec.z + wsize/2;

        - - 计算当前窗口中点数据、z 均值和标准差
        SELECT count(0), avg(z), stddev(z)
            FROM pointcloud
            WHERE
                    x>=point1[1] AND y>=point1[2] AND z>=point1[3]
                AND x<point2[1] AND y<point2[2] AND z<point2[3]
            INTO n, zavg, zdev;
        - - 如果滑动窗口中点数小于指定阈值,
        - - 或当前点的 z 值与均值的绝对值超过了 m 倍标准差,
        - - 则删除该点
```

```
        IF(n < minpts OR ABS(myrec.z - zavg)>m* zdev) THEN
            DELETE FROM pointcloud WHERE id=myrec.id;

        END IF;
        --提示当前进度
        i = i+1;
        IF(MOD(i, 1000)=0)THEN
            raise notice ' 已完成 %/% .', i, pcount;
        END IF;
    END LOOP;    --/for myrec

    raise notice '点云滤噪完成.';
END;
$$
```

(3)多线程并行滤噪。

本实例点云数量为 175137，在 Intel CPU i7-9700、16 G 内存、SSD 硬盘环境下，运行上述滤噪程序所需时长约为 10 min。当点云数据较大时，统计滤噪程序将花费更多时间。因此，对于海量点云数据处理可以使用多线程运行模式，以提高处理效率。使用多进程操作数据库时，需要做好以下几项准备工作：

①需要将程序改写为存储过程或函数，方便高级语言程序创建多个线程访问调用。本实例将滤噪程序改写为函数，高级语言使用 Python 创建多个线程并行调用该函数。为了使每个线程操作不同的点云数据，在函数中需要根据 Python 传递的数据段参数和线程号，分别操作各个线程的数据。

②在存储过程或函数中不能使用 INSERT、UPDATE 和 DELETE 同时操作同一数据表，否则数据库“写锁”机制将使得同一数据表同时只能被一个线程“写”数据，从而造成多个线程不能同时处理数据的问题。

③多线程可以同时使用 SELECT 查询同一数据表，因此在进行滤噪操作时，首先要根据线程数量创建多个噪声点 id 记录表，每个线程在查询、统计分析点云数据时，单独记录噪声点 id。在完成滤噪操作以后，根据记录结果从点云数据表中删除噪声点。

多线程并行滤噪流程如图 9-14 所示。

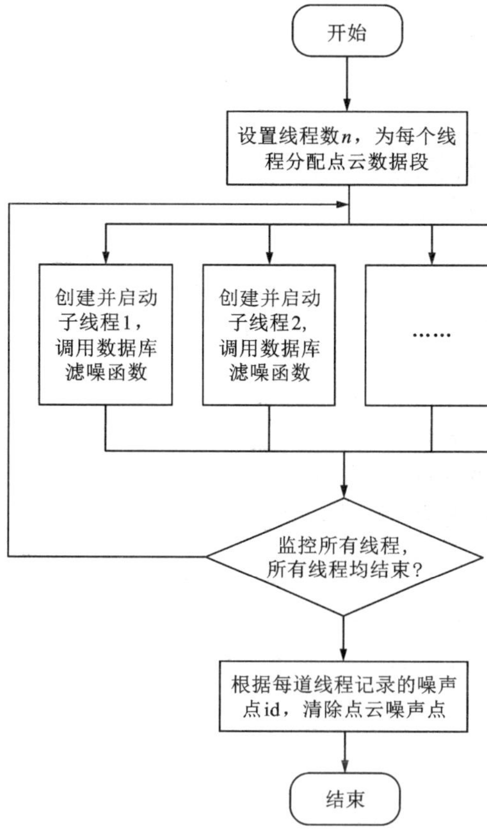

图 9-14　多线程并行滤噪流程图

修改后的 PL/pgSQL 滤噪函数如程序 9-7 所示。

程序 9-7　PL/pgSQL 滤噪函数

```
/* --------------------------------
    函 数: fn_filter_noise
    说 明: 统计滤噪函数
    参 数:
          start_id    - - 函数处理的开始点 id
          end_id      - - 函数处理的结束点 id
          pid         - - 线程号
    程序作者: 李光强
    编写时间: 2022- 8- 18
-------------------------------- * /
CREATE OR REPLACE FUNCTION "lidar"."fn_filter_noise"(
    "start_id" int8,
    "end_id" int8,
    "pid" int4)
  RETURNS "pg_catalog"."text"
```

```
  AS  $ BODY $

DECLARE
     myrec        record;       - - 当前点记录
     point1       float[3];  - - 三维立方体(窗口)点 1
     point2       float[3];  - - 三维立方体(窗口)点 2
     wsize        float = 1; - - 窗口大小

     pcount       int;          - - 当前函数要处理的点数量
     n            int;          - - 窗口内点数量
     m            int = 3;   - - 标准差倍数阈值
     minpts       int = 10;  - - 窗口包含点数量最小阈值
     zavg         float;        - - 当前窗口中所有点高程均值
     zdev         float;        - - 当前窗口中所有点高程标准差
     i                  int;
BEGIN
     - - 根据线程号创建噪声点 id 记录表
     execute ' DROP TABLE IF EXISTS lidar.noise_' | | cast(pid as text);
     execute ' CREATE TABLE lidar.noise_' | | cast(pid as text)| | ' (
                              id serial4 primary key,
                              pid int8
                         )' ;
     - - 计算当前要处理的点数量
     pcount = end_id -  start_id+1;
     i = 0;
     FOR myrec in SELECT id,  x,  y,  z,  geom
                         FROM
                                  lidar.pointcloud
                         WHERE
                                  id>=start_id and id<=end_id
     LOOP
          - - 生成滑动窗口的两个点
          point1[1]= myrec.x -  wsize/2;
          point1[2]= myrec.y -  wsize/2;
          point1[3]= myrec.z -  wsize/2;
          point2[1]= myrec.x + wsize/2;
          point2[2]= myrec.y + wsize/2;
          point2[3]= myrec.z + wsize/2;
              - - 统计滑动窗口中点数量、z 值、均值和标准差
          SELECT COUNT(0),  AVG(z),  STDDEV(z)
              FROM lidar.pointcloud
              WHERE
```

```
                x>=point1[1] AND y>=point1[2] AND z>=point1[3]
            AND x < point2[1]   AND y<point2[2]   AND z<point2[3]
        INTO n, zavg, zdev;

        -- 如果滑动窗口中点数小于指定阈值,
        -- 或当前点的 z 值与均值的绝对值超过了 m 倍标准差,
        -- 则并向当前线程记录表 noise_x 写入点 id
        IF(n < minpts OR abs(myrec.z - zavg)>m* zdev) THEN
                EXECUTE FORMAT(' insert into lidar.noise_%s(pid) values(%s)'
                                                    , pid
                                                    , myrec.id
                                                   );
        END IF;
        i = i+1;
        IF(MOD(i, 1000)=0)THEN
            raise notice ' 已完成 %/% .', i, pcount;
        eND IF;
    END LOOP;    --/for myrec

  RETURN 'OK';
END $ BODY $
  LANGUAGE plpgsql VOLATILE
  COST 100
```

多线程主控程序 Python 代码如程序 9-8 所示。

程序 9-8　多线程主控程序

```
'''
-------------------------------------------------------------
    文件名称: filter_noise.py
    程序说明: 多线程调用数据库滤噪函数的主控程序。
    程序作者: 李光强
    编写时间: 2022-8-16
    运行条件: (1)安装 laspy 和 psycopg2 库
             (2)安装 postgis, 且账号具有创建数据表、插入数据的权限。
-------------------------------------------------------------
'''
import laspy
import math
import time
import argparse
```

```
import psycopg2
import traceback
import threading

def filter(args, start_id, end_id, thread_id):
    '''
    滤噪子线程处理函数
    '''
    try:
        #打开数据库连接
        pg = psycopg2.connect(
                                    host        = args.host,
                                    user        = args.user,
                                    password    = args.password,
                                    database    = args.database,
                                    port        = args.port
                              );
        cur =pg.cursor();
        #创建数据表
        sql = f' select {args.schema}.fn_filter_noise({start_id}, {end_id}, {thread_id}); ';
        cur.execute(sql);
        # 闭关数据库连接
        pg.close();
     except psycopg2.Error as e:
        print(" #异常错误 [%d]: %s" % (e.args[0], e.args[1]));

def start(args):
    '''
    主控程序入口
    '''
    threads        = [];          # 线程数组
    thread_num     = 8;           # 线程数量，建议使用与 CPU 相同数目
    point_num      = 869440;      # 点云记录数
    try:
        num = int(math.ceil(point_num/thread_num));
        start_time = time.time();
        for i in range(1, thread_num+1):
            print( f' 开启线程{i}...' );
            th = threading.Thread(target=filter, args=(args, num* (i- 1)+1, num* i, i))
            threads.append(th);
            th.start()
```

```
    except Exception as e:
        print ("Unable to start thread: ", e)
    #监控所有线程是都已结束
    while 1:
        flag = 0;
        i =0;
        fo ri in range(0, len(threads)):
            if(threads[i].is_alive()==False):
                flag +=1;

        if(flag==len(threads)):
            break;
    #计算滤噪所用时间
    end_time = time.time();
    delta =end_time - start_time;
    print(f"所有线程都已完成，共用时：{delta} s");

--主程序
parser =argparse.ArgumentParser(description=' filter_noise 参数描述：');
parser.add_argument(  '--host',
                       '-o',
                       help=' host：[可填] postgis 服务器主机名，默认为 localhost',
                       default = 'localhost'
                     );
parser.add_argument(  '--port',
                       '-p',
                       help=' port：[可填] postgis 端口号，默认为 5432',
                       default = 5432
                     );
parser.add_argument(  '--user',
                       '-u',
                       help=' user：[可填] postgis 连接用户名称，默认为 postgres',
                       default = 'postgres'
                     );
parser.add_argument(  '--password',
                       '-w',
                       help=' password：[必需] postgis 连接用户密码',
                       required = True
                     );
parser.add_argument(  '--database',
                       '-d',
                       help=' database：[必需] 数据库名称且必须存在',
```

```
                                required = True
                            );
parser.add_argument(  '--schema',
                                '-s',
                                help='schema: [可填] 数据库模式名称，默认为 public.',
                                default = 'public'
                            );
args = parser.parse_args()
if __name__ == '__main__':
    try:
        start(args);
    except Exception as e:
        print(e)
```

根据噪声点 id 记录的数据表，从点云中删除噪声点的程序如程序 9-9 所示。

程序 9-9　删除噪声

```
/* ----------
    程序说明：删除噪声
    程序作者：李光强
    编写时间：2022-8-18
    ----------*/

    DO $$
    DECLARE
        i int;
        n int = 8; --线程数
    BEGIN
        FOR i IN 1 .. n
        LOOP
            EXECUTE FORMAT('DELETE FROM pointcloud
                                WHERE
                                        id in (
                                            SELECT pid
                                            FROM noise_'||cast(i as text)||'
                                            )
                            ');
        END LOOP;
    END;
    $$
```

(二)点云数据分类

点云数据分类是依据一定的规则将点云划分为若干类的过程，通常将一类地物的点云数据归为一类，地物类型使用整型存储在 LAS 数据的 classfication 字段中。ASPRS 定义的 classification 类型代码如表 9-16 所示。

表 9-16　ASPRS 定义的 classification 类型代码(ASRPS, 2008)

Classification Value(分类值)	Meaning(地物类型)
0	Created, never classified
1	Unclassified
2	Ground
3	Low Vegetation
4	Medium Vegetation
5	High Vegetation
6	Building
7	Low Point (noise)
8	Model Key-point (mass point)
9	Water
10	Reserved for ASPRS Definition
11	Reserved for ASPRS Definition
12	Overlap Points
13~31	Reserved for ASPRS Definition

由于本实例研究区域地物较为简单，而且建筑物高程特性较为明显，所以本实例使用高程阈值的方式对点云进行分类，并将分类码写入点云数据表的 classification 字段。点云分类语句如下：

```
--初始化点云分类码
update pointcloud set classification = 0;
--地面
update pointcloud set classification = 1 where z<=40;
--低矮植物
update pointcloud set classification = 3 where z>40 and z<45;
--较高植物
update pointcloud set classification = 4 where z>=45 and z<49;
--低矮建筑物
update pointcloud set classification = 6
    where z>40 and z<45 and (intensity BETWEEN 20 and 40);
```

```
--建筑物
update pointcloud set classification = 6 where z>=49;
```

点云数据分类效果如图 9-15 所示。

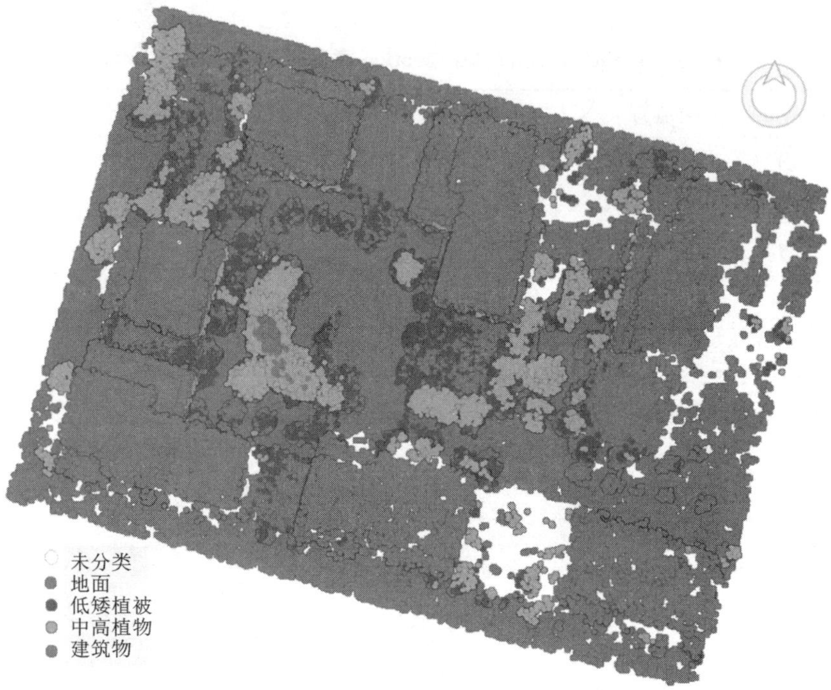

图 9-15　点云数据分类效果图

(三) 建筑物点云数据分割

点云数据分割是根据点云数据的分类码(classification)分离一类地物点云数据的过程。本实例分割建筑物点云的语句如下:

```
--分割建筑物点云数据
DROP TABLE IFEXISTS pcd_building;
CREATE TABLE pcd_building     --建筑物点云数据表 pcd_building
  AS
    SELECT
    *
    FROM
        pointcloud
    WHERE
        classification = 6;
```

分割后的建筑物点云效果如图 9-16 所示。

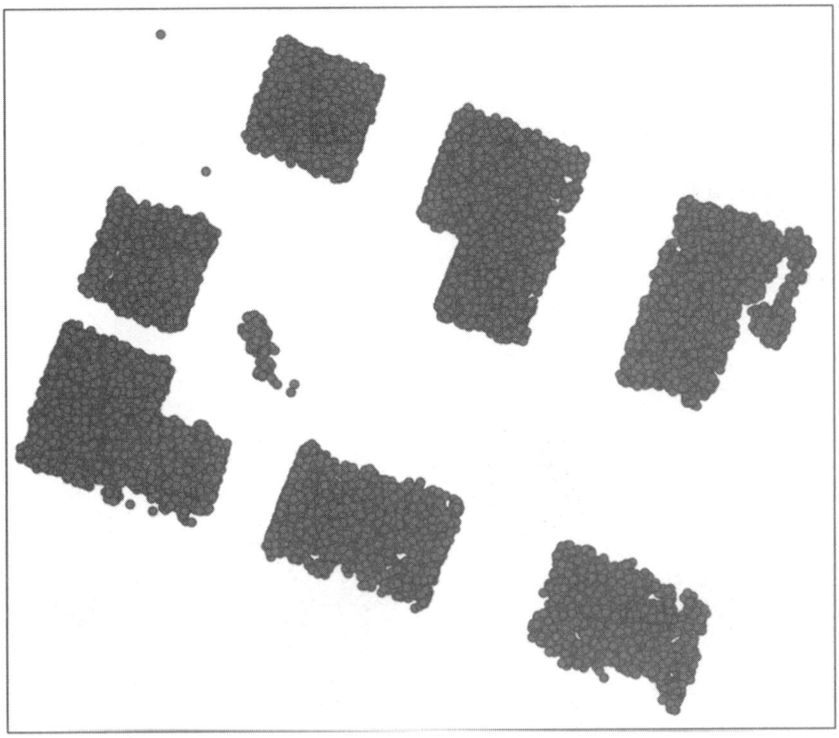

图 9-16 建筑物点云效果图

9.3.4 建筑物二维矢量边界提取

从分类后的点云数据中提取建筑物二维矢量边界(简称建筑物提取)需要经过建筑物点云聚类、建筑物边界提取和简化步骤。

(一)点云聚类

点云聚类是将建筑物点云数据进一步按照单体建筑物进行分割，使得一栋单体建筑物的点云数据归集到一个点簇(类)中。点云聚类语句如下：

```
--使用 DBSCAN 聚类方法进一步按单体建筑物分割点云数据
--为建筑物点云数据表添加 cluster_no 字段，用于存储测量点分类号
ALTER TABLE pcd_building ADD COLUMN IF NOT EXISTS cluster_no INT;

UPDATE pcd_building SET cluster_no = NULL;

WITH dbscan AS
(
    SELECT
    ST_ClusterDBSCAN(geom, eps: =3, minpoints: =10) OVER ( ) AS cluster_no, id
      FROM
```

```
        pcd_building
)
UPDATE pcd_building P
        SET cluster_no          = D.cluster_no
FROM
        dbscan D
WHERE
    P.id = D.id;
```

建筑物点云聚类结果如图 9-17 所示。

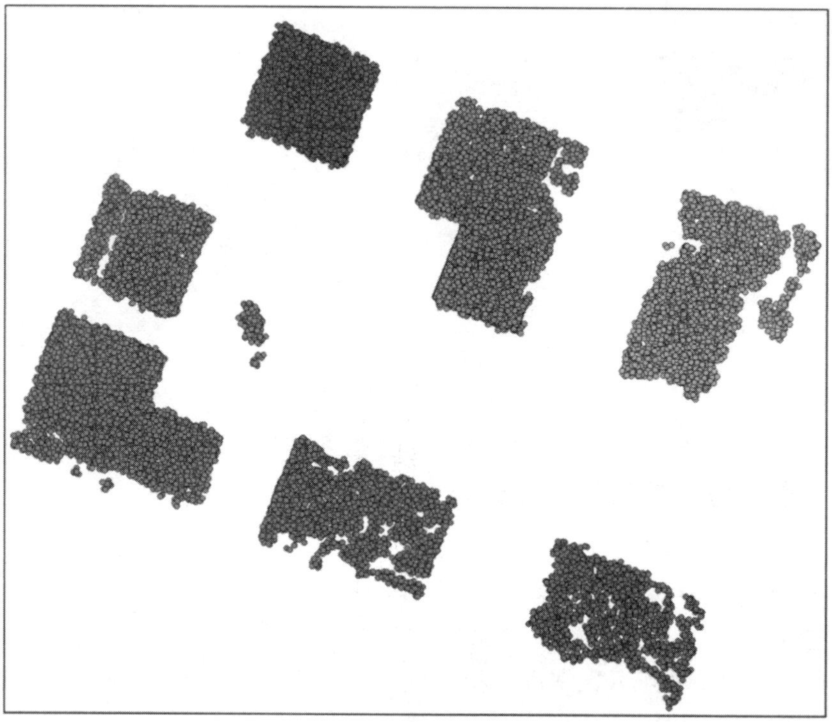

图 9-17　建筑物点云聚类结果

(二) 建筑物边界提取

本书 5.4.1 小节已详细介绍了基于不规则三角网的城市功能区构建方法，该方法仍然适用于本实例，这里不再赘述。本节使用基于缓冲区的建筑物边界构建方法，该方法包括点云缓冲区生成、建筑物边界提取两个步骤。

(1) 点云缓冲区生成。

该过程是将单体建筑物的点云数据合并且生成缓冲区的过程，生成的缓冲区将邻近的测试点缓冲区合并在一起，语句如下：

```
--按点云聚类号分组生成缓冲区 building_buffer
DROP TABLE IF EXISTS building_buffer;
```

```
CREATE TABLE building_buffer AS
WITH foo AS
(
  SELECT
       (ST_Dump(ST_Union(ST_Buffer(geom, 3)))).geom
  FROM
       pcd_building       - - 建筑物点云数据表
  GROUP BY cluster_no
)
SELECT
  "row_number"() OVER (order by st_area(geom)) AS id, geom
FROM foo;
```

生成的建筑物点云缓冲区如图 9-18 所示。

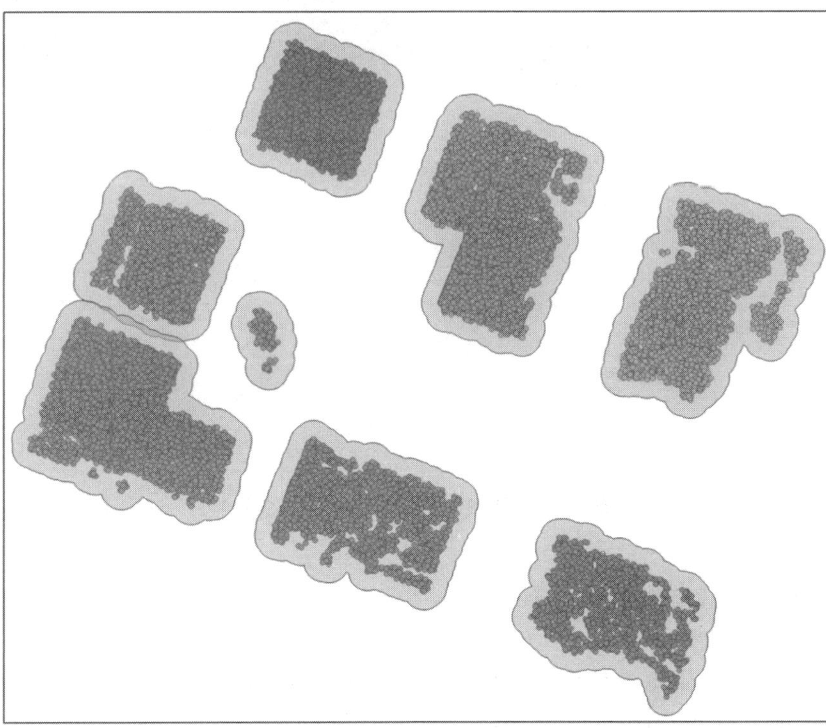

图 9-18　建筑物点云缓冲区

(2)建筑物边界提取。

这个过程首先要将缓冲区向内收缩到原点云，再提取收缩后的缓冲区边界，语句如下：

```
DROP TABLE IF EXISTS building_boundary;
CREATE TABLE building_boundary       - - 建筑物边界数据表
AS
```

```
SELECT
    "row_number"() OVER (ORDER BY st_area(geom))  AS id,
    st_boundary(st_buffer(geom, -3)) AS geom  --向缓冲区内部收缩上述步骤的缓冲半径
FROM
    building_buffer;
```

建筑物提取边界结果如图 9-19 所示。

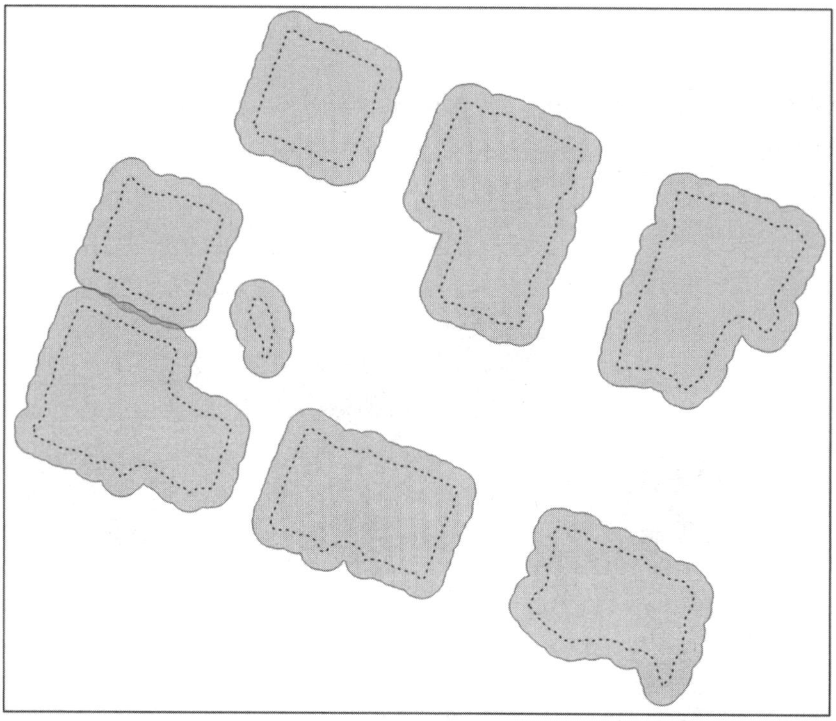

图 9-19 建筑物边界提取结果(虚线)

(三)建筑物边界线简化及面要素生成

(1)建筑物边界线简化。

建筑物边界线简化操作是从提取的建筑物边界线中删除“弯曲度”小于一定阈值的顶点，进一步“拉直”细小弯曲的折线，语句如下：

```
DROP TABLE IF EXISTS building_boundary2;
CREATE TABLE building_boundary2  --简化后的边界线表
AS
SELECT "row_number"() OVER(ORDER BY st_length(geom)) AS id,
        ST_SimplifyPreserveTopology(geom, 2) AS geom
FROM building_boundary;
```

简化后的边界线如图 9-20 所示。

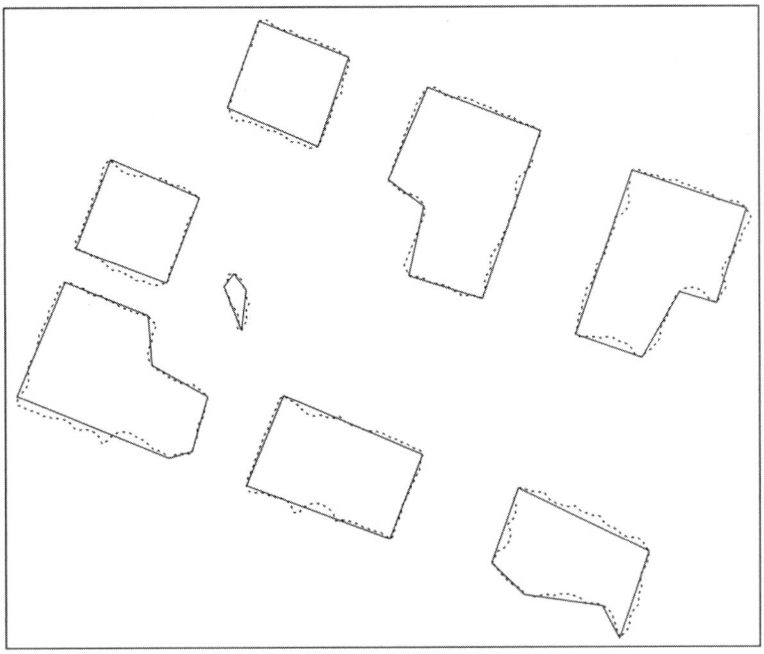

图 9-20　简化后的边界线(实线)

(2)边界转换为面要素。

建筑物边界线转换为建筑物面要素的操作语句如下:

```
DROP TABLE IF EXISTS buildings;
CREATE TABLE buildings    --建筑物面要素数据表
AS
SELECT
  "row_number"() OVER(ORDER BY ST_Length(geom)) AS id,
  ST_MakePolygon(geom) as geom
FROM
  building_boundary2;

--删除小于指定面积的面要素
DELETE FROM buildings
  WHERE St_Area(geom)<20;
```

建筑物面要素生成结果如图 9-21 所示。

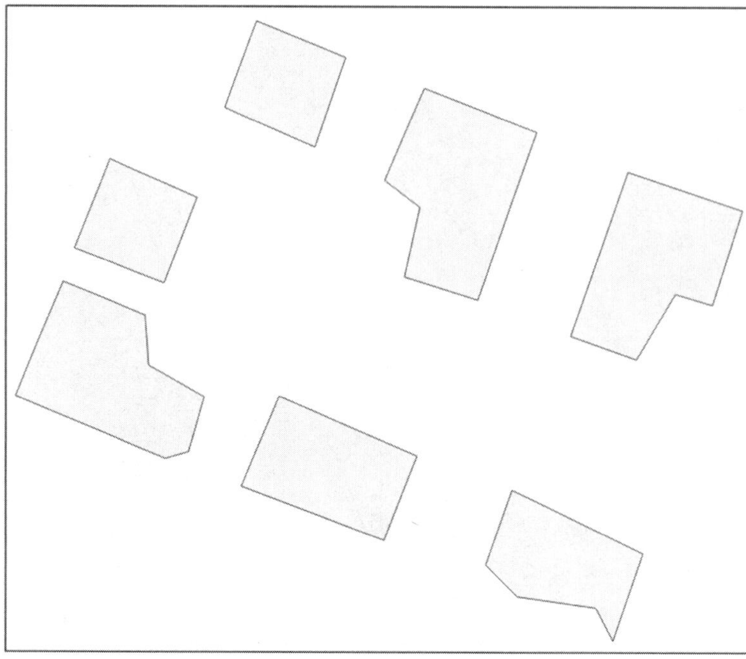

图 9-21　建筑物面要素生成结果

思考题

现有一公司要做一套城市燃气管道巡检项目，其中一部分功能要求如下：

(1)巡检人员信息存储为 employee 数据表，包含工号(字段名 pno、主码、varchar 类型、长度 8)、姓名(字段名 name、varchar 类型、长度 8)、角色(字段名 role、int 类型、0 表示巡检主管、1 表示外业巡检人员)等信息项。

(2)巡检主管将工作区域划分为若干个巡检区域(围栏)，并存储为 workfence 数据表，巡检区域不能相交，巡检主管为每个巡检区域设置一名外业巡检人员。workfence 数据表包括字段 id(整型、主码)、区域名称(字段 name、varchar 类型、长度 20)、巡检人员工号(字段 pno，关联巡检人员表 pno 字段)、几何图形 geom(SRID 为 3857、多边形)。

(3)燃气设施存为 facility 数据表，包括设施编号(字段 fno、主码、varchar 类型、长度 10)、设施名称(字段 name、varchar 类型、长度 20)、设施型号(字段 model、varchar 类型、长度 20)、位置(字段 geom、geometry 类型、SRID = 3857)。

(4)外业巡检人员在巡检过程中需定时上传移动轨迹，并存入 trajectory 数据表，轨迹表字段包括 id(自增主码)、工号(pno，关联巡检人员表 pno 字段)、时间(字段 upload_time、timestamp 类型)、位置(字段 geom、点状 geometry 类型、SRID = 4326)，时间使用数据存入的数据库服务器当前时间。

(5)巡检人员发现故障时需要上报故障事件，并存为 events 数据表，包括 id(自增主码)、工号(pno，关联巡检人员表 pno 字段)、时间(字段 upload_time、timestamp 类型)、位置(字段

geom、点状 geometry 类型、SRID = 4326)、事件类型(字段 event_type、int 类型、关联 code 表的 id 字段)、事件描述(字段 comment、text 类型),时间使用数据存入的数据库服务器当前时间;事件类型代码存为代码表 code,字段包括 id(整型、主码)、事件类型名称(字段 name、varchar 类型、长度 20),id 值及对应的类型名称(1 表示"压盖"、2 表示"第三方施工"、3 表示"管道损伤"、4 表示"阀门损坏"、5 表示"燃气泄漏")。

(6)巡检主管按月统计每位巡检人员的巡检里程(单位:m)。

(7)巡检主管按月统计每位巡检人员的有效巡检次数。有效巡检是指当天巡检轨迹的 20 m 缓冲区必须覆盖巡检区域内所有燃气设施。

(8)巡检主管按月统计每个燃气设施正常巡检次数,即巡检人员在设施 20 m 范围内停留时长超过 2 min 为正常巡检。

(9)巡检主管按月统计每个巡检区域上报的各类型事件的数量。

请根据以上描述,在 PostGIS 数据库中完成以下各题:

(1)写出创建所有数据表的 SQL 语句。

(2)编写函数 fn_RoutingLength(_date date, _pno text)。要求:根据输入的日期_date 和工号_pno 参数,计算当天巡检人员的巡检总里程数(单位:m)。

(3)编写函数 fn_RoutingLengthMonth(y int, m int, _pno text),要求:根据输入年度 y、月份 m 和工号_pno 参数,计算该月该巡检人员巡检总里程数(单位:m)。

(4)写出调用 fn_RoutingLengthMonth 函数统计 2022 年 9 月(设轨迹表已存在该月数据)每个巡检人员巡检总里程(单位:m)的 SQL 语句。要求:显示巡检人员姓名、巡检里程。

(5)编写函数 fn_IsValidate(_date date, _pno varchar(8))。要求:根据输入的日期_date 和工号_pno 参数,计算当天巡检人员的巡检是否有效。

(6)编写函数 fn_ValidateTimes(y int, m int, _pno text)。要求:根据输入年度 y、月份 m 和工号_pno 参数,计算该月该巡检人员有效巡检次数。

(7)写出调用 fn_ValidateTimes 函数统计 2022 年 9 月(设轨迹表已存在该月数据)每个巡检人员的有效巡检天数。要求:显示巡检人员姓名、有效巡检天数。

(8)编写函数 fn_IsChecked(_date date, _fno text)。要求:根据输入的燃气设施编号_fno 和日期_date 参数,判断当天该设施是否完成了正常巡查。

(9)编写函数 fn_CheckedTimes(y int, m int, _fno text)函数。要求:根据输入年度 y、月份 m 和设施号_fno 参数,计算该月该设施正常巡检次数。

(10)写出调用 fn_CheckedTimes 函数统计 2022 年 9 月(设轨迹表已存在该月数据)每个设施正常巡检次数的 SQL 语句。要求:显示巡检人员姓名、设备编号、正常巡检次数。

(11)编写 PL/pgSQL 代码块程序,按月统计并显示每个巡检区域(围栏)各类型事件的数量。

参考文献

[1] Ahmed I, Fayyaz A, Shahzad A. PostgreSQL Developer's Guide[M]. Birmingham: Packt Publishing Ltd., 2015.

[2] ASPRS, 2008. LAS Specification Version 1.2[EB/OL]. https://www.asprs.org/divisions-committees/lidar-division/laser-las-file-format-exchange-activities.

[3] Calkins. Entity relationship modeling of spatial data for geographic information systems[J]. International Journal of Geographical Information Systems, 2000, 10(1):1-19.

[4] Dar U, Krosing H, Mlodgenski J, etc. PostgreSQL Server Programming(Second Edition)[M]. Birmingham: Packt Publishing Ltd., 2015.

[5] Django Software Foundation, 2022. GeoDjango Documentation[EB/OL]. https://docs.djangoproject.com/en/2.1/ref/contrib/gis/.

[6] Douglas D, Peucker T. Algorithms for the reduction of the number of points required to represent a digitized line or its caricature[J]. The Canadian Cartographer. 1973, 10(2): 112-122.

[7] ESPG, 2022. SpatialReference[EB/OL]. http://spatialreference.org.

[8] ESRI, 2022. 什么是 ArcGIS Server? [EB/OL]. https://enterprise.arcgis.com/zh-cn/server/latest/get-started/windows/what-is-arcgis-for-server-.htm.

[9] ESRI, 2021. 什么是地图投影? [EB/OL]. https://desktop.arcgis.com/zh-cn/arcmap/latest/map/projections/what-are-map-projections.htm.

[10] ESRI, 2022a. 栅格文件格式[EB/OL]. https://pro.arcgis.com/zh-cn/pro-app/latest/help/data/imagery/supported-raster-dataset-file-formats.htm.

[11] ESRI, 2022b. 如何存储和管理栅格数据[EB/OL] https://desktop.arcgis.com/zh-cn/arcmap/latest/manage-data/raster-and-images/how-raster-data-is-stored-and-managed.htm.

[12] Ester M, Kriegel H P, Sander J, etc. A density-based algorithm for discovering clusters in large spatial databases with noise[P]. Proceedings of the Second International Conference on Knowledge Discovery and Data Mining (KDD-96). AAAI Press, 1996: 226-231.

[13] 基础地理信息要素分类与代码(GB/T 13923—2022)[S]. 北京: 中国标准出版社, 2022.

[14] GeoServer group, 2022. GeoServer User Manual[EB/OL]. https://docs.geoserver.org/stable/en/user/.

[15] ISO-13249-SQL/MM. Information technology— Database languages — SQL multimedia and application packages —Part 3: Spatial [S].

[16] ISO-19111-2007(e). Geographic information - Spatial referencing by coordinates [S].

[17] ISO-19111-2019. Geographic information - Referencing by coordinates[S].

[18] ISO-19112-2019. Geographic information - Spatial referencing by geographic identifiers [S].

[19] Kothuri R, Codfrind A, Beinat E. Pro Oracle Spatial for Oracle Database 11g[M]. New York: Springer-Verlag New York, Inc, 2007.

[20] Iacovella S, Youngblood B. GeoServer Beginner's Guide[M]. Birmingham: Packt Publishing Ltd., 2013.

[21] Iacovella S. GeoServer Cookbook[M]. Birmingham: Packt Publishing Ltd., 2014.

[22] Lawhead J. QGIS Python Programming Cookbook[M]. Birmingham: Packt Publishing Ltd., 2015.

[23] Lockhart T. PostgreSQL Programmer's Guide[M]. California: Iuniverse Inc, 2000.
[24] MacQueen J. Some methods for classification and analysis of multivariate observations[C]. Proceedings of the Fifth Berkeley SymposiumOn Mathematical Statistics and Probabilities, 1967(1): 281-296.
[25] Microsoft, 2022a. Microsoft Data Platform[EB/OL]. https://www.microsoft.com/en-us/sql-server/.
[26] Microsoft, 2022b. SQLServer Spatial Doc[EB/OL]. https://docs.microsoft.com/en-us/sql/relational-databases/spatial/spatial-data-sql-server? view=sql-server-ver16.
[27] Mikiewicz D, Mackiewicz M, Nycz T. Mastering PostGIS[M]. Birmingham: Packt Publishing Ltd., 2017.
[28] Obe R, Hsu L S. Postgis In Action[M]. New York: Manning publications Co., 2021.
[29] OGC-06-103r4. Implementation Specification for Geographic Information - Simple feature access - Part 1 Common Architecture v1.2.1[S].
[30] OGC-06-104r4. Implementation Standard for Geographic information - Simple feature access - Part 2: SQL option[S].
[31] OGC-06-121r9. OGC Web Services Common Standard, Version 2.0.0 [S].
[32] OGC-06-042. OpenGIS Web Map Server Implementation Specification, Version: 1.3.0 [S].
[33] OGC-07-057r7. OpenGIS Web Map Tile Service Implementation Standard, Version: 1.0.0 [S].
[34] OGC-09-025r1. OpenGIS Web Feature Service 2.0 Interface Standard, Version 2.0.0 [S].
[35] OGC-18-005r4. OGC Abstract Specification Topic 2: Referencing by coordinates [S].
[36] OGC-18-010r7. Geographic information - Well-known text representation of coordinate reference systems [S].
[37] Oracle, 2021. Oracle 空间数据库[EB/OL]. https://www.oracle.com/cn/database/spatial/.
[38] Oracle, 2022a. MySQLintroduction[EB/OL]. https://dev.mysql.com/doc/refman/8.0/en/introduction.html.
[39] pgRouting, 2022. pgRouting Project[EB/OL]. https://pgrouting.org/.
[40] PostGIS, 2022. PostGIS 3.2.4 dev Manual[EB/OL]. http://postgis.net/docs/index.html.
[41] PostgreSQL, 2022. PostgreSQL 14.4 Documentation[EB/OL]. https://www.postgresql.org/docs/current/index.html.
[42] PROJ, 2022. PROJ 9.0.1 documentation [EB/OL]. https://proj.org/.
[43] QGIS, 2022. PyQGIS Developer Cookbook[EB/OL]. https://docs.qgis.org/3.22/en/docs/pyqgis_developer_cookbook/index.html.
[44] SQLite Consortium, 2022. SQLite HomePage[EB/OL]. https://sqlite.org/.
[45] W3C, 2004. Web ServicesArchitecture[EB/OL]. https://www.w3.org/TR/ws-arch/.
[46] Zurbarán M, Wightman P M, Corti P, etc. PostGIS Cookbook(Second Edition)[M]. UK: Packt Publishing Ltd., 2018.
[47] 北京超图, 2022. SuperMap iServer 概述[EB/OL]. https://www.supermap.com/xhtml/SuperMap-iServer.html.
[48] 卜坤. Python 与开源 GIS：数据处理、空间分析与地图制图[M]. 北京：科学出版社，2022.
[49] 崔铁军. 地理空间数据库原理[M]. 北京：科学出版社，2016.
[50] 程昌秀. 空间数据库管理系统概念[M]. 北京:科学出版社，2012.
[51] 董旭阳. PostgreSQL 开发指南[EB/OL]. https://github.com/dongxuyang1985/postgresql_dev_guide.
[52] 宁海元，周振兴，彭立勋，等. 高性能 MySQL[M]. 3 版. 北京：电子工业出版社，2013.
[53] 高智梅，王竞雪，沈昭宇. 机载 LiDAR 建筑物点云渐进提取算法[J]. 测绘通报，2021(8)：7-13+36.
[54] 郭亚峰，蓝贵文，范冬林，等，2021. 基于 POI 数据的城市功能区识别[J/OL]. 桂林理工大学学报，

https://kns.cnki.net/kcms/detail/45.1375.N.20210913.1350.002.html.
[55] 江万寿，胡翔云，闫吉星，等．基于机载 LiDAR 点云的建筑物三维模型重建[M]．北京：科学出版社，2018.
[56] 兰小机，刘德儿．空间数据库理论及应用[M]．北京：冶金工业出版社，2020.
[57] 李光强，邓敏，程涛，等．一种基于双重距离的空间聚类方法[J]．测绘学报，2008(4)：482-488.
[58] 李光强，邓敏，刘启亮，等．一种适应局部密度变化的空间聚类方法[J]．测绘学报．2009，38(3)：255-263.
[59] 李光强，张宝一．GIS 工程与应用[M]．长沙：中南大学出版社，2021.
[60] 李广云，李明磊，王力等．地面激光扫描点云数据预处理综述[J]．测绘通报，2015(11)：1-3+31.
[61] 刘湘南，黄方，王平等．GIS 空间分析原理与方法[M]．北京：科学出版社，2005.
[62] 陆剑，陈振涛．我国农村土地承包经营权确权：规则模糊及其厘清[J]．南京农业大学学报(社会科学版)，2017(3)：95-102+158.
[63] 孟庆祥，王飞，王少华．OpenGIS 设计开发基础教程——基于 QGIS+PostGIS 设计开发[M]．武汉：武汉大学出版社，2018.
[64] 秦昳，罗晓霞，刘颖．数据库原理与应用[M]．北京：清华大学出版社，2022.
[65] 王磊，孙帆，陈旭东．RESTFUL、SOAP、ICAP 在移动网络中的应用[J]．邮电设计技术，2015(9)：35-38.
[66] 王珊，萨师煊．数据库系统概论[M]．5 版．北京：高等教育出版社，2014.
[67] 王瑄，季顺平，张俊章，2022．一种从机载 LiDAR 点云中分割建筑物顶面的方法[J/OL]．测绘地理信息．https://doi.org/10.14188/j.2095-6045.2021169.
[68] 王云帆．Oracle Spatial 空间数据存储管理技术的应用研究[J]．测绘通报，2011(6)：76-19.
[69] 吴丹．信息描述[M]．武汉：武汉大学出版社，2022.
[70] 武芳，王泽根，蔡忠亮，等．空间数据库原理[M]．武汉：武汉大学出版社，2017.
[71] 吴立新，邓浩，赵玲，等．空间数据可视化[M]．北京：科学出版社，2019.
[72] 杨晓燕．地理空间数据库模型(Geodatabase)特点分析[J]．测绘技术装备，2008(3)：32-34+17.
[73] 张景奇，史文宝，修春亮．POI 数据在中国城市研究中的应用[J]．地理科学，2021，41(1)：140-148.
[74] 赵军喜，孙庆辉，张亚军．地理空间元数据理论体系研究[J]．测绘工程 2014，23(4)：10-13.
[75] 赵阳，李隆伟．农村土地确权登记颁证有关问题探讨[J]．兰州大学学报(社会科学版)，2017，45(1)：1-7.
[76] 赵永霞，高翠芬，熊燕，等．数据库原理与应用技术[M]．武汉：华中科技大学出版社，2013.
[77] 郑春燕，邱国锋，张正栋，等．地理信息系统原理、应用与工程[M]．2 版．武汉：武汉大学出版社，2011.
[78] 周新忠，余木良，陶亮，等．关于地理空间元数据技术发展趋势的理论探讨[J]．测绘科学，2007(2)：172-175+183.
[79] 中地数码，2022．MapGIS IGServer .NET x64[EB/OL]．https://www.mapgis.com/index.php?a=shows&catid=7&id=133.
[80] 中华人民共和国农业行业标准．农村土地承包经营权确权登记数据库规范(NY/T 2539—2016)[S]．北京：中国农业出版社，2017.

图书在版编目(CIP)数据

空间数据库原理及其开发技术 / 李光强编著. —长沙：中南大学出版社，2024.3

ISBN 978-7-5487-5713-9

Ⅰ. ①空… Ⅱ. ①李… Ⅲ. ①空间信息系统 Ⅳ. ①P208

中国国家版本馆 CIP 数据核字(2024)第 035577 号

空间数据库原理及其开发技术

KONGJIAN SHUJUKU YUANLI JIQI KAIFA JISHU

李光强　编著

□出 版 人　林绵优
□责任编辑　刘小沛
□责任印制　唐　曦
□出版发行　中南大学出版社
　　　　　　社址：长沙市麓山南路　　　　邮编：410083
　　　　　　发行科电话：0731-88876770　　传真：0731-88710482
□印　　装　长沙超峰印刷有限公司

□开　　本　787 mm×1092 mm　1/16　□印张 19.75　□字数 488 千字
□互联网+图书　二维码内容　图片 375 张　视频 10 小时 55 分钟
□版　　次　2024 年 3 月第 1 版　□印次 2024 年 3 月第 1 次印刷
□书　　号　ISBN 978-7-5487-5713-9
□定　　价　68.00 元